Die Fische

in den

Scheeren von Mörkö.

beschrieben

von

C. U. Ekström.

Aus dem Schwedischen übersetzt und mit einigen Anmerkungen versehen

von

Dr. F. C. H. Creplin.

Mit 6 Kupfertafeln.

Berlin,
gedruckt und verlegt bei G. Reimer.
1835.

Dem

als vieljährigem Schulmanne und Prediger

hochverdienten

Herrn Karl Heller,

Archidiakonus an der St. Petri-Kirche in Wolgast,

seinem lieben Schwager und treuen Freunde,

widmet

seinen Antheil an dieser Arbeit, als ein Merkmal seiner Liebe und Hochachtung,

der Uebersetzer.

Vorrede des Verfassers.

Schon in meiner Knabenzeit war die Naturgeschichte mein Lieblings-Studium, und mit zunehmenden Jahren haben Naturforschungen bei mir alle die Zeit ausgefüllt, welche eine treue Amtsführung mir, als Prediger, übrig liess. Ich hatte indessen während meiner jüngeren Jahre nicht die Anleitung, welche den Grund zu künftigen Studien in dieser Wissenschaft legen sollte, da kein Unterricht in derselben in den unteren Schulen des Reichs ertheilt wurde. Ich fühlte diesen Mangel öfters, und noch empfindlicher war für mich die Entbehrung zoologischer Werke, welche zum Theil den Mangel an mündlicher Unterweisung hätten ersetzen können, aber an dem Orte, in welchem ich damals lebte, von mir nicht zu bekommen waren. Diese Hindernisse, welche zu überwinden ich keinen Ausweg sah, trübten wohl, aber vertilgten nicht die angeborne Neigung und den Vorsatz, bei günstigerer Gelegenheit dasjenige fortzusetzen, was ich aus der erwähnten Ursache oft abbrechen musste. Diese Gelegenheit fand sich zuerst, als ich zum Lehrer dieser Gemeinde berufen ward vom Ober-Kammerjunker, Grafen Nils Bonde, einem Manne, welcher selbst naturgeschichtliche Sammlungen besass, selbst die Wissenschaft studirte und, was mehr ist, freigebig einen Theil seines bedeutenden Vermögens zur Beförderung derselben verwandte. Ihm habe ich eigentlich für die Aufmunterungen und den Beistand zu danken, welche ich in späteren Zeiten empfing, und, wenn ich durch meine Forschungen der Wissenschaft zu nützen im Stande war, so ist Er es gewesen, welcher hauptsächlich dazu beigetragen hat. Von Ihm wurde ich aufgemuntert, eine Geschichte des Kirchspiels zu schreiben, über welches er mich zum Lehrer gesetzt hatte. Das Werk, welches ich über jenen Gegenstand herausgab, wurde, obgleich es in mancher Hinsicht unvollkommen war, vom Publicum mit Beifall aufgenommen. Dadurch wurde ich angereizt, die Naturerzeugnisse, welche mich umringten, und welche ich in der genannten Schrift wenig mehr, als den Namen nach, angeführt hatte, näher zu untersuchen. Nachdem ich die Säugthier- und Vögelarten, welche hier gefunden werden, durchgegangen war, beschloss ich, ebenfalls die Fischarten zu untersuchen, welche an den Strändern der Insel und in ihrer Scheerengruppe gefangen werden. Ich hatte damals schon Zutritt zu den Bibliotheken und Sammlungen der Hauptstadt, auch nähere Bekanntschaft mit den ausgezeichnetsten Zoologen des Vaterlandes gemacht.

Auf ihr Anrathen begann ich die ichthyologischen Untersuchungen, deren Erfolge von Zeit zu Zeit in den Verhandlungen der Königl. Schwedischen Akademie bekannt gemacht wurden und jetzt, durch die freundschaftliche Bemühung des Hrn. Doctors Creplin in's Deutsche übersetzt, als ein Ganzes erscheinen.

Nachdem ich nun mit wenigen Worten die Veranlassung zum Entstehen dieses Werkes dargelegt habe, halte ich mich für verpflichtet, den Leser mit der Lage und Beschaffenheit der Insel bekannt zu machen, deren Naturerzeugnisse der Gegenstand meiner Untersuchungen gewesen sind.

Mörkö, in der Provinz Südermannland im mittlern Schweden, zwischen 58° 51′ und 59° 5′ nördl. Br. und 35° 10′ 50″ und 35° 19′ der Länge, mitten an der westlichen Küste der Ostsee und in einer grössern Bucht dieses Meeres gelegen, hat, ihre Scheerengruppe mit eingerechnet, 2⅞ schwedische Meilen in der Länge und ⅜ Meilen in der Breite. Von allen Seiten ist diese Insel mit Wasser von ungleicher Beschaffenheit umgeben, so wie auch die Stränder des Festlandes der Insel von sehr verschiedener Tiefe und ungleich beschaffenem Grunde sind. Da die Insel, wie schon erwähnt ist, in einer Bucht (Vik) liegt, so kann sie auf keiner Seite von irgend einem grössern Binnenwasser (Fjärd) umgeben seyn. Ihr grösster Abstand vom festen Lande beträgt ungefähr ⅜ Meilen, und ihr kleinster nur 600 Fuss. Nur der südliche Vorsprung wird vom offnen Meere, nachdem dieses eine Reihe grösserer und kleinerer Inselchen berührt hat, bespült. Das Festland der Insel wird durch eine Bergkette von Norden nach Süden gebildet, welche sich auf ihrer grössten Höhe etwas mehr, als 200 Fuss hoch, über die Wasserfläche erhebt. An den Seiten dieser Kette ist die Erde mit Wald bewachsen; unter dem waldigen Theile fängt das bebaute Land an, welches an den meisten Stellen durch Wiesen und Weideland von den Strändern gebildet wird. Diese sind von sehr verschiedener Beschaffenheit; einige sind steil mit klippigem Grunde, andere weniger tief mit steinigem, oder sandigem Boden, und an einigen Stellen der Westseite des nördlichen Vorsprungs kommt ein sehr langsam abschüssiges Ufer mit thonigem Boden vor, während der nördliche Vorsprung selbst bei mittelmässiger Tiefe Sandgrund hat. Wenn man hierzu rechnet, dass das meiste niedrig liegende Land vormals Meeresgrund, und selbst die Insel von Gewässern durchzogen gewesen ist, welche jetzt, mit Ausnahme einiger grasbewachsenen Buchten, durch Erhöhung des Grundes verwischt sind, so sieht man, dass diese Ungleichheit der Wassertiefe und des Bodens der Stränder vielen verschiedenen Fischarten einen erwünschten Aufenthalt gewähren muss. Ueberdas sind die chemischen Bestandtheile des Wassers bei den verschiedenen Strändern verschieden. Zieht man eine Linie von der Mitte der Westküste der Insel bis zu einem Puncte etwas unterhalb des nördlichen Vorsprunges an der Ostseite, so hat man am südöstlichen Theile von dieser Linie fast eben so stark salziges Wasser, wie man es im allgemeinen in der Ostsee nach Innen vom Sunde findet, an der nordwestlichen Seite aber wird man das Wasser nur ganz unbedeutend salzig finden. Dies kommt daher, dass der südöstliche Theil das Wasser entgegennimmt, welches vom Meere kommt, während das den nordwestlichen bespülende dagegen mit dem Wasser mehrer vom festen Lande niederströmenden grösseren und kleineren Flüsse vermischt ist. Ausserdem, dass das Binnenwasser, in welches der nördliche Vorsprung der Insel ausläuft, eben dasjenige ist, welches durch den Canal bei Söder-Telje die Ostsee mit einem der grössten und fischreichsten Binnenseen Schwedens, dem Mälar, verbindet, stehen diese durch den Canal verbundenen Gewässer ungefähr gleich hoch, dass der Unterschied so unbedeutend ist, dass, wenn die Ostsee sehr fällt, der Mälar hingegen sehr steigt, wie es sich gewöhnlich verhält, das Wasser aus dem letztern in die erstere einströmt. Da dieses Verhalten nicht selten eintritt, und der Grund des Canals ohnedas voll von Springquellen ist, so muss seine Lage nahe an der Ostsee oder seine Oeffnung in dieselbe nothwendig die Salzigkeit des Meerwassers auf dieser Stelle vermindern. Hieraus wird folgen, dass viele Fischarten, besonders von den Gattungen Cyprinus, Perca, Esox u. m., welche man gewöhnlich in minder salzigem Wasser sucht und allgemein zu den Süsswasserfischen rechnet, auch hier gefunden werden. Mehre, welche vordem nie in der Ostsee gefunden wurden, sondern, wenn nicht ausschliesslich, doch im allgemeinen dem Mälar angehörten, wie z. B. Cypr. Ballerus L., werden sich vielleicht nach längerer oder kürzerer Zeit durch den erwähnten Canal einen Weg aus dem Mälar in das Meer suchen, so wie man jetzt bei hohem Wasserstande in der Ostsee Millionen von Quallen (Medusae L.) und anderen Thierarten, welche ausschliesslich Meeresbewohner sind, durch den Canal in den Mälar strömen sieht *). Auf der Insel findet sich kein Binnensee mit süssem Wasser. Zwei Buchten des Meeres, deren Vereinigung mit dem Meere auf das vollständigste verwischt ist, haben salziges Wasser, welches jedoch zur Herbst- und Frühlingszeit, wo verschiedene Wasserläufe aus

*) Ein bei dem genannten Canal angestellter Beamter hat den Hrn. Ekström später in einem Briefe benachrichtigt, dass die eben ausgesprochene Vermuthung nicht ohne Grund gewesen sei, indem nach den Angaben glaubwürdiger Fischer die gemeinen Fischarten von beiden Enden, dem an der Ostsee sowohl, als dem am Mälar, durch den Canal streichen. Hr. E. fügt in dem Schreiben, in welchem er mir dies mittheilt, hinzu: „Ausserdem hat Einer meiner Freunde, welcher am Mälar wohnt, mir berichtet, dass weit oben im Mälar eine *Scholle* (vermuthlich Pleuronectes Flesus L.) gefangen worden sei. Danach leidet die Angabe, S. 246: ***Die Schollen leben nur im Meere,*** einige Beschränkung". Cr.

den hochliegenden Morästen in dasselbe einströmen, fast ganz und gar seine Salzigkeit verliert. Hierdurch geschieht es, dass in diesen Buchten, welche jetzt das Ansehn von Binnenseen haben, keine Fische angetroffen werden, welche ihren Aufenthalt ausschliesslich im Meere haben. In ihnen findet man nur Individuen von Cyprinus, Esox und Perca u. m., welche dem süssen Wasser angehören.

Die Anzahl der Volksmenge der Insel beläuft sich auf etwas mehr, als 1000 Seelen. Der zehnte Theil der Bewohner ernährt sich fast nur durch den Fischfang; die übrigen treiben mehr oder minder Ackerbau, nehmen aber dabei in gewissen Jahreszeiten Theil an der Fischerei. Diese Zeiten sind: im Frühlinge vom Ende des Aprils bis zur Mitte des Junius, und im Herbste von der Mitte des Augusts bis zum Ende des Octobers oder später, wenn die See nicht zufriert. Während des Winters wird wenig gefischt und nur mit dem Eisnetze. Die Frühlingsfischerei ist vorzugsweise lohnend. Dann wird der Strömling am häufigsten und reichlichsten in den südlichen und westlichen Scheeren gefangen, in welchen das Meer am wenigsten tief ist und die meisten Laichstellen für diese Fischart vorkommen. Im Herbste dagegen wird er in tieferen Stromgängen gefangen.

In Hinsicht auf den Aufenthaltsort der Fischarten habe ich bemerkt, dass die Gattungen Gadus, Cottus, Belone, Syngnathus, Acipenser, Salmo und Coregonus am häufigsten an der südlichen Küste vorkommen, Cyprinus, Esox, Perca, Gobius an der westlichen, Clupea im Frühjahr am westlichen und im Herbst am östlichen Strande. Ammodytes ist nur am nördlichen Vorsprunge und Cottus Bubalis im tiefsten Stromgange an diesem Vorsprunge gefunden worden. Cyprinus Tinca und C. Carassius hat man nur in den verwischten Meeresbuchten angetroffen, welche wenig salziges Wasser haben, und Cypr. Gobio findet sich nur in Teiche verpflanzt bei dem alten Herrnsitze Hörningsholm. Die Artenzahl der bis jetzt an den Strändern der Insel gefundenen Fische beläuft sich auf 47 und sonach fast auf eben so viele, wie sich bei Island finden. Unter ihnen ist einer, Cottus Bubalis, welchen man früher nur der Nordsee zuschrieb, und ein anderer, Liparis barbatus, welchen man für einen Bewohner der Küstengewässer von Kamtschatka hielt. Vielleicht wird die Zukunft noch mehre kennen lehren, und der Leser diese von geschickterer Hand beschrieben sehen.

Mörkö im August 1834.

C. U. Ekström.

Vorwort des Uebersetzers.

Das Werk, welches hier meinen lieben Landsleuten in deutscher Sprache dargeboten wird, ist, wie der Hr. Verfasser in seiner Vorrede bemerkt hat, schwedisch nach und nach in den Verhandlungen der Königl. Akademie der Wissenschaften zu Stockholm erschienen, und zwar in deren Jahrgängen 1830—32, mit Ausnahme der letzten Bogen (enthaltend die Beschreibungen der Lachs-Arten und der übrigen Fische bis zum Schlusse des Werkes), welche, wie ich glaube, für den Jahrgang 1834 der Verhandlungen werden bestimmt worden seyn, der mir noch nicht zu Gesicht gekommen ist. Das Werk ist aber auch nach und nach heftweise in besonderem Abdrucke in 4-Format herausgegeben und zu Anfang des ersten Heftes mit dem Titel: *Fiskarne i Mörkö Skärgård, beskrifne af* C. U. Ekström, am Schlusse des letzten aber mit der Angabe: *Stockholm 1834, tryckt hos Norstedt & Söner*, versehen worden. Meine Uebersetzung enthält jedoch bedeutend mehr und Vieles anders, als das Original, indem mir der Herr Vf. von Zeit zu Zeit Zusätze und Verbesserungen zu dem letztern überschickt hat, welche der erstern von mir einverleibt worden sind. Zum Lobe dieser Arbeit des Herrn Ekström etwas zu sagen würde von meiner Seite wohl sehr überflüssig seyn, da der Hr. Vf. den deutschen Naturforschern so gut, wie den schwedischen, schon lange als scharfsinniger und fleissiger Beobachter bekannt ist, und der kundige Leser die Mühe und Sorgfalt nicht verkennen wird, mit welchen Herr Ekström eben auch hier beobachtet, dargestellt und beschrieben hat. Was meine Uebersetzung betrifft, so habe ich es bei ihr wenigstens an Mühe und treuem Fleisse nicht fehlen lassen; ob es mir gelungen ist, mit diesen auszurichten, dass das Werk in würdiger Gestalt vor den Augen meiner Landsgenossen erscheine, muss ich der Letzteren geneigter Beurtheilung überlassen. Ich werde wohl ihrer Nachsicht oft genug bedürfen und bitte daher um dieselbe gleich zum Voraus.

Die dem Originale beigefügten Figuren sind für die Uebersetzung einigen Veränderungen unterworfen worden. Es ist nämlich erstens statt der Zeichnung auf Taf. II. des Originals (Cypr. Grislagine) eine ganz andere, den Cyprinus microlepidotus Ekstr. vorstellende, illuminirte auf unserer Taf. II. gegeben, zweitens sind die Abbildung des Liparis barbatus (Vet. Acad. Handll. för år 1832, Tab. V.) und Fig. 1—3. der die Syngnathen enthaltenden Tafel besser illuminirt, und endlich drittens ist die 4te Figur derselben Tafel (Syngn. Ophidion mas) mit einer Copie der bessern Figur vertauscht worden, welche sich auf der fünften Tafel der genannten Handlingar för år 1833 bei einer anatomischen Abhandlung des Herrn Professors Andr. Retzius befindet, die nächstens, vollständig übersetzt und von den zu ihr gehörigen Zeichnungen begleitet, in der Isis erscheinen wird.

Die wenigen Anmerkungen, welche ich dem Original hinzugefügt habe, und die mit Cr. unterzeichnet sind, während die vom Hrn. Vf. selbst keine Unterschrift haben, schienen mir theils nothwendig, theils an ihrer Stelle nicht unpassend. Mögen sie, wie das ganze Werk, freundlich aufgenommen werden!

Greifswald d. 26sten Julius 1835.

Dr. Creplin.

Inhalt.

Die spärlichen Beiträge, welche seit *Linné's* Zeit die vaterländische Ichthyologie bereichert haben, sind mit wenigen Ausnahmen, theils kritische, theils ökonomische gewesen; die ersteren haben nur dem Gelehrten vom Fache, die letzteren nur dem Oekonomen Vortheil gebracht. Diese verschiedenen Interessen müssen gleichwohl vereinigt werden, wenn die Wissenschaft allgemeinere Aufmerksamkeit erregen und dadurch einigen Zuwachs erhalten soll. Die Ursache, aus welcher die Ichthyologie im Vaterlande so unbedeutend bearbeitet ist, ist nach meiner Meinung die, dass, ohne eine sehr erwünschte Stellung, höchst wenige Naturforscher über die längere Zeit verfügen können, welche zur Beobachtung der Fische in der freien Natur nöthig ist. Das Element, in welchem die Fische leben, verbirgt sie vor den Augen des Forschers, und macht es allezeit schwierig, in kürzerer Zeit ihren Instinct, ihre Lebensart, ihren Wachsthum, ihr Alter u. s. w. zu erforschen. Das Alles aber muss doch so viel als möglich in die Beschreibung aufgenommen werden, wenn diese einige Vollständigkeit besitzen soll. Ein Unternehmen der Art, auf die Ichthyologie von ganz Scandinavien ausgedehnt, setzt Kenntnisse und Erfahrungen voraus, die von einem Einzelnen nur mit geringer Billigkeit zu verlangen sind. Die Grösse dieser Forderung muss, um nicht abzuschrecken, eingeschränkt werden. Der einzelne Naturforscher hat gewiss gethan, was Mit- und Nachwelt von ihm zu fordern berechtigt sind, wenn er für den nachfolgenden Meister die ihm zugänglichen Materialien gesammelt hat. Aus diesem Grunde habe ich längere Zeit hindurch mit Genauigkeit die Fischarten, welche sich in diesen Scheeren aufhalten, nicht bloss in Rücksicht auf ihr Aussehn untersucht, sondern ich habe auch, so weit es möglich war, mit Aufmerksamkeit ihre Lebensart und ihre Gewohnheiten verfolgt, und den Nutzen oder Schaden, welcher von ihnen im Haushalte der Natur oder für den Menschen entspringt, beobachtet.

Die gegenwärtige Abhandlung, welche ich der Prüfung der königl. Akademie der Wissenschaften vorzulegen mir die Freiheit nehme, ist die Frucht dieser Untersuchungen. Dass ich sie nicht mit kritischen Anmerkungen versehen habe, rührt davon her, dass ich mich ganz nach eigenen Erfahrungen richte, ohne diejenigen Anderer widerlegen zu wollen. Dass ich die Anatomie der Fische überging, geschah deshalb, weil sie nicht unumgänglich nothwendig zur richtigen Unterscheidung einer Fischart von der andern ist, auch weil die Anzeichnungen, welche in dieser Beziehung hier hätten angebracht werden können, nicht besonders diesem Theile der Ichthyologie genützt haben würden, welcher seine eigene Abhandlung fordert, die von geschickterer Hand erwartet werden muss. Dass ich nicht jede Gattung nach der Ordnung, nach welcher sie das System giebt, habe beschreiben können, hat wieder darin seinen Grund, dass ich noch nicht im Stande gewesen bin, alle hier vorkommenden Arten völlig auszumitteln, und auch darin, dass ich es mir zum Gesetz gemacht habe, keine anderen Fische zu beschreiben, als die, welche ich in eben gefangenen Exemplaren genau zu untersuchen Gelegenheit hatte. Ich mache nun den Anfang mit der:

Gattung Karpfen (*Cyprinus* LINN.)

Obgleich alle zu dieser Gattung gehörenden Fische darin übereinkommen, dass

die Kiemenhaut 3 platte und etwas breite Strahlen, der Rücken nur eine Flosse, der Körper mehrentheils grosse und harte Schuppen haben und der Mund klein und zahnlos ist,

scheinen sie sich doch in 4 natürliche Gruppen abzutheilen, nämlich in: *Weissfische, Bleie, Karauschen* und *Schleie* *). Ausser den angegebenen Gattungskennzeichen haben diese Fische in Hinsicht auf Sitten und Lebensart viel Gemeinschaftliches. Sie halten sich alle gern in süssem oder wenig salzigem Wasser auf; die meisten Arten werden am häufigsten in Binnenseen, Flüssen, Teichen und Sümpfen angetroffen. Keine Art der ganzen Gattung lebt eigentlich vom Raube. Ihre Nahrung besteht in Gesäme, Unrath, Erde, Schlamm, auch Vegetabilien, und zwar oft solchen, die schon in Verwesung übergegangen sind.

---

*) Bei Aufstellung der Gattung Cyprinus bin ich einem über diese Gattung vom Hrn. Professor NILSSON verfassten Manuscripte gefolgt, welches derselbe mir freundschaftlich mittheilte und ich in der Ueberzeugung benutzte, dass es mit der neuen Ausgabe von CUVIER's Regne Animal übereinstimmte, welche Arbeit ich damals nicht Gelegenheit hatte, zu Rathe zu ziehen, der ich aber fernerhin in diesem Werke gefolgt bin.

Mehre Arten verzehren auch Würmer und Insecten. Zur Laichzeit suchen alle die Ufer. Die Farbenzeichnung ist bei Männchen und Weibchen gleich. Während der Laichzeit indessen werden die Farben reiner und heiterer. Die Männchen erhalten dann auch scharfe, warzenartige Auswüchse auf den Schuppen. Diese Auswüchse fallen ab, wenn die Laichzeit vorüber ist, und des Männchens Farbe, die während der Laiche dunkler und hübscher ist, gleicht nachher, die übrige Zeit des Jahres hindurch, vollkommen der des Weibchens. Ihre Gemüthsart ist friedlich, träge und mehr oder minder furchtsam. Alle scheuen indessen Getöse. Keine Art macht, meines Wissens, Wanderungen nach entfernten Orten. Obgleich die meisten eine herumstreifende Lebensart führen, leben sie dennoch mit ihres Gleichen alle gesellig und werden ihrer gewöhnlich mehre auf einer Stelle zusammen angetroffen. Im Herbste sammeln sie sich in unzählige Schaaren und suchen die Tiefe (hohe See), um dort den Winter zuzubringen. Sie sind von sehr grossem Nutzen für den Menschen. Ihr Fleisch ist weich, weiss und süss, und gewöhnlich behaglich für den Gaumen. Da keine Art ausschliesslich vom Raube lebt, so verursachen sie auch gewiss keinen Schaden.

1. Weissfische (*Leuciscus* Klein).

Sie zeichnen sich durch eine *gestreckte und wenig breite Körperform aus. Rücken- und After-Flosse kurz. Strahlen in der After-Flosse unter 20. Schwanzflosse gespalten.* Sie haben überdies eine farbenreichere Körperoberfläche, öfters gefärbte Flossen, und ausser der der ganzen

Gattung gemeinschaftlichen Nahrung sucht einer oder der andere sie sich auch durch Raub.

Der Kühling (*Cyprinus Idus* Linn.).
Taf. I. Fig. 1. 2.

Artkennzeichen. Dick, zusammengedrückt, etwas breit; Schuppen gross; Kopf dick und stumpf; Bauchflossen und Afterflosse röthlich; Rückenflosse wenig hoch und abgerundet. Afterflosse 13-strahlig.

R.-Fl. 11. Br. 17. B. 9. A. 13. Schw. 19.
Männchen lang 15, breit $4\frac{2}{3}$ Zoll.
Weibchen — 15, — $4\frac{7}{8}$ —

Cyprinus Idus. Linné, Syst. Nat. Ed. XII. T. I. p. 529. Fauna Svec. Ed. II. p. 129. Retzii Fauna Svec. p. 358. — *Cyprinus iride sublutea, pinnis ventralibus anique rubris.* Artedi, Ichthyologia, Genera, p. 5. Species, p. 6. Synonymia, p. 14. — *Cyprinus Idus.* Gmelin, Syst. Nat. T. I. P. 3. p. 1427. *Der Kühling.* Bloch, ökonomische Naturgeschichte der Fische Deutschlands. Berlin 1783. 8vo. I. S. 323. — *Le Cyprin Ide,* La Cépède, Hist. nat. des Poissons. Edit. in 4to. T. V. p. 570.

Namen: Kühling, Döbel, Nerfling, Erfling, Bratfisch. (*Schwedische:* Id, Tjockfjälling, Karp, Ort, Ört etc.)

Beschreibung: Körper dick; Rücken vom Nacken an sich ziemlich jäh erhöhend, voll, breit und der ganzen Länge nach abgerundet. Vom After nach dem Schwanze hin verschmälert sich der Körper an der untern Seite beträchtlich, besonders beim Weibchen, welches breiter ist als das Männchen, und einen geradern Rücken zu haben scheint, indem der niederhängende Bauch eine krumme Linie von der Kopfspitze bis zur

Afterflosse macht. Bauch unten platt. Schuppen gross, während der Laichzeit auf dem sichtbaren Theile der Spitze mit einem grüngelben Pigment überzogen. Die Schuppen des Männchens haben dann am äussern Rande eine Reihe klarer, gelblicher, warzenartiger Zäckchen mit dunklen Spitzen. Kopf nach des Fisches Grösse klein, dick und stumpf, beim Weibchen noch kürzer und stumpfer. Mund klein, aufwärts auslaufend, ohne Zähne; obere Kinnlade länger. Zähne nur tief unten im Schlunde. Es sind ihrer 5 grössere auf jeder Seite; sie sitzen reihenweise auf einem halbcirkelförmigen Knochen befestigt, sind gross, glatt und weiss von Farbe; ihre einwärts gebogene Spitze bildet einen scharfen Haken. Auf demselben Knochen findet man im Abstand einiger Linien von den ersteren, aber in einer mit diesen parallel-laufenden Reihe, 3 kleinere stumpfe Zähne ohne Hakenspitzen. Diesen gegenüber liegt an der obern Seite des Schlundes ein knorplichter, weissgelber und blattförmiger Knochen, welcher uneben ist, aber keine Zähne hat. Die Nasenlöcher, welche den Augen näher als der Schnauze liegen, sind rund, haben 2 Öffnungen, von denen die vordere, welche den Nasencanal selbst ausmacht, rund ist; die andere, obere, ist halbmondförmig. Augen mittelmässig. Die Seitenlinie, welche parallel mit dem Bauche läuft, ist beim Männchen gerader, beim Weibchen mehr nach unten gebogen. Die mitten über dem Ende der Bauchflosse anfangende Rückenflosse hat gewöhnlich 11 Strahlen, wenn man den beinahe unmerklichen Zacken mitrechnet, womit die Flosse anfängt. Die 3 ersten Strahlen ungetheilt, die übrigen an der Spitze sehr verzweigt; der letzte bis zur Wurzel getheilt. Der erste Strahl ist ein mehr oder minder deutlicher, ganz kurzer Zacken; der zweite halb so lang als der dritte, welcher und der vierte die längsten sind. Die Brustflossen haben jede 17 Strahlen, die beim Männchen zur Laichzeit an der untern Seite scharf sind. Der erste ungetheilt, die übrigen an der Spitze ästig, der zweite und dritte die längsten. Von den sich unter dem Anfange der Rückenflosse endigenden Bauchflossen hat jede 9 Strahlen, von denen nur der vorderste ungetheilt ist, und zwei zusammengewachsenen Strahlknochen gleicht, der letzte bis zur Basis in zwei Theile getheilt ist; der zweite und dritte die längsten. Neben dem Anfange dieser Flossen findet man ein blattförmiges Anhängsel. Die Afterflosse hat 13 Strahlen, von denen die 3 ersteren ungetheilt sind, und der erste so klein ist, dass er bei jüngeren Männchen mit der grössten Schwierigkeit entdeckt und oft vermisst wird; die übrigen an der Spitze sehr verästelt, und der letzte von der Wurzel ab zweitheilig. Der erste der kürzeste, der andere halb so lang als der dritte, der vierte der längste; die übrigen nehmen allmählig, bis auf die 2 letzten, an Länge ab, woher die Flosse ein wenig ausgeschnitten erscheint. Schwanzflosse, etwas ausgeschnitten, hat 19 längere Strahlen.

Die *Farbe*, welche sich in Bezug auf Jahreszeit und Alter verändert, ist während der Laichzeit im Frühlinge nach dem Rücken hin graulichschwarz, mit messinggelbem, durchscheinendem Glanze. Die Seiten heller messinggelb. Bauch silberweiss, bekommt, wenn der Fisch eine Weile aus dem Wasser gewesen ist, einen röthlichen Anstrich. Kopfseiten und Kiemendeckel glänzend messinggelb. Iris gelb mit feinen dunklen Puncten und einem dunkeln Flecken über der Pupille.

Rücken- und Schwanzflosse blaugrau röthlich. Brust-, Bauch- und Afterflossen roth. Im Herbste ist der Fisch viel dunkler, bräunlich-grün, mit wenig durchscheinendem Messingglanze, an den Seiten silberweiss, fast unmerklich messinggelb. Iris silberweiss, oben mit einem dunkeln Flecken und einem feinen messinggelben Ringe zunächst um die Pupille. Rücken-, Brust- und Schwanzflossen blaugrau, mit röthlichem Anstrich und schwarzem Rande. Bauch- und Afterflossen schmutzig fleischfarben.

Aufenthaltsort und Lebensweise. Der Kühling kommt am häufigsten in den südlichen und mittleren Gegenden unserer Halbinsel vor. Wie hoch er nach Norden hinauf geht, kann ich nicht mit Gewissheit sagen. Er hält sich gern in grösseren Seen mit klarem und süssem Wasser auf, wird aber auch in der Ostsee und hier unter den Scheeren häufig genug gefunden. Im Mälar ist er ebenfalls gemein und wird dort an einigen Stellen mit dem Namen *Karpfen* beehrt. Den grösseren Theil des Jahres hindurch hält er sich in der hohen See und den grösseren Binnengewässern auf. Er scheint ein kühleres Wasser zum Aufenthaltsorte vorzuziehen. An seichte Ufer, wo das Wasser weniger kühl ist, geht er im Sommer nie heran; man bekommt ihn dann nur an ruhigen Abenden, sich an der spiegelblanken Oberfläche des weitgestreckten Binnenwassers badend, zu sehn. Im Julius und August, wo die Sommerwärme am stärksten ist, sucht er nur solche Ufer, welche steil und klippig sind. Während des Winters hält er sich immer in der hohen See auf, wo oft eine sehr grosse Menge sich über einen mässigen Raum ausdehnt. Im Frühlinge geht er in grossen Schaaren in die

Flüsse und Ströme, welche sich ins Meer oder in die grösseren Seen, in welchen er sich aufhält, ergiessen. Die Männchen machen dann immer den Vortrapp. Sie werden von den Fischern *Eisfische (Is-Fisk)* genannt, und kommen gewöhnlich einige Tage vor den Weibchen an. Sobald auch die Weibchen angelangt sind, beginnt die Laiche. Sie drängen dann gemeinschaftlich in den Strom hinein, in welchem sie die Laiche anstellen wollen, und lassen sich bei der Gelegenheit von keinem Hindernisse zurückhalten. Dem Lachse gleich werfen sie sich über Steine und andere Körper, die ihnen im Wege liegen, und an solchen Stellen, an welchen das Wasser sehr seicht ist, legt sich der Kühling auf die Seite und schiebt sich, obgleich mit einiger Schwierigkeit, in derselben Lage vorwärts. Wenn die Laiche beendigt ist, begiebt er sich sogleich in die offene See und beobachtet beim Hinausgehn ungefähr dieselbe Ordnung, als beim Hereingehn, nur mit dem Unterschiede, dass nun Männchen und Weibchen vermischt sind. Mit bewundernswürdiger Schlauheit weicht er den Fischergeräthschaften aus, die ihm in den Weg gestellt wurden. Wie seine Gattungsverwandten scheut er das geringste Geräusch. Gefangen lebt er lange, nachdem er aus dem Wasser gezogen worden ist. Nach Gmelin und La Cépède soll der Kühling sich mit dem Alter von 3 Jahren fortpflanzen. Diese anscheinend muthmassliche Angabe lasse ich dahin gestellt seyn. Was ich mit Gewissheit weiss, ist, dass die unzählige Menge Brut, welche hinter diesem Fische von dessen Laichstelle her im Augustmonat ins Meer hinausgeht, dann etwa 2 Zoll lang ist. Diese Grösse scheint in Vergleich mit des Fisches Alter, das dann nicht über 3 Monate beträgt, ansehnlich; jedoch ist es nicht glaublich, dass, nachdem er seine erste Entwickelung durchlaufen hat, er in drei Jahren bis zur Länge eines Fusses gelangen könne, welches die gewöhnliche Grösse des Kühlings ist, der in der Laiche gefangen wird. Vielleicht wird er in der Laiche an anderen Orten kleiner getroffen; da er aber eine Grösse von einer Elle und darüber erreicht, so müsste er in jenem Falle, bei seinem starken Fortpflanzungsvermögen, noch zahlreicher gefunden werden, als es wirklich der Fall ist.

Nahrung. Diese besteht vorzüglich aus Gewächsen. Im Magen, der im tiefern Wasser gefischten, habe ich Ueberbleibsel von Wasserinsecten und Crustaceen gefunden. Kleinere Fische dienen auch zuweilen dem Kühlinge zur Nahrung. Dies erhellt daraus, dass man nicht selten den Kühling an der Stangenangel fängt, wo stets kleinere Fische zum Köder dienen.

Fortpflanzung. Mit Ende des Aprils tritt die Laichzeit dieses Fisches ein. In Strömen und Canälen, mit mehr oder minder starker Strömung, wird der Rogen an Steine, Reiserhaufen und Gras abgesetzt. Der Rogen ist gelblich und wenig grösser als Rübsamen. Die stärkste Laiche dauert nicht über drei Tage.

Fang. Am häufigsten und mit dem grössten Erfolge wird dieser Fisch zur Laichzeit im kleinen Garn-Netze und in Reusen gefangen. Selten erhält man ihn mit dem Landnetze, weil er sich gewöhnlich an Ufern aufhält, welche für eine solche Fischerei minder oder gar nicht tauglich sind. Geschieht es bisweilen im Frühlinge, dass er an seichte und grasbewachsene Ufer, wo gewöhnlich das grosse Netz gezogen wird, hinangegangen, sich im Netze eingesperrt findet, so schiebt er sich gewöhnlich hinaus, und legt sich, will es sich nicht anders thun lassen, dicht am Grunde auf die Seite und lässt das Netz über sich weg gehn. Im Binnenwasser mit dem sogenannten Stossnetze erhält man ihn fast nie, wenn gleich das Netz um eine gedrängte Menge ausgelegt wird. Er flieht auf das geringste Geräusch, und wo einer entwischt, da folgt der ganze Trupp nach. Während des Spätherbstes und Winters wird er zuweilen in Menge mit dem Eisnetze gefangen, wenn man glücklicherweise die Stelle trifft, an welcher er seinen Winterstand genommen hat. Solch ein Fall ist jedoch selten. Die einzige sichere, obgleich weniger lohnende Art, ihn zur Sommerszeit zu fangen, ist die mit der Angel. Sie wird an tiefen und steinigen Ufern benutzt. Zum Köder nimmt man Heuschrecken, Krebsschwänze und Mistkäfer. Diese letzteren werden auf den Angelhaken gesteckt, nachdem ihnen Füsse und Flügeldecken weggenommen sind, und scheinen ein Leckerbissen für diesen Fisch zu seyn. Auch mit der Stangenangel erhält man ihn bisweilen, doch selten.

Nutzen. An den Orten, an welchen der Kühling in Menge gefangen wird, macht er einen wichtigen Haushaltungsartikel aus. Er kann lange aufbewahrt werden, und gewinnt dadurch eher an Wohlgeschmack, als dass er verderben sollte. Wenn der Kühling gekocht ist, so bekommt das Fleisch nach dem Erkalten ein röthliches Ansehn, es ist weich und grätig, doch aber ziemlich wohlschmeckend. Man geniesst es meistentheils eingesalzen oder gedörrt. Im letztern Falle ist es jedoch von dem vielen Fette, welches es enthält, sehr zum Ranzichtwerden geneigt, wird trocken und unschmackhaft. Eingesalzen wird er hier zu Lande ohne fernere Zubereitung und nur blos abgespült, unter dem Namen Spickfisk (*Spickfisch*), benutzt, macht einen bedeutenden Theil der Zuspeise der Bauern aus, und hat in dieser einfachen Zurichtung, sowohl in Ansehn, als Geschmack, einige Ähnlichkeit mit dem Lachse.

Die Plötze (*Cyprinus rutilus*. L.).

Artkennz. Körper dick, zusammengedrückt und etwas breit; Oberkinnlade ein wenig vorstehend; Schuppen gross; Bauch- und Afterflossen roth; Rückenflosse, mitten über den Bauchflossen anfangend, hat 12 Strahlen.
R. 12. Br. 15. B. 9. A. 12. Schw. 19.
Länge $6\frac{1}{2}$, Breite $1\frac{7}{8}$ Zoll.

Cyprinus rutilus L. Syst. Nat. I. p. 529. Faun. Sv. p. 130. — Retzii Faun. p. 375. — Gmel. Syst. I. 3. p. 1426. — *Cyprinus iride, pinnis ventris ac ani plerumque rubentibus.* Artedi Gen. p. 3. Spec. p. 10. Syn. p. 10. — *Das Rothauge.* Bloch I. p. 41. — *Le Cyprin. Rougeûtre.* La Cépède T. V. p. 570.

Namen: Plötze, Rothauge, Rothflosser, Rothfeder etc.*) (*Schwed.* Mört, Kart-Mört etc.).

Beschr. Körper dick, doch zusammengedrückt, bei älteren und bei den Weibchen breiter, bei jüngeren und den Männchen schmäler.

---

*) In Neuvorpommern wird dieser Fisch Plötze genannt, und Cypr. erythrophthalmus Rothauge. Bei Bloch ist es umgekehrt, wahrscheinlich nach den Benennungen dieser Fischarten in Berlin; auch Nemnich setzt in seinem Polyglottenlexikon beim Cypr. rutilus unter den deutschen Benennungen den Namen Rothauge oben an und beim ery-

Rücken sich in einem fortlaufenden Bogen etwas erhöhend, vom Kopfe bis zur Rückenflosse etwas zusammengedrückt zu einem Kiele, von da bis zum Schwanze voll und abgerundet. Bauch von den Brustflossen bis zum After gerade, zwischen den Brust- und Bauchflossen platt, zwischen diesen und dem After kielförmig zusammengedrückt. Schuppen gross mit deutlichen Strahlen, nicht so leicht abfallend. Sie sind während der Laichzeit beim Männchen von 1, 2 bis 3 spitzigen Höckern auf jeder Schuppe sehr rauh. Kopf klein, oben etwas platt, stumpf. Mund etwas aufwärts auslaufend, klein, ohne Zähne. Von den Kinnladen scheint bei geschlossenem Munde die obere länger. Zähne 5 an jeder Seite im Schlunde. Nasenlöcher mit doppelter Oeffnung, liegen den Augen näher als der Schnauze. Augen mittelmässig gross. Seitenlinie gegen den Bauch hin gesenkt, mit welchem sie parallel läuft. Rückenflosse, ein wenig ausgeschnitten, fängt mitten über den Bauchflossen an, hat 12 Strahlen, von denen die 3 vordersten ungetheilt, die übrigen ästig an der Spitze, der letzte bis auf die Wurzel zweitheilig sind. Der erste ist nur ein mehr oder weniger deutlicher Zacken, der andere mit dem dritten zusammengewachsen und nicht voll halb so lang als dieser, welcher nebst dem vierten der längste ist; der letzte bis zur Wurzel zweitheilig. Die Brustflossen haben jede 15 Strahlen; der erste ungetheilt und länger. Die Bauchflos-

---

throphthalmus den Namen Plötze. Hr. Hofr. Voigt gebraucht beide Benennungen, ebenfalls wie Bloch. In Zincke's ökonomischem Lexikon (v. J. 1744) finde ich dagegen die Beschreibung der Plötze und des Rothauges wieder unter den in der hiesigen Gegend gebräuchlichen Benennungen. Cr.

sen, welche ein wenig vor dem Anfange der Rückenflosse anfangen, haben jede 9 Strahlen. Von diesen sind der erste und letzte ungetheilt, die übrigen ästig an der Spitze, der zweite der längste. Die Afterflosse mit 12 Strahlen ist ziemlich ausgeschnitten. Von den Strahlen sind der erste und zweite ungetheilt, die übrigen an der Spitze ästig. Der erste ist kaum $\frac{1}{4}$ so lang als der zweite, welcher nebst dem dritten der längste ist. Die Schwanzflosse, stark zweispaltig, hat 19 lange Strahlen, ausser den kleineren an den Seiten.

Farbe: Variirt sehr nach dem Alter. Die älteren Individuen sind, wie gewöhnlich, immer dunkler. Bei dem beschriebenen Exemplare waren der Kopf oben und der Rücken schwarzblau, welche Farbe an den Seiten hinab in ein etwas an Blau gränzendes Silberweiss übergeht. Bauch rein silberweiss. Iris auch silberfarben, mit einem grössern rothen Flecken über der Pupille. Bauch- und Afterflossen roth, Brustflossen blass, Rücken- und Schwanzflosse grau, mit kaum merklichem röthlichem Anfluge. Die älteren, welche man hier *Kart-Mört* nennt, und welche oft 1 bis 1 $\frac{1}{2}$ Pfd. schwer werden, haben rothe Iris, Brust-, Bauch- und Afterflossen. Auf der Rücken- und Schwanzflosse erscheint der rothe Anflug sehr deutlich.

Aufenthaltsort und Lebensweise: In den meisten scandinavischen Gewässern, sowohl grösseren als kleineren Binnen-Seen, Strömen und Flüssen, ja selbst im Meere, ist dieser Fisch einer der gemeinsten. Wenn es ihm zwar gleichgültig scheint, ob das Wasser, worin er sich aufhält, tief oder seicht, hell oder trübe ist, so liebt er doch grasige Ufer mit niedrigem Wasser, gewiss um sich dort gegen seine zahlreichen Feinde unter den Raubfischen verbergen zu können und Zugang zu einer reichlichern Nahrung zu finden. Im Frühlinge, wenn die Seen noch nicht völlig frei vom Eise sind, steigt er in Schaaren gegen Flussmündungen und Wasserläufe auf. Unter den zuerst ankommenden Haufen findet man keine Weibchen. Die Fischer nennen sie *Eis-Plötzen, (Is-Mört)*, zum Unterschiede von den Haufen der Weibchen, welche *Laich-Plötzen (Lek-Mört)* genannt werden. Diese kommen stets 8—14 Tage später an. Die Bewegungen der Plötze im Wasser sind lebhaft. Sie scheint einen muntern Sinn zu haben, ist aber wenig schlau oder vorsichtig, und erschrickt leicht vor dem mindesten Geräusche. Sie wird immer in grösseren oder kleineren, um die Ufer streichenden, Schaaren angetroffen. Einzeln sieht man sie selten, wenn nicht zufällig, da dann doch immer mehrere in der Nähe gefunden werden. Sie stirbt nicht so bald, nachdem sie aus dem Wasser genommen ist, und lebt lange im Fischbehälter, wenn man ihn in laufendes Wasser stellt. Das Geschlecht wird nicht bloss durch die Körperform, welche beim Männchen schmäler, beim Weibchen breiter ist, sondern auch durch die Zahl der Flossenstrahlen unterschieden. Das Männchen hat immer 12 Strahlen, das Weibchen hingegen öfters, wenn auch nicht immer, 13 Strahlen in der Rückenflosse. Ihr rother Augenring hat Anlass zu dem sprichwörtlichen Ausdrucke: „*Rothäugig wie eine Plötze*," gegeben. Er ist indessen nicht zu jeder Zeit so. Von den Plötzen, welche hier in den Scheeren gefangen werden, haben alle jüngeren Individuen eine silberweisse, und die älteren theils eine schwach messinggelbe, theils eine röthliche Iris; doch haben alle einen grössern röthlichen Flecken über der Pupille. Das rührt vielleicht von dem Wasser her, in welchem der Fisch sich aufhält, denn in kleineren Binnen- und vorzüglich Waldseen mit dunklem Wasser habe ich die Plötze allezeit mit rother Iris gefunden. In Uebereinstimmung mit ihren Gattungsverwandten sucht auch die Plötze im Winter die hohe See. Diese Vorsicht scheint jedoch nur den älteren eigen zu seyn. Die jüngeren bleiben auch während des Winters ihrer Gewohnheit treu, um die Ufer zu streichen und dort ihre Nahrung zu suchen.

Nahrung: Gras, verfaulte Pflanzen, Insecten und Würmer.

Fortpflanzung: Mit dem Schlusse des Mai's, einige Tage früher oder später, nach Beschaffenheit der Witterung, steigt die Plötze in sehr grossen Haufen gegen die Ufer und Flussmündungen an, um zu laichen. Das Laichen, welches 3 bis 9 mal 24 Stunden, Tag und Nacht, dauert, geschieht immer an grasigen Ufern. Am gewöhnlichsten sucht die Plötze jedoch Reiserhaufen, an welchen sie sich scheuert, um des Rogens ledig zu werden, welcher grob und von Farbe grünlichgelb ist. Während des Laichens häufen sich diese Fische dicht zusammen, schlagen mit dem Schwanze gegen die Wasserfläche und bewirken dadurch einen zischenden Schall, welcher nicht andauernd, sondern schnell und abgebrochen ist, aber nach längerer oder kürzerer Zeit wiederholt wird.

Fang: Mit dem Zugnetze erhält man die Plötze oft in Menge. Die grösseren fängt man mit dazu eingerichteten kleinen Garnnetzen, welche an die Rohrecke gestellt werden. Am häufigsten indessen wird sie während der Laichzeit gefangen. Man macht an der Stelle, an welcher sie jährlich laicht, Einzäunungen von Fichtenreisern zwischen eingerammten Pfählen, welche man in eine gewisse Entfernung von einander gestellt hat. Zwischen diese Einzäunungen senkt man Reusen, die von Garn oder Weidenzweigen gemacht sind, in welche der Fisch sich hineindrängt, indem er sich an den Fichtenreisern scheuert. Diese Vorrichtung wird *Mjärde-Läger (Reusen-Lager)* genannt und stets mit dem grössten Vortheile benutzt. Die Plötze wird auch geangelt, sowohl im Sommer als im Winter. Im Sommer wird ein Regenwurm zum Köder genommen. Während des Winters, in welchem das Angeln in seichten Buchten mit grasigem Grunde anzustellen ist, muss man einige Tage vorher ausgebrautes Malz, gekochtes Korn u. dgl. m. an der Stelle, wo man das Angeln anstellen will, versenken. Zum Köder nimmt man den sogenannten *Plötzenwurm (Mört-Mask)*, welcher aber nichts Anderes ist, als die Larve des *Borkenkäfers* (Bostrichus Typographus), und der ohne Schwierigkeit unter der Rinde verfaulter Baumstämme gesammelt wird.

Nutzen: Obgleich dieser Fisch wegen seines weichen, wenig schmackhaften und grätigen Fleisches den Vermögenderen nicht zur Speise dient, so ist er doch eine gesunde Nahrung für den Unbemittelten. Weil er oft in Menge gefangen und von Vielen verachtet wird, kann man ihn gewöhnlich zu billigem Preise haben. Vom gemeinen Manne wird er besonders gebraten verzehrt, nachdem er vorher gesalzen und gedörrt worden ist, durch welche Zubereitung er auch den Morast-Geschmack verliert, der ihn, frisch gekocht, minder schmackhaft macht. Die Fischer brauchen ihn allgemein zum Köder für den Hecht an der Angelruthe, Grundschnur und schlafenden Angel, wozu er sich vorzugsweise vor den meisten kleineren Fischen, die zu gleichem Zwecke benutzt werden, tauglich bewiesen hat. Einen grossen Nutzen scheint er im Haushalte der Natur zu haben, indem er grösseren Fischen, die zu schmackhaften Gerichten den Stoff hergeben, zur Nahrung dient.

. . . . . . (*Cypr. microlepidotus* Ekstr.).
Tab. II.

Artkennz. Länglich, dick, zusammengedrückt; Schuppen klein; Kopf etwas zugespitzt; Brust-, Bauch- und Afterflossen röthlich; Rückenflosse etwas hoch, spitzig und ausgeschnitten; Strahlen der Afterflosse 12.

Cyprinus Idbarus (Männchen im Herbste) Linné, Syst. Nat. I. p. 529. — Retzii Fn. Sv. p. 357. — Bloch I. p. 326. — La Cépède T. V. p. 577.

Namen: . . . . . . *Schwed.* Lennare Ekstr.

Beschreibung: Körper gestreckt, dick, zusammengedrückt. Rücken fast gerade, der ganzen Länge nach breit und abgerundet. Bauch platt vom Kopfe bis zum After und ziemlich breit, besonders beim Weibchen. Schuppen, im Verhältnisse zur Grösse des Fisches, klein. Männchen zur Laichzeit rauh, von kleinen, warzichten, schwarzen Höckerchen, welche dem blossen Auge als ganz feine Puncte erscheinen. Kopf klein, stumpf, mit ziemlich flacher Stirne. Mund mittelmässig, aufwärts ausgehend, ohne Zähne; die obere Kinnlade über die untere hervorgehend. Im Schlunde finden sich, wie gewöhnlich bei dieser Gattung, 5 Zähne an jeder Seite. Nasenlöcher liegen den Augen näher als der Schnauze.

Augen, an den Seiten des Kopfes, mittelmässig gross. Seitenlinie gesenkt, insbesondere bei älteren Weibchen, läuft mit dem Bauche parallel. Rückenflosse, etwas ausgeschnitten, fängt über dem Ende der Bauchflosse an und hat 11 Strahlen. Die 3 ersten ungetheilt, die übrigen an der Spitze verästelt, der letzte bis zur Wurzel zweitheilig. Der erste ist nur ein kurzer Zacken, der andere nicht voll halb so lang als der dritte, welcher und der vierte die längsten sind. Brustflossen haben jede 15 Strahlen, deren jeder ausser dem ersten an der Spitze zweitheilig ist. Der zweite und dritte die längsten. Bauchflossen jede mit 9 Strahlen. Der erste ungetheilt, die übrigen an der Spitze verzweigt, der zweite und dritte die längsten. Die etwas ausgeschnittene Afterflosse hat 12 Strahlen; die 3 ersten ungetheilt, die übrigen an der Spitze verzweigt, der letzte bis zur Wurzel getheilt; der erste ein kleiner, kaum bemerkbarer Zacken, der zweite halb so lang als der dritte, welcher der längste ist. Schwanzflosse, tiefgespalten, hat 19 Strahlen, wenn man mit der längsten zu zählen anfängt und aufhört.

Farbe: Rücken gelblich olivengrün, Seiten aufwärts gelblich, abwärts mehr und mehr silberweiss. Brustflossen gelb mit einem rothen Flecken, welcher einen mehr oder weniger grossen Theil der ganzen Flosse einnimmt, so dass diese oft nur an der Basis gelb ist. Bauch- und Afterflossen roth. Rücken- und Schwanzflosse blass. Der untere Lappen der Schwanzflosse hat oft einen rothen Fleck. Iris schwach messinggelb, mit feinen schwarzen Puncten und einem dunkeln Flecken über der Pupille. — Bei den jüngeren ist die Farbe im allgemeinen blasser. Rücken grünlich blau, welche Farbe sehr wenig zu den Seiten hinabsteigt, die bläulich anfangen und gegen den Bauch mit der Silberfarbe enden, die dort herrscht. Die Flossen sind alle hell, Brust- und Bauchflossen gelblich. Iris silberweiss, ohne irgend einen messinggelben Anstrich.

Aufenthaltsort und Lebensweise: Dieser Fisch scheint nur dem Meere und dessen Flüssen anzugehören. Ich habe ihn nie in irgend einem Landsee gefunden. Hier in den Scheeren zeigt er sich immer zerstreut, nie in irgend grösserer Menge, und muss zu den minder gemeinen gerechnet werden. Vom Anfange des Frühlings bis zum Spätherbste lebt er um die Ufer, und wird dort oft mit der Plötze zusammen gefangen. Zur Winterszeit erscheint er nie oder wenigstens sehr selten. Ob er nördlicher ziehe, oder, was glaublicher scheint, sich in der Tiefe eine Zuflucht suche, wo er nicht beunruhigt werden könne, habe ich noch nicht auszumitteln vermocht. Er liebt klares und etwas tiefes Wasser mit Sand- oder Steingrund. In die kleineren, seichten und grasbewachsenen Wasserläufe, welche sich hier bei der Frühlingsfluth ins Meer ergiessen, begiebt er sich selten. Vielleicht verhält es sich anders, wo sich grössere Ströme mit klarem Wasser und festerem Grunde finden. Aufgefischt stirbt er nicht so schnell, als die Plötze. Wenn man nach seinem Verhalten hier schliessen darf, so ist dieser Fisch minder gesellig als seine Gattungsverwandten. Vermuthlich scheint er hier mehr zerstreut, weil er nicht so gemein ist.

Nahrung: Sie besteht in Gewächsen und Insecten, doch scheint er am liebsten die letzteren zu verzehren, deren Ueberbleibsel oft in seinen Eingeweiden angetroffen werden.

Fortpflanzung: In der Mitte des Maies habe ich oft die Männchen dieses Fisches, mit den warzichten Auswüchsen auf den Schuppen geziert, gefunden, welche die Nähe der Laichzeit ankündigen. Seine Laichstelle kenne ich noch nicht sicher, aber wahrscheinlich stellt er die Laiche auf steinigem Boden mit etwas tiefem Wasser an, da man ihn an solchen Orten während der Laichzeit am häufigsten erhält. Mit der Plötze zusammen, bei deren Laichzeit, wird er nie angetroffen. Sein Rogen ist auch heller und feiner als der der Plötze.

Fang: Vom Frühlinge bis zum Herbste, doch nicht später als bis zum Ende des Octobers, wird er sparsam mit dem Zugnetze gefangen. Nur zerstreute Individuen bekommt man. In Menge erhält man ihn hier nie. Während des Sommers lässt er sich mit dem Regenwurme leicht angeln; aber vorzüglich Insecten werden zum Köder benutzt.

Nutzen: Sein Fleisch ist weiss, fest und wohlschmeckend, welche letztere Eigenschaft sich von der Gewohnheit des Fisches, sich immer in reinem, klarem Wasser aufzuhalten, herleiten lassen dürfte. Hier dient er hauptsächlich zum Köder an der Hechtangel, weil er im Wasser stärker schimmert und ein zäheres Leben hat als die Plötze.

Das Rothauge (*Cypr. erythrophthalmus* L.).

Artkennz. Körper breit und zusammengedrückt. Iris und Flossen roth. Afterflosse hat 14 Strahlen.

R. 11. Br. 16. B. 9. A. 14. Schw. 19.
Länge $7\frac{2}{8}$, Breite $2\frac{6}{8}$ Zoll.

Cyprinus erythrophthalmus Linn. Syst. Nat. I. p. 530. Fn. Sv. p. 129. — Retzii Fn. p. 358. — *Cyprinus iride, pinnis omnibus caudaque rubris*. Artedi Gen. p. 3. Spec. p. 9. Syn. p. 4. — Gmel. Syst. I. 3. p. 1429. *Die Plötze*. Bloch I. S. 37. *Le Cyprin. rotengle*. La Cépède T. V. p. 570. Der jüngere, *Cyprinus compressus*, Hollberg Kongl. Vetensk. och Vitterh. Sällskapets Handb. Del. 5. p. 66.

Namen: Rothauge, Plötze, auch Weissfisch; Rietforen. (*Schwed.* Sarf.)

Beschreibung: Körper breit und zusammengedrückt, mit bogenförmig sich erhebendem und abgerundetem Rücken. Der untere Theil des Kopfs von der Schnauze an bildet nebst Brust und Bauch eine krumme Linie, welche am After endet, von wo an der Körper an der untern Seite sich schnell verschmälert. Bauch von den Brust- bis zu den Bauchflossen platt, von da bis zum After zu einer scharfen Kante zusammengedrückt. Schuppen gross, strahlig. Kopf kurz, stumpf und zusammengedrückt. Mund klein, aufwärts auslaufend, untere Kinnlade die längere, welches man besonders sieht, wenn der Mund geöffnet wird. Zähne, wie gewöhnlich, nur im Schlunde. Nasenlöcher in gleichem Abstande von Augen und Schnauze liegend, jedes mit doppelter Oeffnung. Augen rund, mittelmässig gross. Seitenlinie, gesenkt, liegt dem Bauche näher als dem Rücken, und läuft mit ersterem parallel. Die Rückenflosse, welche über dem hintern Ende der Ansatzstelle der Bauchflossen anfängt, ist etwas ausgeschnitten und hat 11 Strahlen. Die 3 ersten einfach, die übrigen von der halben Länge bis zur Spitze verzweigt. Der erste ist ein kaum bemerkbarer Zacken, der zweite halb so lang als der dritte, welcher und der vierte die längsten sind. Brustflossen haben jede 16 Strahlen. Von diesen ist der erste ungetheilt, die übrigen sind an der Spitze verzweigt, der zweite der längste. Bauchflossen haben 9 Strahlen, wovon der erste gar nicht und der zweite wenig an der Spitze getheilt sind. Afterflosse etwas ausgeschnitten, 14-strahlig. Der erste Strahl ein kaum bemerkbarer Zacken, und ungetheilt, wie der zweite, die übrigen verzweigt; der zweite der längste. Schwanzflosse, stark gespalten, hat 19 deutliche Strahlenbüschel, ohne die kürzeren an den Seiten.

Farbe: Stirn und Rücken schwärzlich gelbgrau. Diese Farbe verschwindet ganz und gar nach den Seiten, wo der Fisch schön messinggelb, mit lichterem, unten fast silberweissem Bauche, ist. Iris rothgelb mit blutrothen Flecken. Rückenflosse graulich mit rother Spitze. Schwanz-, Bauch- und Afterflossen roth. Brustflossen gelbgrau an der Basis, mit rothen Spitzen. — Jüngere Individuen sind viel heller, haben wenig Messinggelb auf Rücken und Kopf. Die Seiten unter der Seitenlinie und vorzüglich der Bauch silberweiss. Iris stark messinggelb mit einigen wenigen rothen Flecken bei einem oder dem andern Individuum.

Aufenthaltsort und Lebensweise: Obgleich nicht so gemein als die Plötze, mit der es im Aussehn einige Aehnlichkeit hat, wird das Rothauge doch ziemlich häufig in den meisten Binnenseen und Scheeren Scandinaviens angetroffen. In den hiesigen Scheeren ist es ziemlich gemein, wird aber selten für sich angetroffen, ausgenommen in der Laichzeit, sondern gewöhnlich mit anderen Fischarten, besonders Plötzen, zusammen. Es stellt sich zeitig im Frühjahre an den Ufern ein, an welchen es nachher den ganzen Sommer in Gesellschaft mit anderen kleineren Fischarten zubringt, in deren Laiche es sich oft mischt. Diese üble Gewohnheit hat Anlass zu dem Sprichworte gegeben: *Rothauge allenthalben im Spiel* (Sarfven i hvar lek) *). Sein gewöhnlichster Aufenthalt sind seichte und grasige Buchten, mit Schlamm und Sumpfgrund. Gegen den Herbst begiebt es sich in die hohe See, und sucht dort wahrscheinlich sehr unzugängliche Stellen, denn man erhält es während des Winters selten oder nie. Es wächst schnell und hat mit eines Jahrs Alter über 1½ Zoll Länge erreicht. Einen Fuss mag es wohl an Grösse nicht überschreiten. Die grössten, die ich gesehen habe, sind selten bis zu 8 Zoll gross gewesen. Das Rothauge scheint minder scheu zu seyn als der Blei, der Kühling und mehre Arten dieser Gattung. Es scheut freilich Geräusch, sucht sich dann aber sogleich eine Zuflucht in dichtem Grase oder Schlamm, woraus es sich nachher auf keine Weise verscheuchen lässt. Unter unseren schwedischen Fischarten ist dieser Fisch gewiss einer der hübschesten. Alte Männchen besonders zeichnen sich durch eine glänzende Färbung aus. Schon nach dem ersten Jahre fangen bei den Jungen die Flossen an, rothe Flecken an der Spitze zu bekommen, und im dritten Jahre sind sie völlig wie die älteren. In diesem Alter fängt es auch wahrscheinlich an, sich fortzupflanzen. Aus dem Wasser gezogen stirbt

---

*) L e k bedeutet im Schwedischen sowohl S p i e l, als auch L a i c h e.

Cr.

es nicht so schnell und es kann bei einiger Sorgfalt lange am Leben erhalten werden.

Nahrung: Dazu benutzt es Pflanzen, Insecten und Würmer. Ich habe auch Sumpferde in seinen Eingeweiden gefunden.

Fortpflanzung: Die Laichzeit des Rothauges fällt in den Junius und dauert mehre Tage, ja Wochen, wenn die Witterung nicht hinreichend günstig ist. Um die Mitte des Sommers ist die Laiche am stärksten. Es stellt seine Laichfeste in tiefen Buchten an, wo viel Gras, besonders Flusskannenkraut (Equisetum fluviatile L.) wächst. Das Laichen geschieht unter einem schnatternden oder schmatzenden Geräusche, nicht unähnlich dem eines kochenden Grapens, welches dadurch entsteht, dass die laichenden Fische den Mund an die Wasserfläche bringen, die Kinnladen hastig öffnen und Luft ausblasen, wonach eine lange, auf der Wasserfläche stehende, Blase zurückbleibt. An das Gras wird der Rogen abgesetzt, welcher nach längerer oder kürzerer Zeit, so wie die Luft warm oder kühl ist, ausgebrütet wird.

Fang: Da dieser Fisch, vielleicht mit wenigerm Rechte, zu den minder schätzenswerthen gerechnet wird, so werden zu seinem Fange allein keine besonderen Anstalten gemacht. Gewöhnlich wird er mit dem Zug- oder dem kleinen Garnnetze nebst andern Fischen gefangen. Er lässt sich auch angeln, da man dann Regenwürmer oder Fliegen zum Köder nimmt, und beisst besser an als die Plötze, die Blicke u. m. Mit der Schnell-Wathe und dem Stoss-Netze lässt er sich selten fangen, weil er bei dem ersten Stoss ins Wasser sich in das Gras drängt oder in Schlamm hüllt.

Nutzen: Da man das Rothauge allein nie in

Menge erhält, so kann man von ihm eben nicht sagen, dass es irgend einen Nahrungszweig für den Menschen abgebe. Mit anderen kleineren Fischen zusammen gefangen, wird es gewöhnlich eine schlichte, aber gesunde Speise für die arbeitende Klasse, die der Mangel nöthigt, ihre Speisenbereitung nur auf die Gerichte zu beschränken, welche den Hunger stillen und den Körper nähren. Auf die Tische der Wohlhabenderen kommt es wohl höchst selten, denn sein Fleisch, obgleich weiss und süss, ist weich, voll feiner Gräten, und hat mehr oder weniger immer einen Beigeschmack von dem Schlamm, in welchem der Fisch sich aufhält. Kleinere Individuen dienen zur Grundschnur für den Hecht. An der Stangenangel wird es sehr gebraucht, weil es ein zäheres Leben hat als die Plötze, welche sonst gewöhnlich dazu genommen wird. An der Angelruthe braucht man es bisweilen im Nothfalle; es ist aber schwer und deshalb nicht so tauglich dazu als die Plötze.

Die Elritze (*Cypr. Phoxinus* L.).

Artkennz. Körper langgestreckt, drehrund, dick und wenig zusammengedrückt. Rücken hat dunkle Querflecken. Ein messinggelber, gerader Strich vom obern Rande des Kiemendekkels bis zur Wurzel der Schwanzflosse, wo man einen schwarzen Flecken findet. Afterflosse mit 10 Strahlen.

R. 9. Br. 15. B. 9. A. 10. Schw. 19.

Länge 2, Breite beinahe $\frac{5}{8}$ Zoll.

Cyprinus Phoxinus Linn. Syst. Nat. I. p. 528. Retzii Fn. p. 356. — Gmel. Syst. I. 3. p. 1422. *Cyprinus tridactylus, varius, oblongus, teretiusculus, pinna ani ossiculorum octo.* Artedi Syn.

p. 12. — *Elveritze,* Pontoppid. N. N. H. 2. S. 207. — *Die Elritze,* Bloch I. S. 76. — *Le Cyprin Véron,* La Cépède T. 5. p. 570.

Namen: Elritze und ähnl. Bambele, Baut, Bitterfisch, Orte Pfrille, Grimpel u. s. w. (*Schwed.* Elriza, Lortbuk, Hundgädda).

Beschreibung: Körper gestreckt, drehrund und wenig zusammengedrückt. Rücken fast gerade, breit und nach der ganzen Länge abgerundet. Bauch etwas gross, unten abgerundet. Schuppen klein und dünn. Körper mit einem zähen, weissen Schleim überzogen. Kopf ziemlich gross. Schnauze spitzig, doch abgerundet. Mund klein, etwas aufwärts auslaufend, obere Kinnlade länger. Zähne in den Kinnladen fehlen; aber der Schlund hat Zähne. Nasenlöcher liegen den Augen näher als der Schnauze, und scheinen eine doppelte Oeffnung zu haben. Augen mittelmässig. Seitenlinie, welche man nur schwer auffindet, fast gerade und vorn wenig gesenkt. Rückenflosse, welche sich mitten über dem After endigt, ist hoch, überzwerch abgerundet und hat 9 Strahlen, von denen der erste und zweite ungetheilt, die übrigen an der Spitze zweitheilig sind, ausser dem letzten, welcher bis zur Wurzel getheilt ist. Der erste nicht halb so lang als der zweite, welcher mit dem dritten und vierten der längste ist. Brustflossen jede mit 15 Strahlen, welche man schwer zählen kann. Der erste ungetheilt, die übrigen etwas ästig; der mittelste der längste. Bauchflossen mit 9 Strahlen. Der erste ungetheilt, die übrigen an der Spitze etwas geästelt, der zweite und dritte die längsten. In der Afterflosse 10 Strahlen. Der erste, zweite und dritte ungetheilt, die übrigen an der Spitze verzweigt, ausser dem letzten, der bis auf die Wurzel getheilt ist. Der erste ist nur ein kurzer Zacken, der zweite nicht voll halb so lang als der dritte, dieser und der vierte die längsten. Schwanzflosse, stark gespalten, hat spitzige Lappen und 19 Strahlenbüschel.

Farbe: Rücken schwarzgrün mit Metallglanz. Ueber dem Rücken, die Seiten hinab, liegen schwarze, nach unten zugespitzte Querflecken. Von dem obern Rande des Kiemendeckels bis zur Schwanzflosse läuft eine gerade, etwas breite, messinggelbe Linie, welche am deutlichsten erscheint, wenn man den Fisch in schräger Richtung gegen das Auge hält. Die Seiten unter der Seitenlinie haben Metallglanz mit dunklen Streifen der Länge nach und kleinen Puncten, welche mit röthlich, gelb und schwarz abwechseln. Neben der Basis der Schwanzflosse steht ein grösserer, dunkler Fleck. Bauch und Kopf unten silberweiss. Kopfseiten, besonders die Kiemendeckel, messinggelb. Iris blass messinggelb, mit äusserst feinen, dunklen Puncten und einem dunkeln Flecken über der Pupille. Flossen alle blass. Afterflosse fast weiss, die übrigen etwas gelblich. Neben der Wurzel der Brustflossen finden sich einige zerstreute, rothe und sehr feine Puncte.

Aufenthaltsort und Lebensweise: Dieser Fisch gehört dem Meere und den grösseren Strömen an, die sich in dasselbe ergiessen. Wohl in keinem Landsee ist er zu finden. Er hält sich an Vorgebirgen oder steilen Ufern in tiefem Wasser auf, besonders wo sich Stromgang befindet, ist immer mit seines Gleichen allein zusammen, und scheint den Aufenthalt an den Stellen, an welchen sich andere Fischarten aufhalten, zu vermeiden. Wo er gefunden wird, trifft man ihn immer zahlreich an. Einen grössern Theil des Tages hindurch steht er still, fast unbeweglich am Grunde, wo er sich Nahrung sucht. Bisweilen, obzwar selten, steigt er zur Wasserfläche hinauf, zeigt sich dann in seinen Bewegungen lebhaft und nach seiner Grösse vielfrässig. Mit Gierigkeit fängt er die Insecten, welche auf die Wasserfläche niederfallen. Er stirbt fast in dem Augenblick, in welchem er aus dem Wasser genommen wird. Die Farbe ist bei verschiedenen Individuen sehr verschieden; sie verändert sich auch schnell, so wie der Fisch gestorben ist. Will man die vielen und glänzenden Farben schauen, mit welchen dieser Fisch prangt, so muss man ihn im Wasser sehen, oder in demselben Augenblick, in welchem er aus demselben geholt wird. Auch wenn man ihn lebendig in einem Gefäss mit Wasser aufbewahrt, verändert sich dessen ungeachtet die Farbe sehr bald.

Nahrung: Insecten, kleinere Crustaceen und Würmer machen seine eigentliche Nahrung aus; man glaubt jedoch, dass er auch die Brut anderer kleiner Fische verzehre. Man findet vielen Grund zu dieser Vermuthung in seiner Gewohnheit, sich beständig an solchen Stellen, an denen ausgeweidete Fische abgespült werden, einzufinden, und den Abgang, welcher davon ins Wasser fällt, zu verschlingen.

Fortpflanzung: Am Schlusse des Junius oder Anfange des Julius stellt er seine Laiche in der Tiefe an, welche Steingrund hat. An Steine, glaubt man, setze er seinen Rogen ab, der nach der Grösse des Fisches grobkörnig ist.

Fang: Aus der Tiefe durch hineingeworfene Würmer, Brodtkrumen u. dgl. m. heraufgelockt, lässt er sich mit einem feinen Hamen (Kescher) fangen. Ein artiger Zeitvertreib ist es, ihn zu angeln, wobei dann ein Regenwurm zum Köder dient; kaum ist der Haken ausgeworfen, so versammeln sich schon mehre Hunderte um ihn, den Wurm zu erhaschen.

Nutzen: In Frankreich soll dieser Fisch, nach La Cépède, als Leckerbissen für die Tafel benutzt werden. Hier isst man ihn nicht, denn Niemand lässt sich die Zeit, ihn auszunehmen und zuzurichten. Es scheint, dass sein eigentlicher Nutzen darin bestehe, als Nahrung für grössere Fische zu dienen. Als Köder an der Angel für Barsche wird er mit sehr grossem Vortheil angewandt.

2. Bleie (*Abramis* Cuv.).

Die zu dieser Gruppe gehörenden Fische haben im allgemeinen *einen breiten und zusammengedrückten Körper. Die Rückenflosse hat ihren Platz hinter den Bauchflossen. Die Afterflosse ist lang und hat 20 und mehre Strahlen. Die Schwanzflosse ist gespalten und die Seitenlinie gesenkt.* Alle haben eine mehr oder weniger lichte Farbe, aber die meisten farbenlose Flossen. Alle leben vorzüglich von vegetabilischer Nahrung, keiner vom Raube.

Der Blei (*Cypr. Brama* L.).

Artkennzeichen. Breit und stark zusammengedrückt. Flossen schwarzblau. Afterflosse mit 28—29 Strahlen.

R. 12. Br. 17. B. 10. A. 28. (bei älteren 29.) Schw. 19.

Länge $6\frac{1}{2}$, Breite $2\frac{3}{8}$ Zoll.

Cyprinus Brama Linn. Syst. Nat. 1. p. 531. Fn. Sv. p. 128. — Retzii Fn. p. 360. — *Cyprinus pinnis omnibus nigrescentibus, pinna ani ossiculorum viginti septem.* Artedi Gen. p. 6.

Spec. p. 20. Syn. p. 4. — Gmel. Syst. I. 3. p. 1436. — *Brasen*, Pontoppid. N. N. H. II. S. 206. — *Der Blei* oder *Brussen*, Bloch I. S. 95. Taf. 13. — *Le Cyprin Brème*, La Cépède T. V. p. 585.

Namen: Der Blei, die Bleiche, der Brassem, Brachsen und ähnl. (*Schwed.* Braxen; *der jüngere:* Braxenpanka, Panka, Braxen-flia, Flia).

Beschreibung: Körper sehr breit und stark zusammengedrückt. Rücken sich bogenförmig erhebend, vom Kopfe bis zum Ende der Rückenflosse ziemlich scharf keilförmig zusammengedrückt, von da an minder scharf und etwas abgerundet. Bauch von den Brust- bis zu den Bauchflossen platt; von diesen an ist der Körper zusammengedrückt und in einen sehr scharfen Rand auslaufend. Schuppen ziemlich gross, bei den Männchen zur Laichzeit von warzichten Zacken auf dem Rande rauh. Kopf klein, etwas stumpf und zusammengedrückt. Mund aufwärts auslaufend, mit längerer Oberkinnlade. 5 Zähne an jeder Seite im Schlunde. Nasenlöcher, den Augen näher liegend als der Schnauze, mit nur einer runden Oeffnung, welche durch einen halbmondförmigen, in der Mitte eingedrückten Deckel verschlossen wird. Augen an der Seite des Kopfes, rund. Pupille rund, mit ungleichen Rändern. Die Seitenlinie gesenkt, liegt dem Bauche näher und läuft mit diesem parallel. Die Rückenflosse fängt mitten über dem Ende der Wurzel der Bauchflossen an, endet über dem Anfange der Afterflosse nnd hat 12 Strahlen. Von diesen sind die 2 ersten ungetheilt, die übrigen an der Spitze ästig. Der erste sehr kurz, der zweite ungefähr halb so lang als der dritte, längste. Die Brustflossen haben jede 17 Strahlen, von denen der erste ungetheilt, die übrigen an der Spitze ästig sind. Die 3 ersten die längsten. Die Bauchflossen haben jede 10 Strahlen, wenn man den ersten kleinen Zakken, welcher mit dem zweiten verwachsen scheint, mitrechnet. Der erste und zweite ungetheilt, die übrigen an der Spitze sehr verzweigt, der zweite, dritte und vierte die längsten. In der Afterflosse sind bei älteren Individuen 29, bei jüngeren 28, bisweilen auch nur 27 Strahlen. Von ihnen sind die 3 ersten ungetheilt, die übrigen an der Spitze ästig, der zweite, dritte und vierte die längsten, von wo an sie allmälig an Länge abnehmen. Die lange Afterflosse scheint hiernach am obern Rande niederwärts gesenkt. Schwanzflosse, sehr gespalten; ihr oberer Lappen kleiner und kürzer. Die Flosse hat 19 Strahlenbüschel, ohne die kurzen an den Seiten.

Farbe, welche nicht nur nach dem Alter und der Jahreszeit, sondern auch nach Beschaffenheit des Wassers, in welchem der Fisch lebt, veränderlich ist, bei älteren dunkler, bei jüngeren heller, und während der Laichzeit glänzender. Am gewöhnlichsten ist sie, bei mittelmässig grossen Individuen, am Rücken hin grünlichbraun; Seiten messinggelb, welches nach dem weissen Bauche hinab heller wird; dieser bekömmt nach dem Tode des Fisches ein röthliches Ansehn. Die Iris ist bei diesen messinggelb, mit schwarzen, feinen Puncten besprengt, vorzüglich am obern Rande, wo sich auch ein dunkler Fleck befindet. Rükken-, Schwanz- und Afterflosse schwärzlich, Brust- und Bauchflossen mehr oder weniger röthlich, mit dunklen Spitzen. — Der hier zur Beschreibung benutzte jüngere war über den ganzen Körper silberweiss, ausser dem Rücken, welcher einen blaugrauen Anstrich hatte. Rücken-,

After- und Schwanzflossen schwärzlich, Brust- und Bauchflossen fast weiss. Iris, silberweiss, hatte nicht die feinen dunklen Puncte und nur einen dunkeln Flecken über der Pupille. Während der Laichzeit ist die messinggelbe Grundfarbe schimmernder, und das Männchen hat, ausser den Zacken an den äusseren Rändern der Schuppen, auf Schnauze und Stirne bis zu den Augen eine Menge kleinerer, weisslicher, zerstreuter, warzichter Zacken oder Knötchen. — In Waldseen mit dunklem Wasser und Sumpfgrund werden die Bleie oft so dunkel, dass die messinggelbe Grundfarbe nur weiter hinab an den Seiten nach dem Bauche zu durch den dunkeln Anstrich durchscheinen kann.

Aufenthaltsort und Lebensweise: In allen grösseren Seen Scandinaviens, und solchen Flüssen und Strömen, welche keine starke Strömung, aber thonichten und schlammichten Grund nebst grasigen Ufern haben, kann man sicher seyn, den Blei anzutreffen. Auch in den Scheeren kommt er vor; aber in salzigem Wasser wird er nicht so gross oder fett als in Süsswasserseen. Innerhalb Schwedens ist er in den südlichen und mittleren Gegenden gemein. In dem See *Näsnare* in Südermannland soll sich der grösste und fettste finden. In Norwegen, wo er *Brasen* genannt wird, soll er, Pontoppidan zufolge, im östlichen Theile des Landes gemein seyn. Er hält sich gern über grasigem Thonboden auf, besonders zwischen einer Grasart (Isoëtes lacustris L.), welche davon den Namen *Braxen-Gräs* (deutsch: *Brachsengras*, *-Kraut*, *-Farn*) erhalten hat. In diesem wühlt er wie ein Schwein; die aufgewühlten Rasen steigen zur Wasserfläche auf und sind ein Zeichen, nach welchem sich die Fischer richten, wenn sie die Gegend, in welcher sich der Fisch aufhalte, suchen. Schon zeitig im Frühlinge suchen einige kleinere Individuen die Ufer. Gewöhnlich hält dieser Fisch sich während des Sommers in mässig tiefem Wasser auf und selten geht er an die Ufer, ausser in der Laichzeit und spät im Herbste, da er sich dann vom Sturm in seichte Buchten, mit Thongrund, hineintreiben lässt. Dabei bildet er ordentliche Abtheilungen, oft von bedeutender Ausdehnung. Diese Reihen erscheinen in der Entfernung, durch das getrübte Wasser, wie ein breiter Landweg, und erhalten den Namen *Blei-Striche (Braxen-Strek)*. Die Bleie, welche sich auf diese Weise treiben lassen, heissen bei den Fischern *Unwetter-Bleie (Oräders-Braxen)*. Die Bleie, welche während des Sommers, und besonders, wann die Laichzeit bevorsteht, in die Ströme steigen, sind allezeit kleine und jüngere Individuen. In dieser Gewohnheit weicht der Blei von anderen Fischarten ab; denn statt dass diese gegen den Strom ansteigen, folgt er ihm beständig. Gegen den Spätherbst begiebt sich der Blei in die hohe See, in welcher er allenthalben da, wo er seinen Aufenthalt gewählt, gewisse Stellen hat, wo er sich um jene Jahreszeit sammelt. Solche Stellen werden *Blei-Stand* (Braxen-Stånd) genannt und sind den Fischern der Gegend wohl bekannt. Die merkwürdigste solcher Stellen in Schweden ist das sogenannte *Hakvarp* im Hollbosee bei Nyköping. Dort wird er jährlich mit dem Eisnetze, zu einigen 100—1000 L.-Pfd. und mehr mit einem Netzzuge gefangen. Der Verfasser befand sich im Jahre 1820 bei dem Zuge gegenwärtig. Damals erhielt man etwa 700 L.-Pfd., meist Bleie. Dieser Fang wurde für mässig gehalten. Der Blei wächst schnell und wird ansehnlich gross. Der grösste, den ich gesehen habe, wog 11 Pfd., und wurde mit der Angel gefischt*). Er ist manchen Krankheiten ausgesetzt und wird vorzüglich von

) In der hiesigen Gegend wird der Blei, nach den Angaben der Fischer, bis zu 14 Pfd. an Gewicht gefangen, wo er dann etwa 1′ 8″ lang ist. Grosse Mengen (wohl bis zu 36 Schümern)) von ihm fängt man bei Wolgast hauptsächlich im Winter, so lange das Eis hält, und verfährt sie bei starkem Froste öfters von da nach Hamburg.

Man erlaube mir hier, wo von Ergiebigkeit der Blei-Fischerei die Rede ist, die Geschichte eines Fischfanges in der Gegend von Wolgast einzuschalten, welcher wegen seiner Ergiebigkeit, zwar nicht allein an Bleien, sondern auch an Hechten, Zandern u. a. Fischen zu den ausserordentlichen gehört, und dessen Erwähnung besonders für diejenigen meiner Landsleute, welche nicht von ihm gehört haben sollten, von Interesse seyn dürfte.

Es war nämlich im Januar des Jahres 1769, als die Bauern der auf der Insel Üsedom gelegenen Dörfer Bandemin und Neberg und der von jener südlich abgehenden Halbinsel, dem Gnitze, welche auf der westlichen Seite die Crumminer Wiek (eine Bucht, in welche die Peene tritt und an deren dem Gnitze gegenübergelegenen Seite das Pfarrdorf Crummin liegt) bilden hilft, auf der östlichen aber vom Achterwasser bespült wird, — durch in das Eis der Wiek gehauene Löcher eine grosse Masse von Fischen in Bewegung erblickten. Sie warfen ihre drei Wintergarne zugleich, zogen sie auch in einer und derselben Stunde auf, und hatten sämmtlich eine unerhörte Menge von Fischen in denselben. Die Garne waren voll von ihnen, obgleich die Fischer sie nicht einmal halb zusammengezogen hatten. Die Fische waren lauter g r o s s e, Bleie (von 11 Pfd.), Hechte (von 20—28 Pfd.) und Zander (von 19 Pfd.), auch Lachse. Sieben Wochen lang verkauften jene Bauern von ihnen. Mittlerweile verging das Eis, und die Wolgaster, Lassaner

*) Schümer nennt man einen zum Fischverkaufe bestimmten länglich viereckigen Kasten aus 2″ starken, eichenen Planken, welcher oben in der Mitte eine Oeffnung von 2 □Fuss, durch welche die Fische hineingebracht, und an dem einen Seitenende eine andere, mit einem Schieber versehene Oeffnung hat, durch welche sie herausgelassen werden. Er hält das Maass von 12 Berl. Scheffeln.

Bandwürmern (Taeniae L.)*) geplagt. Sein Ausseln wird in solchem Falle mager und die Farbe

---

und andere Quatzner **) holten die Fische zu Wasser ab. Die Bauern zerschnitten endlich theils die Garne und setzten die noch übrigen Fische in Freiheit, theils fuhren sie sie auf vierspännigen Wagen nach dem Gnitzer Hofe und anderen Höfen, theils nahmen sie das Fett aus, kochten es zu Thran und gaben dem Viehe das Fleisch. Obgleich die Wege in der Jahreszeit schlecht waren, so unternahmen sie doch mehre Transporte von Barschen und Zandern zu Wagen nach Hamburg, wo sie sie gut bezahlt bekamen.

Am südlichen Ende des Gnitzes, hart am Wasser, steht ein grosser Stein. Auf ihm liest man, nur noch mit Mühe, eine jetzt sehr verwitterte Inschrift, durch welche der zur Zeit jenes Fischfanges lebende Obristwachtmeister von Lepel das Ereigniss hat verewigen wollen. Sie lautet folgendermaassen:

„Die von Gott gesegneten Fischzüge in der Crumminer Wiek sind für die Nachkommenschaft auf diesen grossen Stein eingehauen. Es sind in einer Stunde gefangen, auf

dem Zug, Vossberg genannt, . .	42 Schümer,
auf dem Zug, grossen Stein, . .	76 —
und auf dem Zug, die Malin genannt,	27 —
mithin	145 Schümer,

und sind für jeden Schümer eingenommen 10 Rthlr. Im Januar 1769."

Aber der Fang soll noch ungleich bedeutender gewesen seyn, als er auf diesem Stein angegeben wird. Es lebt noch in Wolgast ein jetzt 84jähriger Mann, Namens Jancke, welcher, damals 18 Jahre alt, jenem Fange beigewohnt hat, und von welchem ich auch durch den Hrn. Schiffsbaumeister Gaede in Wolgast die Data zu der obigen Erzählung erhalten habe. Dieser fügt hinzu, dass die oben angegebenen 145 Schümer voll, welche nur die Anzahl der verkauften Fische ausgemacht haben, kaum ein Drittel des ganzen Fangbetrages gewesen seien, so dass demnach dieser mehr als 435 Schümer = 5220 Berl. Schfl. ausgemacht hat.

*) Tänien kommen im Bleie nicht vor, wohl aber andere bandförmige Würmer, im Darme sehr häufig und oft in ziemlicher Menge Caryophyllaeus mutabilis Rud., in der Bauchhöhle Ligula simplicissima R.
Cr.

**) Quatzner sind Fischhändler, welche die Fische aufkaufen und sie bei offenem Wasser in ihren Quatzen, d. i.

sehr blass. Unwetter und andere Zufälligkeiten hindern den Blei am Laichen und der Entledigung vom Rogen; der After soll sich dann bei ihm zusammenziehn, der Rogen gestehn und dadurch der Fisch von einer tödtlichen Krankheit befallen werden. Ich kann jedoch die Wahrheit dieser Angabe nicht durch eigene Erfahrung bestätigen. Der Blei ist ein vorsichtiger, schlauer, geselliger und scheuer Fisch. Selten wird er für sich allein angetroffen. Er sammelt sich gewöhnlich in grosse Haufen, die während der Laichzeit um die Ufer streichen. Starkes Getöse, Donner, Glockengeläute, Schüsse u. s. w. jagen diesen Fisch in die hohe See, aus welcher er nach einem solchen Schrecken in mehreren Tagen nicht zurückkehrt. Sehr zähes Lebens kann er weite Strecken hindurch transportirt werden, ohne zu sterben. Man pflegt, um ihn längere Zeit am Leben zu erhalten, in seinen Mund ein Stückchen Brodt zu legen, das man vorher in Branntwein getaucht hat.

Nahrung: Sie besteht in Gras, fettem Thon und Schlammerde, und bisweilen in Würmern und Insecten.

Fortpflanzung: Gegen Ende des Maies oder in den ersten Tagen des Junius steigt der Blei in grasige und seichte Buchten, um zu laichen. Wie gewöhnlich kommen einige Männchen voran, um zu recognosciren. Darauf zeigen sich die Weibchen; sie vermengen sich mit den Männchen, und die Laiche beginnt. Unter dem Schweigen der Nacht geht sie mit vielem Geräusch ver-

---

im untern Raume durchlöcherten Fahrzeugen, nach Stralsund, Lübeck, Copenhagen u. s. w., bei strenger Frostkälte im Winter aber zu Wagen nach Rostock, Hamburg und Berlin verfahren.

Cr.

bunden eifrig vor sich. Während des Laichens stehn die Bleie nie still, sondern streichen in geschlossenen Reihen hin und her, mehre zugleich schlagen mit dem Schwanz an die Wasserfläche, wie auf ein gegebenes Zeichen, schmatzen im Wasserspiegel und machen verschiedene sehr lebhafte Bewegungen. Sie folgen sich dicht einander nach, reiben sich an Gras und Binsen, vorzüglich an Flusskannenkraut (Equisetum fluviatile L.), an welches das Weibchen oft seinen Rogen absetzt, dessen Körner klein und gelblich sind. Er wird binnen wenigen Tagen ausgebrütet. Die Laiche dauert, nach Beschaffenheit des Wetters, 3—4 Tage. Wenn die älteren fertig sind, laichen die jüngeren; diese begeben sich oft in die Ströme, die sich in den See ergiessen, in welchem sich der Fisch aufhält, wenn sie nicht zu starke Strömung haben.

Fang: So gemein dieser Fisch ist, so mannichfaltig ist auch die Art und Weise, ihn zu fangen. Die grösste Menge erhält man während der Laichzeit und im Winter mit dem Eisnetze. Während der Laiche wird der Blei gewöhnlich mit dem kleinen Garnnetze gefangen, welches an einen Rohrplan gestellt wird, während der Fisch heraufgekommen ist. Man fängt ihn dann auch in Fischerzäunen. Des Zugnetzes kann man sich bei solcher Gelegenheit kaum bedienen, theils weil es sich über dichtem Grase vom Boden hebt, da dann der Fisch Gelegenheit erhält, unterzukriechen, theils auch, weil man vieles damit verknüpften Geräusches wegen Nichts ausrichten würde. Wenn die Laichzeit während des Sommers vorbei ist, so fängt man den Blei selten, weil er sich in dieser Jahreszeit nicht gern mit dem Zugnetze fischen lässt. Wie der Kühling geht er entweder über das Netz, wenn es in tiefem Wasser gezogen wird, oder er lässt auch das Netz über *sich* weggehn, indem er sich am Grunde auf die Seite legt. Dabei geschieht es dann immer, dass, wenn Einer fortgeht, ihm gleich der ganze Schwarm folgt. Gegen den Herbst, im Anfange des Augusts, wird der Blei mit der sogenannten *Schnur (Sträng)* in ziemlich tiefem Wasser, von 6—12 Faden Tiefe, geangelt; zum Köder dient ein Regenwurm. Man muss aber dann den Abend vorher an der Stelle, an welcher man den Morgen darauf die Angelfischerei betreiben will, ausgebrautes Malz oder gekochtes Korn einsenken.

Nutzen: An gewissen Orten, wo man den Blei in Menge fängt, giebt er einen sehr wichtigen Artikel in den Haushaltungen ab. Sein Fleisch ist weiss, ziemlich fest und wohlschmeckend, vorzüglich von den grösseren. Der Kopf ist das Schmackhafteste am Fische, und die Zunge wird für einen Leckerbissen gehalten. Der Schwanz hingegen ist sehr grätig und wenig schmackhaft. Kleinere Individuen sind mager, grätig und wenig geschätzt. Der Blei lässt sich leicht versetzen, pflanzt sich schnell fort und wird in Teichen, mit ausgebrautem Malze und dergleichen Abgang aus dem Brauhause gefüttert, sehr fett. Er wird auf mannichfaltige Weise nach eines Jeden Geschmack zubereitet. Man isst ihn frisch, gesalzen, marinirt oder getrocknet. Wie auch immer bereitet ist er eine nicht unbehagliche, bisweilen wohlschmeckende und jederzeit nährende Speise.

Die Blicke (*Cyprinus Farenus* Art.). Taf. III.

Artkennzeichen. Sehr dünn und breit, silberweiss. Schwanzflosse stark gespalten. Afterflosse lang und nach vorn hoch, mit 24—28 Strahlen.
R. 11. Br. 18. B. 9. A. 24—28. Schw. 19.
Länge 3½, Breite 1⅜ Zoll.

Cyprinus Farenus Linn. Syst. Nat. I. p. 532. Fn. Sv. p. 130. Retzii Fn. p. 361. Gmel. Syst. I. 3. p. 1438. — *Cyprinus iride flava, pinna ani ossiculorum triginta septem.* Artedi Gen. p. 3. Spec. p. 23. Syn. p. 13. — *Le Cyprin Farène,* La Cépède T. V. p. 585. Fischerström Beskrifning öfver Mälaren, S. 196.

Namen: . . . . *) (*Schwed.* Blicka, Blecka, Lucka).

Beschreibung: Körper etwas in die Länge gezogen, breit und stark zusammengedrückt, mit mittelmässig grossen und dünnen Schuppen bedeckt, die ziemlich leicht abfallen. Bei der Laichzeit sind des Männchens Schuppen mit einem sternähnlichen, schwarzgrauen und zackichten Auswuchse bezeichnet. Rücken, sich etwas erhebend, hat einen stumpfen Winkel am Anfange der Rükkenflosse, ist vom Kopfe bis an dieselbe Flosse zu einer Kante zusammengedrückt, von da bis zum Schwanz abgerundet. Bauch bogenförmig gesenkt, vom Kopf bis an die Bauchflossen platt, von da bis zum After zu scharfer Kante zusammengedrückt. Eine kleinere Kante ist auch zwischen After- und Schwanzflosse. Kopf mittelmässig, zusammengedrückt, zugespitzt. Von den Kinnladen

*) Für diese Art habe ich keinen deutschen Namen auffinden können. Ich gebe ihr hier den Namen Blicke, weil dieser mit dem schwedischen Blicka übereinstimmt, obgleich sonst auch die Güster (Cypr. Blicca Bloch.) mit demselben bezeichnet wird. Cr.

ist bei geschlossenem Munde die untere die kürzere; geöffnet scheinen sie gleich lang. Mund klein, aufwärts ausgehend. Augen gross. Nasenlöcher den Augen nahe. Zähne nur 5 an jeder Seite im Schlunde. Die Seitenlinie läuft in einem ununterbrochenen Bogen vom obern Rande des Kiemendeckels bis zur Mitte der Wurzel der Schwanzflosse, liegt dem Bauche näher, und geht mit diesem parallel. Rückenflosse hoch, schmal und sehr spitzig, endigt sich mitten über dem After und hat 11 Strahlen. Von diesen sind die 3 ersten ungetheilt, die übrigen an der Spitze ästig, und der letzte bis zur Wurzel so stark getheilt, dass er aus zwei Strahlenknochen zu bestehen scheint. Der erste ist nur ein kurzer Zacken, der zweite halb so lang als der dritte, welcher und der vierte die längsten sind. Brustflossen jede von 18 Strahlen; der vorderste und äusserste ungetheilt, die übrigen an der Spitze verzweigt. Der erste ist stark und der längste, der letzte der kürzeste. Die Bauchflossen, welche ungefähr unter oder etwas vor dem Anfange der Rückenflosse enden, haben 9 Strahlen; die 2 ersten ungetheilt, die übrigen an der Spitze zweitheilig bis auf den letzten, der so stark bis zur Wurzel getheilt ist, dass man ihn für zwei gerechnet hat. Der erste ist nur ein kurzer Zacken, mit dem zweiten zusammengewachsen; der dritte der längste. Die lange und ausgeschnittene Afterflosse hat 24 Strahlen. Von diesen sind die 3 ersten ungetheilt, die übrigen an der Spitze ästig, der letzte sehr getheilt bis auf die Wurzel. Der erste ist nur ein kurzer Zacken, der zweite halb so lang als der dritte, der vierte der längste. Schwanzflosse, sehr gespalten, mit grösserem unterem Lappen und 19 Strahlen, ohne die kleineren an den Seiten.

Farbe: Rücken bräunlich blau, der übrige ganze Körper rein silberweiss. Die Rückenflosse hat die Farbe des Rückens, die übrigen sind mehr oder minder weiss, die Schwanzflosse graulich, besonders bei den Aelteren. Iris silberweiss.

Bemerkung: Die Blicken, die ich aus dem Mälar, welcher Artedi den Typus zu seiner Beschreibung lieferte, erhalten habe, sind völlig identisch mit denen, welche in den hiesigen Scheeren gefunden werden, und sich nur darin von denen des Mälar unterscheiden, dass sie etwas grösser sind. Vielleicht erreicht dieser Fisch in salzigem Wasser seine volle Grösse nicht. Zu dieser Vermuthung veranlasst mich der Umstand, dass die Blicken, die ich aus anderen Süsswasserseen erhielt, alle etwas grösser (bisweilen bis zu 6 Zoll lang) waren als die, welche man hier antrifft.

Aufenthaltsort und Lebensweise: Dieser Fisch, welchen Artedi für sehr selten und ausschliesslich dem Mälar angehörig hielt, findet sich gleichwohl in den meisten grösseren Binnenseen Scandinaviens, wenigstens in den südlichen und mittleren Gegenden. Hier in den Scheeren ist er durchaus nicht selten. Er kommt zeitig im Frühling an die Ufer, an denen er sich nachher den ganzen Sommer aufhält. Am häufigsten kommt er jedoch an solchen Stellen vor, wo sich Strömung findet, oder wo grössere Wasserläufe sich ins Meer ergiessen. Während des Sommers, wenn starke Wärme eintritt, sieht man ihn oft an steinigen Ufern. Da steht er fast senkrecht im Wasser mit dem Kopfe zum Boden hinab, macht dann und wann eine hastige Bewegung und wirft sich auf die Seite, wobei er im Wasser wie Silber blinkt; dies scheint sein Zeitvertreib zu seyn. Beständig hält er sich am Grunde auf, selten geht er höher als bis zur Hälfte der Wasserhöhe, und nie kommt er an die Oberfläche; wenigstens habe ich dies nie beobachten können. Gegen den Spätherbst begiebt er sich in die hohe See, früher als seine Gattungsverwandten.

Nahrung: Insecten, Würmer und Gewächse.

Fortpflanzung: Ich habe diesen Fisch noch nicht in der Laiche finden können, habe aber doch wichtige Gründe, zu vermuthen, dass die Laiche an kleineren, grasbewachsenen Ufern mit Stromzug, auch in Meerengen und Flüssen angestellt werde. Die Laichzeit fällt in den Anfang des Junius, welches daraus hervorgeht, dass die Männchen dann die dunklen, sternähnlichen Zäckchen auf den Schuppen haben.

Fang: Zum Fange dieses nicht ohne Ursache verachteten Fisches allein werden keine besonderen Anstalten gemacht. Man bekommt ihn im Zugnetze nebst anderen kleineren Fischen, auch mit der Angel, obzwar er dem Angeler ausnehmend lästig ist, weil er beständig den Wurm abreisst, ohne anzubeissen. Wegen dieser Vorsichtigkeit geben ihm die Fischer an gewissen Orten den Namen *Esser (Aetare)*.

Nutzen: Der geringe Nutzen, welchen dieser Fisch wirklich bringt, scheint zu dem Namen *K-Deckel* (*K-Lucka*, Operculum Vulvae) Anlass gegeben zu haben, womit die Fischer in Südermannland ihn spöttischer Weise belegen. Klein, mager und grätig wird er mit Grund verachtet und selten oder nur im Nothfalle gegessen. Gewöhnlich wird er unter den Abfall von besseren Fischen geworfen und zum Futter für die Schweine benutzt.

Anmerkung. Dass man die Beschreibung des *Spierlings (Cypr. Aphya* L. *Schwed. Gli* oder

Mudd), welcher sich auch in den hiesigen Scheeren findet, hier vermisst, kommt davon, dass dieser Fisch hier selten ist, und ich demzufolge kein frisch gefangenes Exemplar zur Beschreibung habe bekommen können. Am Schluss der ganzen Abhandlung hoffe ich sowohl die fehlende Beschreibung desselben, als auch mehrere Zusätze geben zu können, zu denen ich den Stoff in künftigen Untersuchungen zu finden hoffe.

Die Güster (*Cypr. Blicca* Bl.). Taf. IV.

Artkennz. Körper breit und stark zusammengedrückt. Schnauze etwas vorstehend. Obere Kinnlade länger. Brust- und Bauchflossen röthlich. 25 Strahlen in der Afterflosse.
R. 11. Br. 15. B. 9. A. 25. Schw. 19.
Länge $7\frac{7}{8}$, Breite $3\frac{1}{8}$ Zoll.

Cypr. Bjoerkna, Linn. Syst. Nat. I. p. 532. Fn. Sv. p. 130. Retzii Fn. p. 360. *Cyprinus quincuncialis, pinna ani ossiculorum viginti quinque.* Artedi Gen. p. 3. Spec. p. 20. Syn. p. 13. *Cyprinus latus,* Gmel. Syst. I. 3. p. 1438. *Cypr. Björkna,* l. c. p. 1438. — *Die Güster (Cypr. Blicca),* Bloch I. p. 33. — *Le Cyprin large,* La Cépède T. V. p. 606.

Namen: Güster, Breitfisch, Blicke (*Schwed.* Bjelke, Pank; *in Upland:* Björkna, Björk-Fisk).

Beschreibung: Körper zusammengedrückt und breit. Rücken bogenförmig erhoben, hoch, vom Kopf bis an die Rückenflosse zu einer ziemlich scharfen Kante zusammengedrückt, von der Rükkenflosse bis zum Schwanz abgerundet. Bauch von den Brust- bis zu den Bauchflossen platt, von da bis zum After zu einem sehr scharfen Kiele zusammengedrückt. Der Rücken beim Anfange der Rückenflosse und der Bauch beim After bilden stumpfe Winkel. Schuppen gross, strahlig, bei den Männchen während der Laichzeit von warzichten Zäckchen rauh. Kopf klein, kurz, dick und stumpf, mit etwas vorstehender Schnauze; Mund klein, wenig aufwärts auslaufend; die untere Kinnlade kürzer, welches besonders bei geschlossenem Munde bemerkbar ist. 5 Zähne nur an jeder Seite im Schlunde. Nasenlöcher liegen mitten zwischen Augen und Schnauze und haben zwei Oeffnungen, von denen die vordere rund, die hintere halbmondförmig ist. Augen von mittlerer Grösse. Seitenlinie, sehr gesenkt, läuft parallel mit dem Bauche. Die Rückenflosse, wenig ausgeschnitten, fängt etwas vor dem Ende der Bauchflosse an und endigt sich fast mitten über dem After; hat 11 Strahlen. Von diesen ist der erste ein wenig bemerkbarer Zacken, der zweite halb so lang als der dritte, längste. Die 3 ersten Strahlen sind ungetheilt, die übrigen an der Spitze verästelt, der letzte bis fast zur Basis zweitheilig. Brustflossen haben jede 15 Strahlen; der erste ungetheilt, die übrigen an der Spitze ästig, der zweite der längste. Bauchflossen jede mit 9 Strahlen; der erste ungetheilt, die übrigen an der Spitze bis zur Hälfte ästig, der zweite der längste. Der erste Strahl hat neben seiner Basis einen einige Linien langen Zacken; wenn dieser von dem ersten Strahle mit Gewalt getrennt wird, so bleibt die Strahlenanzahl 10. Die Afterflosse, wenig ausgeschnitten, hat 25 Strahlen. Der erste, zweite und dritte ungetheilt, die übrigen an der Spitze ästig, der letzte bis zur Basis zweitheilig. Der erste ist ein kurzer Zacken, der zweite halb so lang als der dritte, welcher und der vierte die längsten sind. Die sehr gespaltene Schwanzflosse hat 19 Strahlenbüschel, wenn man mit der längsten zu zählen anfängt und aufhört.

Farbe: Rücken bräunlich blau, Seiten bläulich silberweiss. Bauch weiss, röthet sich nach dem Tode des Fisches. Rücken-, Schwanz- und Afterflosse graublau, Brust- und Bauchflossen röthlich. Iris silberweiss, mehr oder weniger in messinggelb übergehend, hat feine dunkle Puncte und einen grünen Fleck über der Pupille.

Anmerkung. Je älter der Fisch ist, desto röther sind die Flossen. Bei jüngeren sind die Brust- und Bauchflossen sehr bleich, fast ohne rothen Anstrich, und die Iris ist rein silberweiss. In diesem Alter wird er leicht mit der Blicke (Cypr. Farenus) verwechselt.

Aufenthaltsort und Lebensweise: Schon Artedi achtete diesen Fisch für gemein, welches er auch wirklich ist, wenigstens im südlichen und mittleren Schweden. Er wird beinahe in allen, sowohl grösseren als kleineren Seen und Strömen mit sanfter Strömung und Sand- oder Thongrund angetroffen. Ueber Steingrund gedeiht er nicht. In diesen Scheeren ist er auch sehr gemein. Zeitig im Frühlinge, sobald als die Seen von Eis frei sind, sucht er seichte Buchten, in welche er sich begiebt. Erst im Spätherbste, wenn die Stränder beginnen zuzufrieren, geht er in tieferes Wasser, entfernt sich aber doch nicht so weit von den Ufern, wählt auch nicht so tiefe Stellen zum Winteraufenthalte, als seine Gattungsverwandten. Ich vermuthe dies daher, weil er öfter als die übrigen Cyprini mit dem Eisnetze gefischt wird. In seiner Gemüthsart gleicht er dem Blei sehr, ist aber doch nicht so leicht zu erschrecken und lebt gern in langsam rinnendem Wasser. Seine Bewegungen sind minder lebhaft und er bleibt gewöhnlich lange auf einem Puncte stehn, wenn er nicht beunruhigt oder geschreckt wird. Selten sucht er den Wasserspiegel, ausgenommen in der Laichzeit, sondern hält sich meistentheils am Grunde oder in der Mitte des Wassers auf. Eine irgend bedeutende Grösse erlangt dieser Fisch nie. Hier trifft man ihn höchst selten länger als 7—8 Zoll lang, und auch von dieser Länge selten. Die meisten erreichen nur eine Länge von 3—4 Zoll. Was ihm aber an Grösse abgeht, ersetzt er durch seine Menge, welche beweisst, dass diese Fischart sehr fruchtbar ist und sich stark vermehrt. Klein, oft mager und immer grätig, mit weissem, weichem und wenig schmackhaftem Fleische, wird er nicht ohne Grund gering geschätzt und nur von armen Leuten gegessen. Er ist ausserdem Krankheiten sehr ausgesetzt, und wird besonders von einem Intestinalwurme (Fasciola intestinalis L.) geplagt, welcher sich oft in seinen Eingeweiden findet. Der Fisch ist alsdann immer dickbäuchig, der Rücken scharfgerandet und die Farbe bleich. Solche kranke Individuen werden nie, selbst nicht einmal von den ärmsten Menschen gegessen *).

---

*) Diese Notiz über das von Hrn. Ekström beobachtete häufige Vorkommen der Fasciola intestinalis L. = Ligula simplicissima R. in der Güster ist interessant, da bisher Goeze immer als der Einzige angeführt worden war, welcher den Wurm in diesem Fische gefunden hatte. Cyprinus Blicca ist hier häufig genug; aber weder Rudolphi, noch ich, haben eine Ligula in ihr angetroffen. Uebrigens lebt jene nie in den Gedärmen der Fische, sondern in der Bauchhöhle derselben, wo sie sich gewönlich fest mit den Gedärmen verschlingt, wie Goeze dies auch (Versuch einer Naturgesch. d. Eingeweidewürmer, Tab. XVI. Fig. 7.) aus einem kleineren Fische (Cypr. Brama juv. oder C. Blicca) sehr gut abgebildet hat.

Cr.

Nahrung: Erde, Gewächse, Insecten und Würmer.

Fortpflanzung: In den ersten Tagen des Junius gehen die Güstern an seichte und grasige Ufer, um dort die Laiche zu halten. Sie streichen dann in grossen Schaaren um die Ufer und stellen da, wo das Gras am dichtesten steht, das Laichen an, welches Vormittags, wenn die Luft warm und der Tag klar ist, am stärksten und zwar mit einigem Lärm vor sich geht, den sie durch beständiges Schlagen mit dem Schwanze an die Wasserfläche verursachen. Sie sind während ihrer Laichfeste weit weniger scheu als der Blei. An das Gras setzen sie den Rogen ab, welcher fein und grünlich ist. Nachdem die Grösseren ihre Laiche, welche bei günstiger Witterung nur 3—4 Tage dauert, beendigt haben, laichen auch die Kleineren, und darauf, nach Verlauf einiger Tage, noch ein dritter Haufen, welcher gewiss auch nur aus jüngeren Fischen dieser Art besteht.

Fang: Eigene Anstalten macht man, um diesen Fisch zu fangen, nicht. Am häufigsten erhält man ihn mit der „*Vada*" (einem kleineren Zugnetze, welches man aufs Ufer zieht) mit anderen Fischarten vermengt. Während der Laichzeit, in welcher sie oft in die Flüsse gehn, fängt man sie nicht selten in unglaublicher Menge in Senkhamen, einer Art Reusen, die man nach dem Aal auszustellen pflegt. An die Angel, mit einem Regenwurm zum Köder, beisst er gern; aber diese Fischerei ist wenig lohnend und wird nur von der Jugend zum Zeitvertreibe getrieben.

Nutzen: Als Speise betrachtet ist dieser Fisch nebst der Blicke der geringfügigste der ganzen Gattung. Er gewährt nur ärmeren Leuten eine kümmerliche Nahrung. Obgleich von zähem Leben wird er doch, in hiesiger Gegend wenigstens, selten als Köder für grössere Fische benutzt, da die Plötze und der Uekelei ihn in dieser Rücksicht weit übertreffen. Sein grösster Nutzen besteht wohl darin, dass er durch seine Menge den Raubfischen und zum Theile Wasservögeln reichen Zugang zur Nahrung gewährt.

Schaden verursacht er dagegen, meiner Erfahrung zufolge, nicht. Er soll zwar den Rogen anderer Fische verzehren, doch habe ich dies niemals gewahr werden können. Ueberdies hält er sich auch, ausgenommen während der Laichzeit, am liebsten in klarem Wasser mit Sand- oder Thongrund auf, wo sich selten Rogen befindet.

Anmerkung. Dass dieser Fisch derselbe ist, welchen Artedi unter dem Namen *Björkna* (Spec. p. 20. No. 9.) beschrieben hat, wird Jedem klar, welcher den Fisch selbst mit der genannten Beschreibung vergleicht. Dass Linné zehn Strahlen zuviel in der Afterflosse gerechnet hat, dürfte sich für einen Schreibfehler erklären lassen, den fortan die Schriftsteller, welche Linné folgten, beibehielten, ohne die Natur zu Rathe zu ziehen. Die grosse Aehnlichkeit, welche zwischen diesem Fische, einem jüngern *Bleie* (Cypr. Brama), der *Zope* (Cypr. Ballerus) und der *Blicke* (Cypr. Farenus) herrscht, hat Veranlassung gegeben, dass frühere Ichthyologen diese verschiedenen Arten unter einander verwechselt haben, wie sie denn auch nicht immer, selbst von den erfahrensten Fischern, unterschieden werden.

Die Zärthe (*Cypr. Vimba* L.).

Artkennzeichen. Breit und zusammengedrückt. Schnauze spitzig, abgerundet und über die untere Kinnlade hervorgehend. Afterflosse mit 22 Strahlen.

R. 11. Br. 16. B. 10. A. 22. Schw. 19.

Länge 7½, Breite 2⅞ Zoll.

Cyprinus Vimba Linn. Syst. Nat. I. p. 531. Fn. Sv. p. 130. Retzii Fn. Sv. p. 359. Gmel. Syst. I. 3. p. 1435. — *Cyprinus rostro nasiformi, dorso acuminato, pinna ani ossiculorum viginti quatuor.* Artedi Gen. p. 6. Spec. p. 18. Syn. p. 14. — *Die Zärthe,* Bloch I. p. 49. — *Le Cyprin Vimbe,* La Cépède T. V. p. 585.

Namen: Zärthe, Nase, Meernase, Weingalle (*Schwed.* Vimba).

Beschreibung: Körper zusammengedrückt und etwas breit. Rücken, vom Kopfe etwas bogenförmig aufsteigend, zu einer schmalen Kante zusammengedrückt, welche das Ansehn eines dicken, unter der Haut hinlaufenden Drathfadens hat. Diese Kante fängt vom Kopfe mitten über dem vordern Rande der Augen an und endet am Schwanze. Schuppen strahlig und mittelmässig gross. Seitenlinie, nach unten gebogen, liegt dem Bauche näher und folgt ihm parallel. Kopf etwas länglich und zugespitzt. Schnauze über die untere Kinnlade hinaus laufend, stumpf abgerundet. Mund ziemlich gross. Unterkiefer kürzer. Augen mittelmässig. Nasenlöcher liegen den Augen näher als der Schnauze. Die schief abgeschnittene Rükkenflosse fängt mitten über den Bauchflossen an, und endet ungefähr in der Mitte zwischen den Bauch- und Afterflossen; hat 11 Strahlen. Die 3 ersten sind ungetheilt, die übrigen an der Spitze ästig, der letzte bis zur Wurzel zweitheilig. Der erste ist ein sehr kurzer, kaum bemerkbarer Zakken, der andere halb so lang als der dritte, der vierte der längste. Die Brustflossen haben jede

16 Strahlen; der erste ungetheilt, die übrigen an der Spitze geästelt, der zweite und dritte die längsten. Die Bauchflossen haben ebenfalls jede 10 Strahlen; der erste und letzte ungetheilt, die übrigen an der Spitze ästig, der zweite und dritte die längsten. Die etwas ausgeschnittene Afterflosse hat 22 Strahlen. Die 3 ersten ungetheilt und an der Wurzel zusammengewachsen, die übrigen an der Spitze ästig, der letzte bis zur Wurzel getheilt. Der erste ist ein kurzer Zacken, der andere halb so lang als der dritte, dieser und der vierte sind die längsten. Die sehr gespaltene Schwanzflosse hat 19 Strahlen, wenn man mit den längsten, welche bis zur Spitze reichen, zu zählen anfängt und aufhört.

Farbe: Kopf oben und Rücken blau, Seiten über der Seitenlinie bläulich-weiss, von da an nimmt das Weiss nach dem Bauch hin zu, welcher rein silberweiss ist. Kiemendeckel silberweiss mit messinggelbem Anstriche. Brustflossen bleich, an der Basis rothgelb. Bauch- und Afterflossen ebenfalls bleich und fast weiss. Rücken- und Schwanzflosse bläulich. Iris blass messinggelb, mit einem grünlichen, dunkeln Flecken oberhalb der Pupille und oft mit einem kleinern rothen Flecken unterhalb derselben.

Aufenthaltsort und Lebensweise: Die Zärthe hält sich eigentlich im Meere auf, aber sie findet sich auch in einigen grösseren Binnenseen im südlichen und mittleren Schweden. Wie weit sie nach Norden hin vorkommt, weiss ich nicht. Sie ist ein herumstreifender Fisch, der bei Annäherung des Frühlings in die Flüsse geht, in welchen er sich nachher den Sommer durch aufhält. Gegen den Herbst geht sie ins Meer zurück, in welchem sie den Winter und zwar in solcher

Tiefe zubringt, dass sie während dieser Jahreszeit hier nie aufgefischt wird. Wahrscheinlich sucht sie sich ihren Winteraufenthalt ausserhalb der Scheeren. Sie ist, wie ihre Gattungsverwandten, schlau und scheu, lässt sich schwer fangen, ausser in der Laichzeit, stirbt, aus dem Wasser genommen, schnell, wird selten gross, hat ein weisses, aber weiches und wenig schmackhaftes Fleisch, vermehrt sich stark, wächst aber langsam, und liebt den Aufenthalt in klarem, rinnendem Wasser mit Stein- oder Sandgrund.

Nahrung: Selten habe ich im Magen dieses Fisches eine Spur von anderer Speise, als Crustaceen, Insecten und Würmer gefunden, darunter oft zerbrochene Schalen von Schnecken (Neritae), höchst selten Gras.

Fortpflanzung: In Ströme und grössere Flüsse, welche sich ins Meer oder in den grösseren See ergiessen, in welchem die Zärthe ihren Winteraufenthalt gehabt hat, und sich Strombahn mit steinigem Grunde befindet, geht sie am Schlusse des Maies, um zu laichen. Der Rogen wird an die Steine abgesetzt, an welchen der Fisch sich während der Laiche, um sich desselben zu entledigen, gescheuert hat.

Fang: Während des Frühjahres und Herbstes, in welchen sie zu und von ihren Laichstellen streicht, wird sie hier sparsam mit dem kleinen Garn- und mit dem Zugnetze nebst anderen Fischen gefangen. Während der Laichzeit aber fischt man sie mit grossen dazu eingerichteten Keschern.

Nutzen: An den Orten, an denen die Zärthe ihre Laiche hält, und also in Menge gewonnen werden kann, macht sie stets eines der frugalen Gerichte der arbeitenden Classe aus. Im allgemeinen wird sie wenig geschätzt und verlangt gewiss eine künstlichere Bereitung, um zu einem Gerichte für den Tisch der Vornehmeren geschickt zu werden. Gebraten habe ich sie am meisten schmackhaft gefunden.

Der Uekelei (*Cypr. Alburnus* L.).

Artkennz. Körper langgestreckt, zusammengedrückt und wenig breit. Unterkiefer vorstehend. 20 Strahlen in der Afterflosse.
R. 9. Br. 14. B. 9. A. 20. Schw. 19.
Länge 6½, Breite 1¼ Zoll.

Cyprinus Alburnus Linn. Syst. Nat. I. p. 531. Fn. Sv. p. 130. Retzii Fn. p. 359. *Cyprinus quincuncialis pinna ani ossiculorum viginti.* Artedi Gen. p. 6. Spec. p. 17. Syn. p. 10. — *Cypr. Alburnus*, Gmel. Syst. I. 3. p. 1434. *Der Uekeley*, Bloch I. p. 69. *Le Cyprin Able.* La Cépède T. V. p. 585.

Namen: Uekelei, Alben, Nestling, Laue etc. *plattdeutsch:* Witing (*Schwed.* Löga, Löja, Benlöga etc.).

Beschreibung: Körper lang gezogen, wenig breit, aber zusammengedrückt, Rücken fast der ganzen Länge nach gerade und abgerundet. Bauch unten platt, von den Bauchflossen bis an den After zu einer scharfen Kante zusammengedrückt. Schuppen in Verhältniss zum Körper gross und leicht abfallend, in der Laichzeit bei den Männchen rauh. Kopf klein und etwas gespitzt. Mund mittelmässig, aufwärts auslaufend, ohne Zähne und mit längerer Unterkinnlade. Zähne nur im Schlunde. Nasenlöcher, den Augen näher als der Schnauze, rund, jedes mit zwei Oeffnungen. Augen gross, an den Seiten des Kopfs, mit vollkommen runder Pupille. Seitenlinie, dem Bauche näher als dem

Rücken, herabwärts gebogen. Die Rückenflosse, mitten über dem After, endigt sich etwas hinter dem Anfange der Afterflosse und hat 9 Strahlen, deren erster ungetheilt ist; die übrigen sind an der Spitze getheilt; der zweite der längste. Brustflossen jede mit 14 Strahlen. Von diesen ist der erste ungetheilt und stark; die übrigen an der Spitze ästig, der zweite der längste. Bauchflossen 9strahlig; der erste einfach, die übrigen von der Spitze bis nahe an die Hälfte der ganzen Länge ästig, der erste der längste. Die Afterflosse, welche fast gerade am obern Rande ist und etwas vor dem Ende der Rückenflosse anfängt, hat 20 Strahlen, von denen die 3 ersten ungetheilt, die übrigen an der Spitze ästig sind. Der erste ist nur ein kurzer Zacken, der zweite nicht ganz halb so lang als der dritte, dieser und der vierte die längsten. Die Schwanzflosse hat 19 Strahlenbüschel ohne die kleineren an den Seiten.

Farbe: Rücken und Obertheil des Kopfes bläulich; der ganze übrige Körper glänzend silberweiss. Iris silberfarben, über der Pupille gelblich, mit dichtstehenden, grünen, zusammenlaufenden Flecken. Bisweilen hat die Iris einen grössern purpurrothen Flecken unter der Pupille. Brust-, Bauch- und Afterflossen weiss; die ersteren mit einem grünlichen Anstrich am vordern Rande. Rücken- und Schwanzflosse bläulich.

Aufenthaltsort und Lebensweise: Der Uekelei kommt fast in allen Seen und Strömen Scandinaviens und in dem Meere, welches seine Gestade bespült, vor. In kleineren Waldseen, und solchen kleineren Seen, welche stark mit Gras bewachsene Ufer und Schlammboden haben, findet er sich jedoch selten, weil er sich gern in klarem Wasser, vorzüglich an Mündungen und wo Stromgang ist, aufhält. Der Uekelei ist ein munterer und lebhafter Fisch, der von Frühlingsanfang bis zum Spätherbste solche Flüsse, Ströme und Seestränder besucht, in denen sich Sand- oder Steingrund findet. Ganze Tage lang hält er sich an der Wasserfläche lustig, fängt die Insecten, welche auf dieselbe herabfallen, und geht nie in die Tiefe oder bis an den Grund. Er liebt Sonnenschein und Windstille. Beim Sturm sucht er am Lande Schutz. Er ist viel weniger scheu und schreckhaft als die übrigen Arten seiner Gattung, aber dagegen neugierig und gefrässig. Wenn man z. B. mitten unter einen Haufen von ihnen einen Stein wirft, so zerstreuen sich die Uekeleie wohl, wenn der Stein ins Wasser fällt, sie kommen aber im Augenblick zurück und sammeln sich dann in Menge um den Punct, nach welchem der Stein fiel, gleichsam um nachzusehn, was vorgegangen sei. Alles, was auf die Wasserfläche hinabgeworfen wird, fängt er sogleich auf und verschlingt es, oder giebt es wieder von sich, je nachdem er es essbar findet, oder nicht. Der Uekelei wird niemals gross; selten erreichen die sich hier aufhaltenden eine Länge von 7 Zoll. Er lebt nicht lange, vermehrt sich aber dagegen sehr stark.

Nahrung: Wie die seiner Gattungsverwandten. Insecten und Würmer machen indessen seine vornehmste Nahrung aus.

Fortpflanzung: An solchen Ufern, welche Stein- oder Sandgrund haben, besonders wo sich Reiserhaufen finden, versammelt sich der Uekelei in Menge um das Ende des Maies oder den Anfang des Junius, um zu laichen. Der ganze Haufen drängt sich alsdann sehr dicht zusammen, so dass er als eine dunkle Wolke im Wasser erscheint. So verbunden drängen sie so nahe als möglich an die Ufer heran. In kurzen Zwischenräumen springt der ganze Haufen über die Wasserfläche, und macht dann zugleich häufige und schnelle Schläge mit dem Schwanze. Hierdurch entsteht ein zischendes Geräusch, das sich völlig so anhört, wie das zischende Rauschen, welches entsteht, wenn ein Stück feines Zeug schnell zerrissen wird. Oft ereignet es sich, dass mehre der laichenden Fische auf das Ufer niederfallen und eine Beute der Krähen werden. Der Rogen wird an die Steine oder Reiser abgesetzt, gegen welche der Fisch sich während des Laichens reibt. Auch der Uekelei laicht dreimal des Jahres, in längeren oder kürzeren Zwischenräumen, je nach Beschaffenheit des Wetters. Die älteren laichen allemal zuerst. Diejenigen, welche zuletzt laichen, sind immer klein und sehr jung.

Fang: Nur während der Laichzeit wird der Uekelei in Menge gefangen. Hierbei bedient man sich eines zu dem Zweck eingerichteten Zugnetzes mit sehr feinen Maschen, welches man „*Lögsköte*" nennt. Das Netz wird so leise als möglich um den ganzen Haufen gelegt und aufs Land gezogen, da man dann gewöhnlich die ganze Schaar gefangen hat. Er wird auch mit dem sogenannten „*Köggrip*" gefischt, einem grössern Kescher, welcher über die laichenden Fische geworfen wird. Doch ist diese Fangart unsicher, wenig lohnend, und wird desshalb nur von minder Bemittelten angewandt, welchen ihre Umstände nicht erlauben, sich das kostbarere Zugnetz anzuschaffen. In Reusen von Garn lassen sich die Uekeleie ebenfalls während des ganzen Sommers fangen, wenn man die Reusen in den

Stromgang zwischen hineingesenkte Reiser auswirft. An die Angel beisst der Uekelei stark, besonders wenn man zum Köder Fliegen nimmt.

Nutzen: Den grössten Nutzen schafft gewiss der Uekelei als Köder an der Angel für grössere Fische. Hat man ihn während der Laichzeit in Menge erhalten, so wird er, wie der Strömling, eingesalzen; er giebt aber dann nur eine wenig schmackhafte Speise, die bloss von denen genossen wird, welche keine bessere haben. Gedörrt ist er noch unschmackhafter. Hart gebraten, so dass man seine vielen kleinen Gräten nicht spürt, wird er zu einem Gerichte, welches man auf die Tische der Begüterteren setzen kann. Den Raubfischen und einem Theile der Wasservögel gewährt er eine leichtzugängliche Nahrung. Meerschwalben und Fischmöwen folgen beständig den Uekeleischaaren, und benachrichtigen die Fischer, wo der Uekelei laicht. Von den Schuppen dieses Fisches wird in Frankreich die sogenannte *„Essence d'Orient"* bereitet, womit Glasperlen gefärbt werden, so dass sie das Ansehn echter Perlen bekommen. Diese Essenz wird folgendergestalt bereitet. Die Schuppen werden behutsam von dem Fische abgemacht und in ein Gefäss gethan, in welches man Wasser zufüllt; nachdem man sie eine Weile damit gerieben hat, wird das Wasser abgegossen, neues zugefüllt und das Reiben so lange fortgesetzt, als die Schuppen Färbestoff von sich geben. Wenn sich die Silberfarbe der Schuppen zu Boden gesetzt hat, wird das Wasser vorsichtig abgegossen. Der zurückgebliebene Färbestoff wird mit einer Auflösung von Hausenblase gemischt, die Mischung mit der Spitze eines Blaserohrs oder ähnlichen Instruments aufgenommen und in dünne bläuliche Glaskugeln gebracht, welche darauf so lange umgeschüttelt werden, bis der Färbestoff sich über die innere Seite des Glases gleichmässig vertheilt hat. Wenn die Farbe getrocknet ist, füllt man das Glas mit Wachs.

3. Karauschen (*Carassius*).

Die Karauschen zeichnen sich durch einen *breiten, zusammengedrückten und etwas dicken Körper, einen Mund ohne Bartfäden, eine lange Rücken- und kurze Afterflosse, ferner eine gerade Seitenlinie und einen fast gerade abgeschnittenen Schwanz aus.* Sie haben ausserdem eine schmutzige Farbe und nicht die reine Farbenzeichnung, welche die meisten Weissfische auszeichnet, noch die helle, glänzende Oberfläche, die man bei den Bleien findet. Ihr Temperament ist träge und nicht sehr lebhaft; sie lieben den Aufenthalt in Schlamm und trübem Wasser, und sind endlich die Furchtsamsten der ganzen Gattung.

Die Karausche (*Cyprinus Carassius* L.).

Artkennz. Körper dick, zusammengedrückt, kurz und gegen die Länge sehr breit. Schwanzflosse wenig ausgeschnitten, fast gerade abgestutzt. 21 Strahlen in der Rückenflosse.
R. 21. Br. 15. B. 9. A. 9. Schw. 19.
Länge $9\frac{2}{8}$, Breite $4\frac{5}{8}$ Zoll.

Cyprinus Carassius Linn. Syst. Nat. I. p. 526. Fn. Sv. p. 128. Retzii Fn. p. 355. Gmel. Syst. I. 3. p. 1416. *Cyprinus pinna dorsi ossiculorum viginti, linea laterali recta.* Artedi Gen. p. 4. Spec. p. 29. Syn. p. 5. — *Karudse,* Pontoppid. N. N. H. II. S. 236. — *Die Ka-*

rausche, Bloch I. p. 87. — *Le Cyprin Hamburge*, La Cépède T. V. p. 549.

Namen: Karausche, Karauze u. m. *plattd.* Karûtz (*Schwed.* Ruda; *an gewissen Orten* Karussa).

Beschreibung: Körper etwas dick, aufwärts stark zusammengedrückt und im Verhältnisse zu der Länge sehr breit, mit grossen, strahligen Schuppen bedeckt. Rücken sehr bogenförmig aufsteigend, vom Kopfe bis zum Ende der Rückenflosse zu einer ziemlich scharfen Kante zusammengedrückt, von da bis zum Schwanze abgerundet. Bauch vom Kopfe bis an die Bauchflossen platt, von diesen bis zum After ebenfalls platt, mit einer feinen, aus der Mitte sich erhebenden Kante, von der Afterflosse bis zum Schwanze abgerundet. Kopf breit, zusammengedrückt und kurz. Mund aufwärts auslaufend; Kinnladen bei geöffnetem Munde fast gleich lang, bei geschlossenem die obere länger. Nasenlöcher, den Augen näher als der Schnauze, jedes mit zwei Oeffnungen, von denen die vordere rund, die hintere eine halbmondförmige Grube ist. Rachen klein. Vier Zähne an jeder Seite im Schlunde. Augen sehr klein. Seitenlinie fast gerade, mit einer Senkung am Kopfe über den Brustflossen. Rückenflosse lang, fängt mitten über dem Anfange der Bauchflossen an und hat 21 Strahlen, von denen die 4 ersten ungetheilt, die übrigen an der Spitze ästig, der letzte bis zur Wurzel getheilt sind. Der erste nur ein kurzer Zacken, der zweite ein Drittel so lang als der dritte, dieser halb so lang als der vierte, welcher der längste und ungefähr von gleicher Länge mit den übrigen, folgenden ist. Brustflossen haben 15 Strahlen; der erste ungetheilt, die übrigen an der Spitze ästig, der mittelste der längste. Bauchflossen jede von 9 Strahlen; der erste einfach, die übrigen sehr verzweigt, der dritte der längste. Afterflosse endet etwas vor dem Ende der Rückenflosse und hat 9 Strahlen. Die 3 ersten ungetheilt, an der Spitze ästig. Der erste sehr klein, der zweite etwas länger, der dritte fast so lang als der vierte, der fünfte der längste. Die Schwanzflosse hat 19 längere Strahlen, ohne einige kürzere an den Seiten. Alle sind sehr verästelt und schwer zu zählen. Die Flosse ist beinahe nicht ausgeschnitten; ausgespannt ist sie am Ende abgestutzt.

Farbe: Graulich grün, Seiten messinggelb mit grünlichem Anstriche. Bauch gelblich roth mit hellem Messingglanze, Kopfseiten mehr rein-messinggelb. Brust-, Bauch- und Afterflossen röthlich. Rücken- und Schwanzflosse haben die Farbe des Rückens, an roth gränzend. Iris dunkelgelb, mit Kupferglanze, mit äusserst feinen, dunkelgrauen Puncten besprengt.

Aufenthalsort und Lebensweise: Von dem äussersten Ende Schonen's im Süden bis nach Gulbrandsdalen in Norwegen und vielleicht noch weiter nördlich, wird die Karausche ziemlich allgemein in Teichen, Sümpfen und allen solchen kleineren Seen gefunden, welche Schlammgrund haben, und deren Ufer mit Binsen oder Gras bewachsen sind. In grösseren Seen, selbst in der Ostsee, findet sie sich auch; aber sie hält sich dann stets in seichten, grasigen und schlammigen Buchten auf und zieht es immer vor, in einem stehenden und trüben Wasser zu leben. Die Karausche wächst langsam und wird selten gross. Die grösste, welche ich gesehen habe, wog etwas über 2 Pfd., und in den hiesigen Scheeren wird sie selten halb so schwer. Nur in der wärmsten Jahreszeit, und wenn sie laicht, geht sie mitunter an die Oberfläche des Wassers. Den übrigen Theil des Jahres hält sie sich beständig am Boden auf, wo sie im Schlamme nach Frass herumwühlt. Sie wird sehr von Würmern (*Lernaea cyprinacea* Linn.) geplagt, welche sich gewöhnlich an des Fisches Kopf anheften, doch auch zuweilen den übrigen Körper heimsuchen, der von des Wurmes Bisse rothfleckig erscheint *). Im Alter von zwei Jahren meint man, könne die Karausche ihr Geschlecht fortpflanzen. Sie vermehrt sich stark, und verdient in Teiche versetzt zu werden, besonders an solchen Orten, wo kein Zugang zu anderen Fischen Statt findet. Wenn der Teich so nahe bei einem Hofe angelegt wird, dass man im Stande ist, die Karausche mit ausgebrautem Malze oder dergleichen Abgang aus dem Brauhause zu füttern, so wächst sie schneller und wird sehr fett danach. Von der ganzen Gattung, zu welcher sie gehört, hat sie das zäheste Leben **) und kann während des Sommers

---

*) Die Karauschen werden, wenigstens in der hiesigen Gegend, oft ausserordentlich von einem Riemenwurme (Ligula) geplagt, welcher von dem gewöhnlichen Riemenwurme der Fische (Ligula simplicissima Rud.) verschieden und der Karausche vielleicht eigenthümlich ist. Im Sommer von 1831 hauste er in ihr fast epidemisch. Ich denke eine Beschreibung dieser, höher, als die gewöhnliche der Fische, organisirten Ligula-Art mit mehren anderen Beschreibungen von Eingeweidewürmern im künftigen Jahre herauszugeben.
Cr.

**) Ein Fall möge hier zum Beispiele dienen. Das hier beschriebene Exemplar war aus den Scheeren geholt worden, wo es schon mehre Tage im Fischbehälter gesessen hatte. Des Morgens um 5 Uhr etwa nahm man es aus dem letztern und trug es nach dem Pfarrhofe. Es wurde auf ein Fischbrett gelegt, auf welchem es die ganze Zeit, während welcher es beschrieben und abgezeichnet ward, liegen blieb. Um 6 Uhr Abends, da der Fisch volle 13 Stunden aus dem

lange lebend erhalten werden, wenn man sie in feuchtes Gras legt, und ab und an frisches Wasser übergiesst, im Winter aber, wenn der Fisch gleich, so wie er aus dem Wasser gezogen ist, Frost bekommt.

Nahrung: Sie besteht in Schlamm, Gras, Insecten und Würmern.

Fortpflanzung: Gewöhnlich um Johannis, aber oft früher, um das Ende des Maies, wenn der Frühling zeitig eintrat, und die Luft warm ist, fängt die Karausche an, zu laichen. Sie wählt zur Laichstelle seichte Buchten mit sehr dichtem Grase und Schlammgrund. An solchen Stellen sammeln sich diese Fische in grosse Schaaren, gehn während der Laiche dicht zusammen und machen kein anderes Geräusch, als ein beständiges Schmatzen mit dem Maule an der Wasserfläche. Die Karausche verhält sich bei der Laiche ziemlich so, wie das Rothauge. Die Laiche dauert aus der Ursache lange, weil diese Fische nach dem Alter, erst die älteren und dann die jüngeren, laichen. Der Rogen, welcher an das Gras abgesetzt wird, ist in Verhältniss zu dem Fische fein und von Farbe gelblich.

Fang: Mit dem Zugnetze lässt sich die Ka-

Wasser war, wurde er dicht beim Anfange der Rückenflosse durchgeschnitten. Herz, Leber etc. wurden ausgenommen, und der Durchschnitt gezeichnet. Nachdem dieses Alles vollbracht war, und die Stücke weggeworfen werden sollten, hatte der Theil, an welchem sich der Kopf befand, noch Leben, welches sich durch Oeffnen und Schliessen der Kiemendeckel und Vorschieben und Zurückziehn des Mundes zu erkennen gab. Ich legte die Stücke nun wieder an ihre Stelle, um zu beobachten, wie bald die Lebensäusserungen sämmtlich aufhören würden. Erst um 9 Uhr Abends liess sich kein Zeichen des Lebens mehr sehn. Der Fisch hatte demnach 16 Stunden ausser dem Wasser, und von diesen drei, zerschnitten und ohne Herz, verlebt.

rausche nicht zu allen Zeiten des Jahres leicht fangen. Sie befindet sich oft im Schlamm versteckt und entgeht den Nachstellungen daselbst leicht. Man muss deswegen in solchem Falle sein Netz stark mit Steinen beschweren, oder mehre Netzzüge an derselben Stelle machen, da sie dann gewöhnlich am sichersten gewonnen wird, wenn das Wasser trübe ist. Am häufigsten wird sie während der Laichzeit in Reusen oder Flügel-Reusen gefangen. An die Angel beisst sie schwer, wird aber doch bisweilen durch einen Regenwurm geködert. Dass die Karauschen mit gekochten Erbsen zu angeln seien, ist wohl behauptet worden; aber der Verfasser hat nie den Versuch gemacht.

Nutzen: Die Karausche wird für eine lekkere Speise gehalten, wobei aber die Art, wie man sie bereitet, gewiss sehr in Betracht kommt. Gekocht, wie gewöhnlich, nur mit gesalzenem Wasser, ist sie sicher nicht besser als die meisten ihrer Gattungsverwandten. Ihr Fleisch ist weiss, ziemlich fest, aber grätig; für gewisse Leute nicht recht heilsam *), und hat allezeit einen, ob-

*) Der Vf. kannte einen Mann, welcher allemal, wenn er eine Karausche gegessen hatte, eine Anschwellung des Hauptes bekam. Der Kranke befand sich übrigens wohl, und nach Verlauf eines Tages verlor sich die Geschwulst von selbst †).

†) In einem alten Buche (C. F. Paullini, Coenarum Helena s. Anguilla. Fcf. et Lips. 1689. 16.) lese ich folgende Beobachtung, nach welcher der Genuss von Fischen überhaupt einem Manne vorübergehende Anschwellungen des Gesichts, wie der Hände und Füsse verursacht hatte: „Recordor Batavi cujusdam, quocum in Borea olim conversabar. Hic quotus pissibus, seu salitis, seu recentibus, vescebatur, quod frequentius factitabat, toties manus, pedes et facies ita intumescebant, ut aegre posset videre, ambulare, seu palpare aliquid. Tribus tamen a pastu horis iterum detumescebant, uti non semel animadverti."

Cr.

gleich mehr oder weniger auffallenden, Modergeschmack. Kleinere Individuen werden mit Vortheil an der Angel für grössere Fische benutzt, und leben an derselben lange, wenn man sie behutsam aufsteckt.

Der Giebel (*Cypr. Gibelio* Bl.).

Artkennz. Körper breit und zusammengedrückt; Schwanzflosse etwas ausgeschnitten; Seitenlinie gesenkt; Rückenflosse mit 20 Strahlen. R. 20. Br. 13. B. 9. A. 9. Schw. 19. Länge $3\frac{1}{2}$, Breite $1\frac{1}{2}$ Zoll.

Cyprinus Gibelio Gmel. Syst. I. 3. p. 1417. — *Die Giebel* (Cypr. Gibelio) Bloch I. p. 90. *Le Cyprin Gibèle*, La Cépède T. V. p. 563.

Namen: Giebel, Gieben; Steinkarausche (*Schwed.* Dam-Ruda).

Beschreibung: Körper etwas gestreckt, breit und zusammengedrückt, vorzüglich gegen den Rükken hin, bedeckt mit breiten, strahligen Schuppen. Rücken von der Spitze der Schnauze an sich gleichmässig bogenförmig erhebend, gegen den Kopf hin breit, nachher stark zusammengedrückt bis zum Ende der Rückenflosse, von da bis zur Schwanzflosse abgerundet. Bauch vom Kopfe bis an die Bauchflossen platt, zwischen den Bauchflossen und der Afterflosse kielförmig. Kopf mittelmässig, Mund stark aufwärts ausgehend, Kinnladen, ohne Zähne, gleich lang. Augen klein. Nasenlöcher gross, den Augen näher als der Schnauze. Zähne bloss im Schlunde. Kiemendeckel geriefelt und convex. Die Seitenlinie, welche mitten zwischen Rücken und Bauch liegt, fängt am obern Rande des Kiemendeckels an und macht eine gleichmässige Biegung nach unten, parallel mit dem Bauche. Die etwas vor dem Anfange der

Bauchflossen anfangende und mitten über der Afterflosse endende Rückenflosse ist lang und ohne Ausschnitt, und hat 20 Strahlen, von denen die 3 ersten ungetheilt, die übrigen an der Spitze einfach-gespalten, der letzte aber bis auf die Wurzel getheilt ist. Der erste ist ein kurzer Zacken, der zweite halb so lang als der dritte, der fünfte, sechste und siebente die längsten. Brustflossen jede von 13 Strahlen; der erste ungetheilt, die übrigen an der Spitze zweitheilig, der dritte und vierte die längsten. Bauchflossen 9-strahlig; der erste und letzte Strahl ungetheilt, die übrigen zweitheilig an der Spitze, der erste der längste. Die Afterflosse hat 9 Strahlen; die 3 ersten ungetheilt, die übrigen an der Spitze zweitheilig, der letzte bis zur Basis getheilt. Der erste nur ein kurzer Zacken, der zweite etwa ein Drittel so lang als der dritte, dieser etwas kürzer als der vierte und fünfte, welcher der längste ist. In der Schwanzflosse sind 19 Strahlen ausser den kleineren an den Seiten.

Farbe: Rücken schwarzgrün. Die Farbe der Seiten wird immer heller, je weiter nach unten. Bauch rothgelb. Ueber den ganzen Körper hin scheint die unterliegende messinggelbe oder Goldfarbe durch. Nur die Rückenflosse hat die Farbe des Rückens; die übrigen Flossen sind rothbraun. Iris messinggelb *).

Aufenthaltsort und Lebensweise: Im südlichen und mittlern Schweden kommt diese Karauschenart ziemlich allgemein in allen Teichen vor. Da sie meines Wissens nicht wild in Schweden

*) Die Farbe variirt zwischen heller und dunkler. Ich habe so dunkele Teich-Karauschen gesehen, dass die unterliegende messinggelbe Farbe wenig zum Vorschein kam.

angetroffen wird, so ist es wahrscheinlich, dass sie in früheren Zeiten aus südlicheren Gegenden herversetzt worden ist. In Sitten und Lebensweise gleicht sie der gemeinen Karausche sehr, scheint aber wo möglich ein noch zäheres Leben zu haben, und demzufolge leichter versetzt werden zu können. An Fruchtbarkeit übertrifft sie sicher die gemeine Karausche. In Teichen gedeiht sie besser als die eben genannte, und ist Krankheiten weniger ausgesetzt. Sie scheint zu keiner bedeutenden Grösse gelangen zu können, wenn sie gleich gefüttert wird. Als Ursache hiervon führt man an, dass sie, daran gewöhnt, den Trieb verliere, sich auf andere Weise Nahrung zu suchen, und folglich hungern müsse, wenn ihr zur Winterszeit nicht mit Bequemlichkeit das gewöhnliche Futter gereicht werden könne. Das hier beschriebene Exemplar ist eines der grössten, wie sie hier gefunden werden. Länger als 5—6 Zoll habe ich diesen Fisch nicht gesehen. Nur wenn er laicht und während der wärmsten Sommerszeit sucht er die Wasserfläche; den übrigen Theil des Jahres bleibt er immer am Grunde, im Schlamme steckend; aber dessen ungeachtet nimmt sein Fleisch weniger Geschmack von der Modererde, in welcher er sich verbirgt, an, als das der gewöhnlichen Karausche.

Nahrung: Schlammerde, Gras, Insecten und Würmer.

Fortpflanzung: Seine Laiche fängt früher an als die der gemeinen Karausche, oft am Schlusse des Maies. Auch während derselben verhält er sich ganz und gar wie seine nahen Verwandten. In Teichen, in welchen nicht stark gefischt wird, und welche demnach diese Fische in Menge enthalten, bekommt man während der Laichzeit, die, in Folge der Menge und des ungleichen Alters der Individuen, den grössern Theil des Sommers hindurch dauert, einen Schall zu hören, welcher sich anhört, als ob der ganze Teich ein kochender Wassergrapen wäre. Der Rogen, welcher an das Gras abgesetzt wird, ist fein und gelblich.

Fang: Im Teiche fängt man den Giebel gewöhnlich mit dem Hamen oder mit Reusen, in welche zerbrochene Eierschalen gelegt werden. An einem einzigen Orte habe ich ein nur zu dem Zweck, um damit Karauschen aus dem Teiche zu fischen, eingerichtetes Zugnetz gesehen. An die Angel beisst dieser Fisch nicht, vermuthlich aus dem Grunde, weil der Köder nicht in den Schlamm eindringen kann, in welchem der Fisch sich aufhält.

Nutzen: Das Fleisch, welches weiss, süss und ziemlich fest ist, wird bei der gewöhnlichen künstlichen Zubereitung, für den Gaumen behaglich. Zum Köder an der Angel für grössere Fische eignet sich der Giebel vortrefflich.

4. Schleie (*Tinca*).

Die zu dieser Gruppe gehörenden Fische unterscheiden sich von den übrigen der gesammten Gattung dadurch, dass *sie Bartfäden am Munde* und ein schmackhafteres Fleisch haben.

Der Schlei (*Cypr. Tinca* L.).

Artkennz. Körper dick, etwas kurz und breit, mit kleinen Schuppen bedeckt und von einem zähen Schleim überzogen. Ein sehr kleiner Bartfaden an jedem Mundwinkel. Strahlen der Afterflosse 11.

R. 13. Br. 18. B. 11. A. 11. Schw. 19. Länge $8\frac{1}{8}$, Breite $3\frac{2}{8}$ Zoll.

Cyprinus Tinca Linn. Syst. Nat. I. p. 526. Fn. Sv. p. 129. Retzii Fn. p. 354. Gmel. Syst. I. 3. p. 1413. — *Cyprinus mucosus, totus nigrescens, extremitate caudae aequali.* Artedi Gen. p. 4. Spec. p. 27. Syn. 5. *Der Schley,* Bloch I. S. 105. *Le Cyprin Tanche,* La Cépède T. V. p. 533.

Namen: Der Schlei, die Schleihe (*plattd.* Schly), Morastfisch; Schusterfisch. (*Schwed.* Sutare, Lindare, Skomakare).

Beschreibung: Körper etwas gestreckt, aber breit, kurz und dick, mit sehr feinen Schuppen bedeckt und mit einem zähen Schleim überzogen, welcher den Fisch schlüpfrig wie den Aal macht. Rücken etwas bogenförmig, hat einen stumpfen Winkel am Anfange der Rückenflosse und ist der ganzen Länge nach dick und abgerundet. Bauch ziemlich platt, breit und ebenfalls abgerundet. Kopf mittelmässig, zugespitzt. Stirne platt, Schnauze stumpf, etwas rüsselförmig aufgeworfen. Mund aufwärts ausgehend; Kinnladen fast gleich lang, doch scheint die untere etwas kürzer. Mundöffnung mittelmässig. Zähne nur 5 an jeder Seite im Schlunde. Nasenlöcher den Augen näher als der Schnauze. Augen klein, sitzen hoch, an den Seiten des Kopfes. Die Seitenlinie steigt am Kopfe ziemlich steil aufwärts, wird dann gerade, und liegt in gleichem Abstande zwischen Bauch und Rücken. Die Flossen sind alle dick. Die Rückenflosse fängt über dem Ende der Bauchflossen an, ist an der Spitze abgerundet und hat 13 Strahlen. Die 4 ersten ungetheilt, die übrigen an der Spitze sehr ästig, ausser der letzten, die bis zur

Wurzel getheilt ist. Die 3 ersten, wovon 1 nur ein kaum bemerkbarer Zacken, 2 etwas länger, 3 über halb so lang als der vierte, sind alle an der Basis zusammengewachsen und schwer zu unterscheiden. Der vierte etwas kürzer als der fünfte, der siebente und achte die längsten. Brustflossen, etwas abgerundet, haben jede 18 Strahlen; der erste ungetheilt, die übrigen an der Spitze ästig, der sechste der längste. Die Bauchflossen, welche unter dem Anfange der Rückenflosse enden, sind ebenfalls etwas abgerundet und haben jede 11 Strahlen; der erste stark und ungetheilt, die übrigen an der Spitze ästig, der dritte der längste. Die schief abgerundete Afterflosse hat 11 Strahlen, völlig so eingerichtet, wie die der Rückenflosse, ausgenommen, dass in ihr der fünfte und sechste die längsten sind. Die Schwanzflosse, welche fast gerade abgeschnitten mit abgerundeten Spitzen ist, hat 19 Strahlen, wenn man nur diejenigen zählt, die bis zur Spitze auslaufen.

Farbe: Dunkel olivengrün, schwärzlich, mit stark durchscheinendem Messingglanze. Seiten abwärts heller. Bauch graulich weiss. Alle Flossen, welche bald hell-, bald röthlich-braun sind, wenn der Fisch eben gefangen ist, werden allmählig dunkler, je länger der Fisch aus dem Wasser ist, und endlich bräunlich schwarz. Iris roth, oder vielmehr kupferfarben. Die Farbe verändert sich jedoch sehr nach dem Wasser, in welchem sich der Fisch aufhält. In Waldseen mit dunkelm Wasser habe ich diese Fischart rein schwarz gefunden.

Aufenthaltsort und Lebensweise: Gmelin und mehre Schriftsteller, welche dessen Angabe folgten, führen zwar an, dass der Schlei in der ganzen Welt vorkomme *). Ich habe indessen Grund zu der Vermuthung, dass er nicht einmal in ganz Scandinavien angetroffen werde. Pontoppidan nennt ihn wenigstens unter den norwegischen Fischen nicht. Im südlichen und mittlern Schweden kommt er, an gewissen Stellen, häufig genug in stehenden Wassern, kleineren Landseen, Teichen und Sümpfen vor. Hier in den Scheeren findet man ihn bisweilen in den sumpfichten und schlammigen Buchten; aber er ist doch selten und erreicht hier keine bedeutende Grösse. Der Schlei ist ein träger und gemächlicher Fisch, welcher die Ruhe liebt und jener Lebhaftigkeit ermangelt, die seine meisten Gattungsverwandten auszeichnet. Fast das ganze Jahr durch hält er sich im Schlamme versteckt auf; nur während der Laichzeit steigt er vom Grunde herauf, und in den wärmsten Sommertagen sieht man ihn bisweilen an die Wasserfläche springen. Da er sehr zähes Lebens ist, so erstickt er auch unter dem Eise nicht. Man hegte dieserhalb vordem die Vermuthung, dass dieser Fisch dann in einem Winterschlaf oder einer Betäubung läge, welches um so ungegründeter ist, da ich ihn mit dem Eisnetze im Winter habe fangen sehn. Wo er reichen Zugang zur Nahrung findet, wächst er schnell, vermehrt sich ungewöhnlich stark und wird auch ansehnlich gross. Bisweilen soll er eine Elle lang werden. Der grösste, den ich gesehen habe, wog 4 Pfd. Wegen seines schmierigen Ansehns wird er spöttischer Weise *Schuhmacher* (Skomakare) genannt, und die ihm vormals beigelegte Kraft, Krankheiten sowohl bei

*) Habitat in omnis terrarum orbis aquis stagnantibus. Gmelin, I. 3. p. 1414.

Menschen, als auch bei Thieren zu heilen, hat ihm zu dem Namen *Fisch-Arzt* (eig. *Arzt der Fische*, schw. *Fiskarnes Läkare*) verholfen, mit welchem er in gewissen Gegenden noch vom gemeinen Manne beehrt wird.

Nahrung: Gras, Schlammerde, und besonders Insecten und Würmer.

Fortpflanzung: An warmen Tagen im Anfange des Junius stellt der Schlei seine Laiche in sehr grasigen und seichten Buchten mit Schlammboden an. Das Laichen hat seinen Fortgang ohne besonderes Geräusch, und der sehr feine gelbliche Rogen wird an das Gras abgesetzt.

Fang: Der Schlei lässt sich leicht fangen, wozu vorzüglich seine Dummheit und Trägheit beiträgt. Sowohl während der Laichzeit, als den ganzen Sommer durch fängt man ihn in Flügelreusen, Fischerzäunen und bisweilen auch mit dem Zugnetze. An die Angel beisst er gern, und man braucht keinen andern Köder als einen Regenwurm. Er beisst gierig auf die Lockspeise los und verschlingt den Angelhaken sofort ohne weitere Umstände.

Nutzen: Dieser Fisch wird an gewissen Orten in hohem Werthe gehalten, in anderen dagegen verachtet man ihn. Im Königreiche Kongo auf der afrikanischen Küste, musste jeder Schlei, welchen man fing, für des Königs Tafel abgeliefert werden. Ein Bruch dieses Gesetzes wurde mit dem Tode bestraft. In Rom dagegen rechnete man ihn zu den Nahrungsgegenständen *) der geringen Leute. In Schweden meint man, dass er zu den besseren Fischarten gehöre. Sein Fleisch ist fest, auch von feineren Gräten frei.

---

*) Quis non et viridis vulgi solatia, tincas novit. Auson.

Doch wird er als schwer verdaulich und minder gesund angesehn. Um den Fisch von dem dicken und zähen Schleime zu befreien, womit der Körper überzogen ist, übergiesst man ihn mit kochendheissem Wasser (brüht ihn), ehe man ihn reinigt. Diese Operation trägt auch bei, das Fleisch von dem Modergeschmacke zu befreien, welchen es allemal hat. Gekocht, wie gewöhnlich, mit Pfeffer und Salz, und danach in Essig gelegt, wird dieser Fisch eine Speise, die nicht zu verachten ist.

Gattung Hornhecht (*Belone* Cuv.).

Der Hornhecht, welcher zuerst vom Baron Cuvier von den übrigen Hechten, mit welchen er unter dem Gattungsnamen *Esox* vereinigt war, getrennt wurde, unterscheidet sich durch

einen langen walzenförmigen und beinahe viereckigen Körper, in einen langen, pfriemenförmigen, schmalen und biegsamen Schnabel verlängerte Kinnladen und ungleiche Grösse der Schuppen.

In der Lebensweise zeigt er noch mehr Verschiedenheiten. Er kommt nur im Meere vor, hält sich in sehr tiefem Wasser auf, sucht die Strände nur während der Laichzeit und ist dann immer in grösseren Schaaren beisammen, welche sich nach Beendigung der Laichzeit wieder in die hohe See begeben. Die Gattung ist nicht zahlreich an Arten und bei uns kommt nur vor:

Der Hornhecht (*Belone rostrata* Faber.).

Artkennzeichen. Körper lang, schmal, walzenförmig und beinahe viereckig; Seitenränder des

Bauchs erhöht; Kopf viereckig zugespitzt. Die Kinnladen, von denen die untere länger ist, sind in einen pfriemenförmigen Schnabel verlängert und ihre Ränder mit scharfen Zähnen versehn. Afterflosse mit 22 Strahlen.

R. 18. Br. 12. B. 7. A. 22. Schw. 15.

Länge 2 Fuss 3 $\frac{1}{2}$ Zoll, Breite 1 $\frac{7}{8}$ Zoll.

Esox Belone Linn. Syst. nat. I. p. 517. Fn. Sv. p. 126. Retzii Fauna p. 351. Esox rostro cuspidato, gracili, subtereli, spithamali. Art. Gen. p. 14. Syn. p. 27. Gmel. Syst. I. 3. p. 1391. *Der Hornhecht*, Bloch, Fische Deutschlands I. S. 301. Tab. 33. Sv. Zool. No. 40. *L'Esoce Bélone*, La Cépède Hist. nat. d. Poiss. T. V. p. 308. *Belone rostrata*, Faber, Fische Islands S. 152. Pontoppid. N. N. H. 2. S. 223.

Namen: Hornhecht, Nadelhecht, Hornfisch (*Schwed.* Näbbgädda, Horngädda, Horngäll etc.).

Beschreibung: Körper lang und schmal, cylinderförmig, vom After nach dem Schwanze verschmälert, an der Basis der Schwanzflosse jedoch etwas breiter werdend, ohne Rauhigkeit, bedeckt mit dünnen, leicht abfallenden und ungleich grossen Schuppen. Rücken breit, doch abgerundet. Bauch platt und breit, mit zwei erhöhten, etwas breiten und scharfen Rändern, welche an der Kiemenöffnung anfangen, parallel durch die Ansatzstelle der Bauchflossen laufen und sich nach dem Schwanze hin, etwas hinter dem Ende der Afterflosse, endigen. Kopf klein, zusammengedrückt; Stirne platt, wie die untere Seite, so dass der Kopf viereckig zugespitzt erscheint. Kinnladen zu einem sehr langen Schnabel verlängert, welcher rund zu seyn scheint, weil die obere Kinnlade in die untere eingreift. Er ist jedoch niedergedrückt. Beide Kinnladen, welche weiche und biegsame Spitzen haben, sind an den Rändern mit feinen, runden, scharfen und ungleich langen Zähnen bewaffnet. Die untere Kinnlade tritt bedeutend vor die obere vor. Der Gaumen hat einen eiförmigen gezahnten Höcker, ist übrigens aber eben, wie die breite, abgestumpfte und freie Zunge. Nasenlöcher, den Augen nahe, liegen in grossen, dreieckigen Vertiefungen und haben jedes seinen Decklappen. Augen gross, an den Seiten des Kopfes. After gross, weit nach hinten sitzend. Die wenig deutliche, gerade Seitenlinie liegt dem Rücken näher. Rückenflosse, lang und etwas ausgeschnitten, fängt ungefähr eben so weit hinter dem Anfange der Afterflosse an, als sie sich nach vorn vor dem Ende derselben endigt, hat 18 Flossenstrahlen. Der erste und zweite ungetheilt, die übrigen an der Spitze ästig. Der erste halb so lang als der zweite, welcher der längste ist. Brustflossen, welche hoch und den Kiemenöffnungen ziemlich nahe sitzen, haben jede 12 Strahlen. Von diesen ist der erste ungetheilt und etwas breit, an der obern Seite rundlich oder in eine Kante ausgehend, an der untern flach. Die übrigen an der Spitze ästig. Der erste etwas kürzer als der zweite, welcher der längste ist. Bauchflossen, welche sich ganz unten und weit hinten nach dem After zu ansetzen, haben jede 7 Strahlen. Der erste breit und ungetheilt, an der obern Seite rundlich, an der untern flach; die übrigen an der Spitze ästig, der zweite der längste. Die etwas ausgeschnittene Afterflosse fängt eben so weit von dem Anfange der Rückenflosse an, als sie vor dem Ende derselben aufhört, hat 22 Strahlen. Der erste und zweite ungetheilt, die übrigen an der Spitze ästig. Der erste nicht voll halb so lang als der zweite, welcher etwas kürzer als der dritte und längste ist. Die ausgeschnittene Schwanzflosse hat 15 Strahlenbüschel, wenn man die Zählung mit denjenigen anfängt und beendet, welche bis zur Spitze gehen.

Farbe: Kopf und Rücken oben grün, mit einer dunklern Linie über der Seitenlinie. Seiten bläulich, mit starkem Silberglanze. Unterer Theil der Seiten und des Bauches nebst den Kopfseiten silberweiss. Brust-, Bauch- und Afterflossen hell gräulich. Rücken- und Schwanzflosse blau. Iris silberweiss.

Aufenthaltsort und Lebensweise: Der Hornhecht kommt nur im Meere vor und ist sehr zahlreich im mittleren und südlichen Theile unserer Halbinsel. Faber rechnet ihn zwar mit zu den isländischen Fischen, führt aber zugleich an, dass er dort nur zufällig vorkomme. In den hiesigen Scheeren findet man ihn nur während seiner Laichzeit im Maimonate, und auch da nicht einmal alle Jahre. Durch seine mit scharfen Zähnen bewaffneten Kinnladen zeigt er sich als den Raubfischen angehörend. Der Hornhecht ist ein herumziehender Fisch, welcher in Schaaren herumstreicht, an die Stränder nur um zu laichen kommt, und sich den übrigen Theil des Jahres hindurch in sehr tiefem Wasser aufhält. Wahrscheinlich ist das Wasser in den hiesigen Scheeren zu seicht, um ihm einen Zufluchtsort zur Sommers- und Winterszeit gewähren zu können. Dass er sich hier während dieser Jahreszeiten nicht finde, erhellt daraus, dass man ihn nie mit den grössten Netzen, welche in den offenen Buchten gezogen werden, erhält. Seine Bewegungen im Wasser sind äusserst lebhaft. Er schiesst mit Blitzesschnelle vorwärts und schimmert während seiner Bewegungen im Wasser, wie polirtes Silber. Nach dem Kochen nehmen die Gräten eine grüne Farbe an und verbreiten im Dunkeln einen phosphorischen Schein. Eine bedeutende Grösse erreicht dieser Fisch wohl nicht; nach Bloch ist indessen ein Individuum bei Neapel gefangen worden, welches 14 Pfd. an Gewicht betragen hat. Von den hier gefangenen sind höchst wenige viel länger als eine Elle gewesen. Vermuthlich wächst dieser Fisch schnell. Vor einem Jahre wurde im September ein Individuum gefangen, welches da schon 6 Zoll lang von der Spitze des Unterkiefers bis zu der des Schwanzes war. Wahrscheinlich war es von der Brut des Jahres.

Nahrung: Kleinere Fische und Crustaceen. Bei den vielen von mir geöffneten Exemplaren habe ich im Magen reichlich Stichlinge (*Gasterosteus aculeatus* Linn.) und eine noch grössere Anzahl von Spiesswürmern (Idotea Entomon) gefunden.

Fortpflanzung: In der Mitte des Maimonats beginnt dieser Fisch hier seine Laiche. Männchen und Weibchen vermengt steigen dann in zahlreichen Haufen gegen Strände mit niedrigem Wasser an. Den Rogen dieses Fisches habe ich zwar nie im Wasser gesehn, aber vermuthlich wird er an das Gras abgesetzt, da es immer auf grasbewachsenem Grunde ist, wo man den Hornhecht während der Laichzeit antrifft. Der Rogen, welchen ich in aufgeschnittenen Individuuen gefunden habe, ist zur Ausleerung reif und von Farbe gelblichgrün gewesen.

Fang: An den Orten, an welchen dieser Fisch in Menge vorkommt, wird er mit der sogenannten Fischgabel bei Feuerschein in der Nacht gehauen. Hier fängt man ihn nur zufällig mit dem Zugnetze zur Laichzeit.

Nutzen: Für die Tafel dürfte dieser Fisch selten benutzt werden. Hier isst man ihn wenigstens nicht. Die Scheerenbewohner betrachten ihn als minder heilsam. Vermuthlich sind sie zu diesem Argwohne durch die grüne Farbe, welche die Gräten haben, und durch den phosphorischen Schein, welchen sie im Finstern ausstrahlen, verleitet worden. Wo die Dorsch-Fischerei im Grossen betrieben wird, wird der Hornhecht zum Köder gebraucht. Das Fleisch ist weiss, trocken und hat einen eigenen wenig angenehmen Geruch und Geschmack, könnte indessen mit etwas sorgfältigerer Zubereitung als gewöhnlich, dem Geschmack weniger widerlich gemacht werden.

Gattung Hecht (*Esox* Linn.).

Ein ziemlich ausgestreckter Körper, mit abgerundetem, fast plattem Rücken, dessen einzige Flosse gegen den Schwanz hin sitzt, und ein zusammengedrückter Kopf mit abgeplatteter Schnauze, grossem Maule und starken, runden Zähnen in den Kiefern, deren untere vorstehend ist, sind die Kennzeichen, welche insonderheit die Hechte von den übrigen Raubfischen unterscheiden. Wie die Raubthiere streichen die Hechte herum, nur um die Raublust zu befriedigen, welche den Hauptzug in ihrem Character ausmacht. Man sieht ihrer nie mehre zusammen, ausser während der Laichzeit, und selbst dann trifft man nur drei bis vier an derselben Stelle an. Selten hält sich der Hecht in sehr tiefem Wasser auf, sofern er nicht eine bedeutende Grösse erreicht hat. Gewöhnlich sucht er die Strānder, an welchen er nicht allein reichern Zugang zum Frasse, sondern auch passlichere Stellen zum Lauern auf seinen Raub findet. Im höchsten Grade gefrässig greift er in seinem nassen Elemente nicht bloss alles Lebende an, welches er überwinden zu können glaubt, sondern auch todte und von der Fäulniss ergriffene Körper werden seine Beute. Wenn gleich die Hechte den grössern Theil ihrer Zeit still auf einer und derselben Stelle zubringen, sind dennoch, wenn sie ihre Stelle verändern, ihre Bewegungen sehr lebhaft. Mit Pfeilesschnelle greift der Hecht den Raub an, welcher der Stelle nahe gekommen ist, an der er im Hinterhalte liegt. Er vermehrt sich stark; die Arten desselben wachsen schnell und erreichen bei einem hohen Alter eine bewundernswürdige Grösse. Glücklicherweise sind der Arten dieser Gattung nicht besonders viele, und dem Gewässer Scandinaviens gehört nur an:

Der Hecht (*Esox Lucius* Linn.).

Artkennzeichen. Körper gestreckt, mit breitem, abgerundetem Rücken, zusammengedrückten Seiten und plattem Bauche. Kopf zusammengedrückt; Stirne platt; Schnauze von den Augen an niedergedrückt. Unterkiefer vorstehend. Rükkenflosse, über der Afterflosse, hat 20 Strahlen. R. 20, B. 10, Br. 15, A. 16, Schw. 19. Länge 13, Breite 2 Zoll.

Esox Lucius Linn. Syst. Nat. I. p. 516. Fn. Sv. p. 126. — *Esox rostro plagioplateo.* Artedi, Gen. p. 14. Syn. 26. Spec. p. 53. Gmel. Syst. I. 3. p. 1390. Retzii Fn. Sv. p. 350. — *Der Hecht*, Bloch, F. Deutschl. T. I. Fig. 32. — *L'Esoce Brochet*, La Cépède, Hist. nat. des

Poiss. T. V. p. 297. — *Gedde,* Leem, S. 335. — Pontoppid. 2. S. 212.

Namen: Hecht (*Schwed.* Gädda; *der jüngere:* Gäddslinka, Gaddslyna).

Beschreibung: Körper gestreckt und fast viereckig mit abgerundeten Kanten. Rücken vom Kopfe bis an die Rückenflosse gerade, fast platt; Seiten platt, eben so der Bauch, vom Kopfe bis zum After; bedeckt mit rundlich-länglichen und nicht besonders scharfen Schuppen. Kopf lang, der vordere Theil von der Schnauze bis an die Augen niedergedrückt, der hintere dagegen fast viereckig. Augen mittelmässig, liegen an den Seiten des Kopfes, und da das Stirnbein etwas über sie hervorspringt, bekommt davon der Fisch ein wildes und raubgieriges Ansehen. Der Unterkiefer springt vor der obern vor. Maul gross. Die offenen Nasenlöcher liegen dicht vor den Augen und haben eine doppelte Oeffnung mit sehr deutlicher Scheidewand. Am Kopfe finden sich 10 Vertiefungen, wie Puncte in die Haut gedrückt. Von diesen stehen 6 quer über dem Kopfe dicht hinter den Augen, 2 vor den Augen, den Nasenlöchern nahe, und 2 fast mitten zwischen diesen und der Spitze der Oberkinnlade. Ausserdem finden sich am Rande der Unterkinnlade ungefähr 10 auf jeder Seite, welche in einer fast geraden Linie nach der äussern Seite der Kinnlade hin liegen und darauf in krummer Linie nach dem Kiemendeckel hinauf laufen. Kiemenhaut hat 14 Strahlenknochen an jeder Seite. Die Zähne am Rande der Unterkinnlade sind lang, rund und sehr spitzig. Der Rand der obern Kinnlade hat keine Zähne; aber am Gaumen finden sich 3 breite, parallel laufende Reihen mit äusserst feinen, den Kardenstacheln ähnlichen Zähnen, von denen die in der mittlern

Reihe sehr kurz, die in den Seitenreihen gegen den Schlund geneigt sind. Es sind grössere und kleinere unter einander, und alle sind beweglich. Ausser ihnen finden sich feine Zähne auf der Zunge und im Schlunde. Seitenlinie gerade, kaum bemerkbar, liegt dem Rücken näher. Rückenflosse, dem Schwanze nahe, fängt mitten über dem After an und endigt sich über dem Ende der Afterflosse; hat 20 Strahlen, von denen die 6 ersten ungetheilt, die übrigen an der Spitze ästig sind. Die 3 ersten und der letzte sind die kürzesten, die mittelsten, von und mit dem 7ten, die längsten und fast gleich lang. Brustflossen schief abgerundet, haben 15 Strahlen, von denen die mittelsten die längsten, die letzten sehr kurz sind. Bauchflossen haben 10 Strahlen, von denen der erste ungetheilt und etwas kürzer ist als der zweite und längste. Afterflosse 16strahlig, die mittelsten Strahlen die längsten, die 4 ersten ungetheilt. Schwanzflosse, zweitheilig, hat 19 Strahlenbüschel, ausser einigen kleineren an den Seiten.

Farbe: Rücken schwarzblau, Seiten stahlgrau, mit länglich-rundlichen, weissgelben Flekken, welche gegen den Bauch grösser werden und schräg-gestellten, breiten Streifen gleichen. Bauch weiss, ungefleckt. Rücken-, After- und Schwanzflosse gelblich, mit schwarzgrauen Flekken. Bauch- und Brustflossen heller, an der Spitze bisweilen röthlich und ohne deutliche Flecken. Iris gelblich, am untern Rande oft silberfarben, an den Seiten dunkel. Ein messinggelber, feiner Rand umgiebt die längliche, bläuliche Pupille.

Anmerkung. Spät im Herbste, wenn die Buchten des Meeres zugefroren sind, fängt man hier mit dem Eisnetze kleinere Hechte, bei denen die gewöhnliche Farbe mit einem stark-citronengelben Anstriche überzogen ist. Die Scheerenbewohner meinen, diese Hechte seien kurz vorher aus dem Meere ans Land gekommen, geben ihnen deshalb den Namen *Nyländare* (Neu-Angelandete) und vermuthen, dass sie in der Tiefe jene Farbe bekommen, welche verschwinde, wenn sie sich längere Zeit hindurch in den seichteren Buchten aufgehalten haben.

Aufenthaltsort und Lebensweise: Der Hecht, welcher sich über ganz Scandinavien verbreitet findet, ist in Seen, Strömen, Flüssen und selbst dem Meere einer der gemeinsten Fische. In Binnenseen wird er unläugbar am grössten; in den Scheeren nimmt er an Grösse ab, je weiter er sich den grösseren Buchten nähert. So ist wenigstens hier das Verhalten. Im offenen Meere soll er selten vorkommen. Zum Aufenthaltsorte wählt er, während des Sommers, seichte Ufer und mit Gras und Binsen bewachsene Buchten; im Herbste begiebt er sich an sehr tiefe Ufer. Wo er sich auch seinen Aufenthaltsort wählt, sucht er sich immer eine verborgene Stelle, von welcher er mit Pfeilesschnelle hervorschiesst, um seinen Raub zu haschen. Seine Gefrässigkeit übersteigt allen Glauben. Ohne Unterschied verschlingt er kleinere Fische, Frösche, Junge von Seevögeln, Aas u. dgl. m. Er schonet keines Geschöpfes, welches er entweder durch Stärke oder durch Hurtigkeit überwinden zu können glaubt; selbst sein eigenes Geschlecht ist vor seiner Raubgier nicht sicher. Man berichtet, dass ein Hecht den Kopf eines Schwans verschlungen, als der Vogel ihn unters Wasser steckte, um aus der Tiefe seine Nahrung zu holen, ferner, dass einer mit einer gezähmten Otter um einen Karpfen, welchen dieselbe gefangen, gekämpft habe. Eben so wunderbare Dinge werden von dem hohen Alter dieses Fisches berichtet. Man erinnere sich der bekannten Erzählung von dem Hechte, welcher im Jahre 1497 bei Heilbronn gefangen wurde und 267 Jahre alt war. Die Angaben über seine Grösse sind eben so übermässig. Man hört bisweilen Hechte erwähnen, welche 9 schwedische Liesspfund (zu 20 Pfd.) schwer, andere, welche 19 Fuss lang gewesen seien u. s. w. Diese Fabeln beweisen meines Bedünkens nur, dass der Hecht der gefrässigste aller der Raubfische ist, welche sich in süssem Wasser aufhalten, und dass er ein sehr hohes Alter und eine sehr bedeutende Grösse erreicht. Der grösste, welchen ich gesehen habe, wog 26 Pfd., und ich bin geneigt, zu glauben, dass grössere, wenn sie wirklich gefunden werden, doch höchst selten seien*). Der Hecht wächst sehr schnell. Die, welche um die Mitte des Junius zum Vorschein kommen und dann 4—5 Zoll lang sind, sind gewiss von der Brut des Jahres. Vermuthlich pflanzt er sich nicht vor dem dritten Jahre fort. Kleinere Hechte, als von 12 Zoll, habe ich nie in der Laiche gefunden. Er hat ein ziemlich zähes Leben und kann lange in Teichen oder Fischbehältern erhalten werden, wenn man ihn mit kleineren Fischen füttert, welche er auch in der Gefangenschaft gierig verschlingt. Fische mit zackigen Strahlen werden selten vom Hechte angegriffen. Bloch und andere Schriftsteller geben als Ursache hiervon an, dass die zackigen Flossenstrahlen sich im Gaumen und Schlunde des Hechtes festsetzen. Was ich

*) Bei Wolgast soll der Hecht bis zu 36 Pfund schwer vorkommen und dann etwa 4′ lang seyn.

Cr.

mit Gewissheit weiss, ist, dass er selten den Barsch verschlingt, und dass man diesem, wenn man ihn in Ermangelung eines andern Köders an der Angel braucht, alle Flossen, ausser denen des Schwanzes und der Brust, abschneidet. Nie oder doch sehr selten verschluckt der Hecht seinen Raub in dem Augenblick, in welchem er ihn ergreift. Gemeiniglich hält er den Raub mit den Zähnen fest und verschlingt ihn erst nach einer Weile. Ist der Raub zu gross zum Verschlingen auf einmal, so fasst er ihn, wie gewöhnlich, beim Kopfe, und behält ihn so lange zwischen den Zähnen, bis der erste Theil im Magen verdaut worden ist, worauf der übrige, so wie die Verdauung vor sich geht, allmählig nachgeschluckt wird. Seine Stärke ist nicht unbedeutend. Ich habe auf dem Rücken eines Hechts, welcher nicht über 1 L.-Pfd. wog, das Skelett eines Fischadlers (Falco Haliaëtos L.) gefunden, welchen er unter das Wasser gezogen und erstickt hatte *).

Nahrung: Gewöhnlich Fische. Er verzehrt ausserdem Mäuse, Frösche, Schlangen, Seevögel-Junge, Crustaceen, Insecten und Würmer, bisweilen auch Gewächse.

Fortpflanzung: Zeitig im Frühjahre, gewöhnlich am Schlusse des Märzes, wenn das Eis um die Ufer zu vergehen beginnt, steigt der Hecht, um zu laichen, am liebsten gegen solche Ufer an, welche von sumpfigen Wiesen gebildet werden, oder gegen solche, in denen kleinere Bäche oder

---

*) Auch in der hiesigen Gegend hat man Hechte mit den Klauen eines Seeadlers (Aquila albicilla) im Rücken gefunden; man hat auch erlebt, dass ein Seeadler seine Klauen in einen Hecht geschlagen, sie nicht wieder losmachen können, und Fischer den Adler sammt dem Hechte gefangen und in ihr Boot geworfen haben. Cr.

Wasserläufe ausfliessen. Dabei geschieht das ungewöhnliche Ereigniss, dass die kleineren Hechte immer zuerst laichen. Die Fischer nennen diese *Eishechte (Isgädda)*. Wenn die Seen wenigstens grösstentheils frei von Eis sind, und sich die Frösche sehn lassen, begeben sich grössere Individuen in kleinere Wasserläufe, welche grasigen Grund haben, oder auch auf sumpfichte Wiesen, welche unter Wasser stehen. Dies ist die rechte Laichzeit, und die Hechte, welche dann laichen, bekommen (in Schweden) den Namen *Glossgädda,* weil sie zu *einer* Zeit mit den Fröschen laichen, welche der gemeine Mann gemeiniglich *Glossa* nennt. Der dritte Trupp, welchen wenige, aber grosse Individuen ausmachen, kommt immer spät, am häufigsten im Anfange des Maies, und wird *Blumenhecht (Blomstergädda)* genannt. Diese letztgenannten steigen nie in Sümpfe, Wiesen oder kleinere Flüsse, sondern stellen ihre Laiche in solchen seichten Buchten an, in welchen sich viele Binsen und Gras finden. Bei der Laiche selbst kommt stets das Weibchen zuerst, von 2 oder 3, selten 4 Männchen begleitet, welche immer viel kleiner als die Weibchen sind. Wenn er an einen Hügel oder grasige Erhöhung gelangt ist, bleibt er stehn, und die Laiche beginnt auf die Art, dass von den Männchen, wenn deren nur 2 sind, sich eins an jede Seite des Weibchens begiebt; sind deren aber mehre, so drängt sich eins unter den Bauch des letztern, und das andere sucht über dem Rücken des Weibchens zu stehn zu kommen. Während dessen steht das Weibchen still, bewegt nur die Flossen und lässt die Männchen sich an allen Seiten reiben. Nach einer Weile macht es wohl einen ziemlich weiten Sprung, steht aber bald wieder still, und die

Laiche wird auf dieselbe Weise fortgesetzt. Der Rogen, welcher gelblich grün und ziemlich grobkörnicht ist, wird an Gras oder Reisig abgesetzt.

Fang: Die Art und Weise, auf welche der Hecht gefangen wird, ist mannichfach, je nach den Jahreszeiten und der Beschaffenheit des Wassers, in welchen man nach ihm fischt. Mit dem Zugnetze lässt er sich zu allen Zeiten des Jahres leicht fangen, ist aber nie in so grosser Anzahl auf einer Stelle, dass eine besondere Netzfischerei seinetwegen angestellt würde. — Seine Raubgier macht, dass er am leichtesten an der Angel gefangen wird. Zu diesem Zwecke setzt man die Grundschnur, die schlafende Angel, die Hechtangel u. m. aus. An der sogenannten Angelruthe wird er am leichtesten und sichersten gefangen. Auch mit der Darge fängt man ihn. Während der Laichzeit werden Flügelreusen auf den Wiesen ausgesetzt, auf welche er sich, um zu laichen, begiebt. In Wasserläufen fängt man ihn hingegen in gewöhnlichen Reusen. Während der Laichzeit, wo er minder scheu ist, wird er mit der Fischgabel gehauen, ferner zur Herbstzeit des Nachts bei Feuer, welche Art zu fischen (in Pommern) das *Blüsen* genannt wird (*schwed.* Eldstädja). Mit dem kleinen Garnnetze lässt er sich nicht so leicht fangen, insofern das Netz nicht mit der sogenannten Halfter versehen ist. Mit der Schnellwathe fängt man ihn dagegen ohne Schwierigkeit während des ganzen Sommers.

Anmerkung. Die Fischer glauben allgemein, dass das Zahnfleisch des Hechtes bis über die Zähne hinüber einmal jeden Monat anschwelle, und dass er während der Zeit nicht *anbeisse.* Sie glauben auch, dass, wenn er seine Laiche beim Neumond anfange, er nur beim abnehmenden Monde anbeisse, und so umgekehrt. Nach meiner Erfahrung kann der Hecht das ganze Jahr hindurch an der Angel gefangen werden, ausgenommen in der Laichzeit. Dass der Fang an einem Tage reichlicher ausfällt als an einem andern, dürfte seinen Grund in ganz anderen Ursachen haben.

Der *Nutzen* dieses Fisches ist eben so ausgebreitet, als der Fisch selbst gemein ist. Er wird frisch, gesalzen oder getrocknet gegessen, in welcher letztern Zubereitung er sehr lange aufbewahrt werden kann, ohne Schaden zu nehmen oder den Geschmack zu verlieren. Das Fleisch ist weiss, fest und wohlschmeckend. Der Schaden, welchen der Hecht dadurch anrichtet, dass er eine Menge kleinerer Fische verzehrt, scheint auf den ersten Blick bedeutend zu seyn. Man hat mitunter vorgeschlagen, diesen Fisch ganz und gar auszurotten. Das scheint jedoch unüberlegt zu seyn, da man nicht läugnen kann, dass die kleinen Fische, welche der Hecht verzehrt, reichlich durch ihn selbst ersetzt werden, und er in den Haushaltungen viel mehr Nutzen gewährt und den Stoff zu weit schmackhafteren Gerichten für die Tafel hergiebt. Der Hecht wird stets, ohne vorher abgeschuppt zu werden, gekocht, weil die Schuppen unter dem Kochen weich werden, so dass sie ohne Unbequemlichkeit gegessen werden können. Sie werden sogar für heilsam gehalten, und wenn dies Grund hat, so geschieht es in der Ordnung, dass man sie zum Abklären des Caffees benutzt, um wenigstens etwas Heilsames in diesem Getränke zu haben. Die Kinnladen werden mit den in ihnen sitzenden Zähnen getrocknet und gepülvert und vom gemeinen Manne allgemein als ein Mittel gegen den Seitenstich (Pleuresie) angewandt.

Gattung Barsch (*Perca* Linn.).

Diese vormals zahlreiche Gattung, welche schon von Linné in zwei Unterabtheilungen getheilt wurde, ist in den letzteren Jahren aus sehr guten Gründen als eine Familie (Percoides) in mehre Gattungen getheilt worden. Die eigentlichen Barsche, von denen unsere Fauna nur wenige Arten besitzt, zeichnen sich dadurch aus, dass der *Rücken zwei getrennte Flossen hat, deren vordere bogenförmig ist und zackige Strahlen hat. Mund gross, mit Zähnen in den Kinnladen, am Gaumen und im Schlunde. Kiemendeckel mit sägezähnenförmigen Zacken an den Rändern; der Körper mit harten und scharfen Schuppen bedeckt.* Sie leben alle vom Raube, halten sich am häufigsten in süssem Wasser auf, doch auch in mässig salzigem, und wählen immer ein solches, welches etwas tief und klar ist. Sie leben zerstreut und kommen während der Laichzeit zusammen, streichen nicht weit umher und haben eine träge, ernsthafte und wenig furchtsame Gemüthsart.

Der Barsch (*Perca fluviatilis* Linn.).

Artkennzeichen. Graugelb mit schwarzen Querstrichen (gemeiniglich 6), welche auf dem Rükken am breitesten sind. Die erste Rückenflosse hat einen schwarzen Flecken am Ende. Bauch-, Schwanz- und Afterflossen roth, die letzte mit 11 Strahlen, die beiden ersteren zackig.

R. 15—16, Br. 14, B. 6, A. 11, Schw. 17.

Länge 4¾, Breite 1¼ Zoll.

Perca fluviatilis Linn. Syst. Nat. I. p. 481. — Fn. Sv. p. 117. — Retzii Fn. p. 335. — Gmel. Syst. I. 3. p. 1306. — *Perca lineis utrin-*

que seu transversis nigris: pinnis ventralibus rubris. Art. Gen. p. 39. Spec. p. 74. Syn. p. 66. — Fischerström's Oecon. Dictionn. T. I. p. 1. — *Der Barsch*, Bloch, Fische Deutschl. II. S. 87. Tab. 52. — *La Perseque Perche.* La Cépède, Hist. nat. d. Poiss. T. IV. p. 399. — *La Perche commune de rivière,* Cuvier, Hist. des Poiss. T. II. p. 20.

Namen: Barsch, Börs etc. (*Schwed.* Aborre, Sten-Aborre, Dy-Aborre).

Beschreibung: Körper etwas dick, zusammengedrückt, mit breitem Kopf, und stark verschmälert nach dem Schwanze. Bauch platt bis zum After, welcher dem Schwanze näher als dem Kopf ist. Körper dicht mit harten, scharfen, sehr fest sitzenden Schuppen bedeckt, welche am äussern Rande sehr feine, aufwärts gerichtete Haken haben. Kopf mittelmässig gross, zusammengedrückt und etwas zugespitzt. Augen mittelmässig, Kinnladen von gleicher Länge. Nasenlöcher, den Augen näher als der Schnauze, sind gross und haben zwei von einander ziemlich getrennte Oeffnungen, deren vordere mit einer kleinen, gewölbten Haut bedeckt ist. Ueber jedem Auge steht eine fast dreieckige Grube und über jedem Nasenloch eine gerade Vertiefung. Mund gross, wenig aufsteigend. Zähne in den Kinnladen, am Gaumen und im Schlunde. Der Rücken erhebt sich bogenförmig, ist etwas zusammengedrückt bis zum Ende der letztern Rückenflosse, von da an abgerundet. Seitenlinie, aufwärts gebogen, liegt dem Rücken näher und folgt dessen Richtung. Zwei Rückenflossen; die vordere bogenförmige fängt mitten über den Brustflossenwurzeln an und endigt sich mitten über dem After, hat 15 Strahlen, alle zackig und ungetheilt, von denen der fünfte der längste ist. Die hintere, fast quer abgeschnittene, fängt nahe hinter der vordern an und endigt sich etwas vor dem Ende der Afterflosse, hat 16 Strahlen, von denen der erste kurz ist und mit einer zackigen Spitze, die übrigen getheilt sind, der dritte der längste ist. Die Brustflossen, welche an der Seite des Körpers befestigt sind, haben jede 14 Strahlen, die alle an der Spitze ästig sind und von denen die mittelste die längste ist. Bauchflossen sechsstrahlig; der erste Strahl ist etwas über halb so lang als der zweite und dritte, welcher der längste ist. Der erste Strahl ist ungetheilt, mit zackiger Spitze, die übrigen sind sehr ästig. Afterflosse mit 11 Strahlen; der erste und zweite ungetheilt, mit Zackenspitzen, etwas kürzer als der dritte, welcher der längste und an der Spitze, wie die übrigen, ästig ist. Die eingeschnittene Schwanzflosse hat 17 Strahlen, ausser einigen kleineren an den Seiten.

Farbe: Rücken grünlich grau, an den Seiten hinab heller mit gelbem Anstrich und schwarzen Querbändern, welche auf dem Rücken am breitesten und nach den Seiten verschmälert sind. Bauch weiss. Die erste Rückenflosse grau mit einem schwarzen Flecken am Ende. Die zweite Rückenflosse, wie die Brustflossen graulich. Bauch-, After- und Schwanzflossen roth. Iris grünlich gelb mit einem feinen messinggelben Ringe um die Pupille, welche länglich und dunkelgrünlich ist.

Aufenthaltsort und Lebensweise: Der Barsch gehört zu den gemeinsten Fischen Scandinaviens. Selten findet man einen Binnensee ohne diesen Fisch. Auch in den Scheeren ist er sehr gemein, obgleich er an Menge abnimmt, je näher er dem Meere kommt, in dessen Bereiche selbst man ihn nicht antrifft. In den Lappmarken soll er ungewöhnlich gross werden, und er scheint an Grösse zuzunehmen, je näher sein Aufenthaltsort dem Norden ist. In Waldseen, welche von Bergen und steinigen Ufern umgeben sind, habe ich die grössten angetroffen. Er hält sich gern in klarem, etwas fliessendem und tiefem Wasser auf. Während des Sommers findet man ihn oft auf grasigem Grunde. Mehrentheils steht er am Grunde still und macht dann und wann eine plötzliche Bewegung, um einer Gefahr auszuweichen oder einen Raub zu erhaschen. Während des Sommers, wenn stille und warme Tage eintreten, geht er bisweilen an die Wasserfläche, sucht sich dann gewöhnlich seichte Stellen in Buchten oder an den Ufern, wo er kleinere Fische, besonders Spierlinge und Uekeleie erwarten kann, welche er dann in Menge fängt. Wenn er hiermit beschäftigt ist, sagt man von ihm auf schwedisch: *Han stimm er (Er springt, drängt sich).* Seine Bewegungen sind dann sehr lebhaft, und man sieht ihn oft über die Wasserfläche hinaus nach den kleinen Fischen hüpfen, welche er verfolgt. Bei solchen Jagden macht er immer Querschläge mit dem Schwanze an die Wasserfläche, welche einem Ausspucken ähnlich lauten, welches die Fischer, die den Barsch reizen wollen, sich zu drängen *(stimma),* dadurch nachzuahmen suchen, dass sie mit dem Finger an die Wasserfläche schnellen. Während der übrigen Zeit des Jahres hält er sich immer in der Tiefe auf. Der Barsch ist zähes Lebens und kann lange im Fischbehälter aufbewahrt werden, wenn man diesen in sanft rinnendes Wasser stellt. Diejenigen, welche man in den Scheeren fischt, hält man für schmackhafter als die, welche man aus Binnenseen bekommt.

Hierüber mag Derjenige urtheilen, der das hat, was man feinen Geschmack nennt. Was ich mit Gewissheit weiss, ist, dass die Verschiedenheit des Wassers sehr auf das Aussehen dieses Fisches wirkt. Daher der Stein-Barsch *(Sten-Aborre)* und Sumpf-Barsch *(Dy-Ab.)* der Fischer. In einem kleinen Waldsee, dessen Wasser schwarz aussah, aber sehr klar war, habe ich sehr grosse Barsche angetroffen, welche sehr dunkel von Farbe waren, und ungewöhnlich breite, schwarze Querbänder, ferner dunkelrothe Bauch-, After- und Schwanzflossen hatten. In solchen Seen hingegen, in welchen der Boden thonig und das Wasser minder klar ist, ist dieser Fisch immer blasser und unansehnlicher, weshalb solche auch spottweise *Bottengnidare (Bodenreiber)* genannt werden. Der Barsch wächst, wie man meint, langsam, und freilich laicht er nicht vor dem dritten oder vierten Jahre. Die Brut, welche hier in den Scheeren am Ende des Octobers zum Vorscheine kommt, hat dann kaum die Länge eines Zolls erreicht.

Nahrung: Die vorzüglichste Nahrung des Barsches machen Insecten und Würmer aus. Im Sommer verzehrt er auch kleinere Fische. Dass er, wie La Cépède behauptet, auch Wassermäuse, Eidechsen, Frösche und Schlangen fresse, dürfte noch weitere Beweise verlangen.

Fortpflanzung: In der Mitte, und in gewissen Jahren nicht vor dem Ende des Maies tritt die Laichzeit des Barsches ein. Er begiebt sich dann in grösseren Schaaren an sehr tiefe Ufer, wo sich Schilf, Reisig und scharfe Steine befinden, gegen welche er sich reibt, um sich des Rogens zu entledigen, welcher zusammenhangend ist und dem Froschlaiche gleicht. Dass der Barsch unter dem Laichen die Rogenschnur an ein Reis oder etwas Aehnliches befestige, und darauf einige schnelle Sprünge mache, wodurch das Weibchen die genannte Schnur Stück vor Stück herausziehe, hat man zwar erzählt; aber wie man diese Beobachtung habe machen können, ist schwer zu erklären, da der Barsch nie in niedrigerm Wasser als von 6—9 Ellen Tiefe laicht, und ohne das während des Laichens scheuer ist als gewöhnlich.

Der *Nutzen* dieses Fisches ist in den Haushaltungen sehr ausgedehnt. Vielleicht ist er der schmackhafteste und gesundeste aller einheimischen Fische, denn obgleich er nicht den behaglichen Geschmack des Aals, Lachses u. a. hat, so ist wenigstens so viel ausgemacht, dass er derjenige Fisch ist, welchen man am längsten täglich zu geniessen aushält, ohne dass er dem Geschmacke widerlich wird. Die Römer hielten den Barsch für einen grossen Leckerbissen, und Ausonius nennt ihn eine leckere Speise für die Tafel (*Deliciae mensarum*). Gewöhnlich isst man ihn frisch; man erhält ihn selten in der Menge, um ihn zu salzen oder zu trocknen und auf die Weise für die Zukunft aufzubewahren. Wenn dies mitunter geschieht, so verliert er allezeit sehr an seinem Wohlgeschmack. Die Schuppen sind hart und scharf, auch nach dem Kochen, und werden für gefährlich zu verzehren gehalten. Aus der Haut wird ein sehr starker Leim auf die Weise bereitet, dass man die Häute erstlich trocknet, alsdann in kaltem Wasser aufweicht, die Schuppen abschabt und die Häute in eine Ochsenblase legt, welche so stark zugebunden wird, dass kein Wasser hineindringen kann. An die Blase befestigt man einen Stein, legt sie dann in einen Grapen mit Wasser und kocht dies so lange, bis die Häute sich aufgelöst haben. — Die Schuppen fasste man vormals in Ringe und anderen Schmuck. Vor einigen Jahren brauchte man sie bei Stickereien auf Bändern, Ridicülen u. s. w.

Fang: Im allgemeinen angelt man den Barsch sowohl im Sommer als im Winter, im ersteren gewöhnlich mit der Ruthe und mittelst eines Regenwurmes, kleinerer Fische oder von der harten Schaale entblösster Krebsschwänze als Lockspeise, während des Winters mit der sogenannten *Winter-Angel.* Diese besteht aus der gewöhnlichen Angelleine, an welcher ein von Zinn oder Blei in der Gestalt eines kleinern Fisches verfertigter Haken befestigt ist. Am schmälern Ende, welches den Schwanz vorstellen soll, schmilzt man einen gewöhnlichen Angelhaken ein, an welchem ein kleiner rother Lappen befestigt wird. Zum Köder bedient man sich entweder eines Stückchens Speck, oder eines Barschauges. Die grösste Menge Barsche bekommt man indessen zur Laichzeit in Reusen, welche an den Laichstellen des Fisches eingesenkt werden. Während des Sommers, nach beendigter Laiche, wird er auch im sogenannten Nachtnetze *(Läggnät)* gefangen, welches dann auf seichten Stellen oder an steinigen Vorgebirgen ausgestellt wird. Wenn er sich drängt *(stimmar)*, wird er entweder durch einen dreieckigen Lappen, welcher aus einem Barschbauche geschnitten wird, oder auch durch einen Streifen getrockneter und in der Form eines kleinen Fisches geschnittener Aalhaut geangelt. An einigen Orten wendet man zum Barschfischen den sogenannten *Huggkrok* an. Da diese Art der Fischerei belohnend und wenig bekannt ist, dürfte eine nähere Beschreibung derselben hier zweckmässig seyn. Sie wird nur im Herbste am Ende des Augusts auf Steingrund und an bergigen Vorufern angestellt; die Angel, welche dazu angewandt wird, ist von Blei, in der Gestalt eines Fisches verfertigt und etwa 3 Zoll lang; an beiden Seiten ist ein ziemlich grosser Haken von Stahldrath angebracht. Dieser Haken wird, nachdem er wohl gereinigt und blank gemacht worden ist, an einer gewöhnlichen, starken Angelleine befestigt. Der Fischer sitzt einsam in seinem Fahrzeuge, welches er durch eine gewisse Bewegung der Ruder auf einem Puncte fest hält, lässt die Angel bis auf den Grund ins Wasser, und zieht sie mehrmals plötzlich in die Höhe, sobald sie den Boden erreicht hat. Der Barsch, welcher die blinkende Angel für einen wahren Fisch hält, springt hervor, um diesen zu haschen, und bleibt an den vorspringenden Haken hangen. Bisweilen haut man auch den Barsch mit der sogenannten Fischgabel bei Feuer in den Herbstnächten. Grössere Individuen beissen oft auch an die schlafende Angel, die Ruthenangel und die Darge, wenn diese Fischereien für Hechte angestellt werden.

Der Zander (*Perca Lucioperca* Linn.).

Artkennzeichen. Körper wenig zusammengedrückt, am breitesten in der Mitte, gezeichnet mit unregelmässigen, dunklen Flecken; zwei grosse Zähne in der Spitze der obern und zwei in der der untern Kinnlade.

R. 14—23, Br. 15, B. 6, A. 14, Schw. 17.
Länge 19 Zoll, Breite 8 Zoll.

Perca Lucioperca Linn. Syst. Nat. I. p. 481. Fn. Sv. p. 118. — Retzii Fn. p. 336. Gmel. Syst. I. 3. p. 1308. — *Perca pallide maculosa, duobus dentibus maxillaribus utrinque majoribus.* Art. Gen. p. 39. Sp. p. 76. Syn. p. 67. — *Der Zander,* Bloch, Fische Deutschl. II. S. 81. T. 51. — *Le Centropome Sandat,* La Cépède, Hist. nat. des Poiss. T. IV. p. 255. — *Le Sandre commun,* Cuv., Hist. des Poiss. T. II. p. 440.

Namen: Der Zander, Sander, Sandbarsch u. s. w. (*Schwed.* Gös).

Beschreibung: Körper langgestreckt, dick, etwas zusammengedrückt, am breitesten in der Mitte, und sowohl nach dem Kopfe als dem Schwanze allmählig verschmälert. Rücken vom Kopfe an etwas aufsteigend, nachher gerade zwischen dem Kopf und der ersten Rückenflosse, mit einer etwas eingedrückten Furche aussen nach der Mitte hin. Kopf zugespitzt und abgerundet. Brust ziemlich platt. Bauch abgerundet. Mund mittelmässig, fast nicht aufsteigend. Kinnladen beinahe gleich lang, doch erscheint die obere, bei geschlossenem Munde, wenn auch unbedeutend, länger. Die untere hat einen Knoten in der Spitze. Zähne in beiden Kinnladen, in der obern zwei grosse, runde, spitzige und wenig einwärts gebogene, welche in dem vordern Rande der Kinnlade befestigt sind, und vor die untere Kinnlade treten, wenn der Mund geschlossen wird, zwischen und neben welchen nur zwei kurze sich befinden; der übrige Zwischenraum ist glatt. Hinter jenen steht eine Reihe kleinerer, grösserer und kleinerer unter einander, etwas breiter und sehr einwärts gebogener Zähne. In der Spitze der Unterkinnlade sitzen ebenfalls zwei fast gerade Zähne durch einen grössern Zwischenraum getrennt, welche beim Schliessen des Mundes in zwei Löcher innerhalb des vordern Randes der Oberkinnlade treten. Hinter diesen befindet sich im Rande der Unterkinnlade eine Reihe kleinerer Zähne, welche sich unter einander in Rücksicht der Grösse noch unähnlicher sind als die ihnen in der Oberkinnlade entsprechenden. Im vordern Theile des Gaumens stehn zwei grosse Zähne mit 2—3 kleineren zwischen ihnen, und zu beiden Seiten derselben liegen zwei etwas breite und parallele Reihen, eine an jeder Seite. Diese bestehen aus feinen Kardenstacheln ähnlichen Zähnen. Uebrigens ist der Gaumen, so wie die Zunge, glatt. Im Schlunde finden sich 8 kleinere, gezähnte Knochen, von denen 2 längliche unten und 2 kleinere oben sitzen, die in 2 längliche und deutlich getrennte vereinigt sind. Augen etwas länglich, mit runder Pupille, hervorragend und an den Seiten des Kopfs liegend. Nasenlöcher gross, offen, haben eine doppelte Oeffnung und liegen den Augen näher. Die obere Oeffnung kann durch einen Deckel verschlossen werden. Schuppen scharf und hart. Seitenlinie gerade, dem Rücken näher. Erste Rückenflosse fängt mitten über dem Anfange der Bauchflossen an, ist bogenförmig und durchsichtig, mit 14 Strahlen. Diese sind ungetheilt und rund mit scharfer Spitze, welche etwas über die Flossenhaut hinausragt. Der erste ein sehr kurzer Zacken, der andere halb so lang als der dritte, der sechste und siebente die längsten. Die zweite Rückenflosse fängt über dem After an und hat 23 Strahlen. Die 3 ersten ungetheilt mit Zackenspitzen, die übrigen an der Spitze ästig. Der erste ein kurzer Zacken, der zweite halb so lang als der dritte, der vierte der längste, die übrigen nach und nach kürzer. Brustflossen, welche weit nach vorn sitzen, haben jede 16 Strahlen; der erste und zweite ungetheilt, die übrigen ästig, der mittelste der längste. Bauchflossen jede mit 6 Strahlen. Der erste ungetheilt, die übrigen sehr ästig, der mittelste der längste. Afterflosse abgerundet, mit 14 Strahlen; der erste und zweite ungetheilt, die übrigen an der Spitze ästig. Schwanzflosse gespalten, mit 17 Strahlenbüscheln.

Farbe: Kopf oben graulich schwarz. Rükken dunkelgrau mit schwarzen, unregelmässig gestellten Querflecken, welche an den Seiten wenig über die Seitenlinie hinab laufen. Die Seiten werden nach unten gegen den Bauch heller und heller, zuerst blaugrau auf messinggelbem Grunde, dann messinggelb bis gegen den Bauch, welcher silberweiss ist. Die erste Rückenflosse ist bläulich, mit länglichen, der Länge nach laufenden schwarzen und gelbgrauen Flecken. Die zweite Rückenflosse ist graulich, mit kleineren, schwarzen und gelblichen Flecken. Schwanzflosse dunkler blaugrau. Brustflossen weissgrau. Bauchflossen schmutzig weiss, mit schwarzgrauen Puncten. Eben so die Afterflossen. Iris silberfarben mit etwas Messinggelb und Schwarz schattirt, besonders am obern Rande.

Aufenthaltsort und Lebensweise: In den grösseren Binnenseen im mittlern und südlichen Theile Scandinaviens kommt der Zander, obgleich nicht sonderlich zahlreich, ausgenommen an einigen wenigen Stellen, vor, doch ist er in den Scheeren der Ostsee zu den sehr seltenen zu rechnen. In tiefem, klarem und reinem Wasser, in welchem sich Steingrund oder in Ermangelung dessen Sandgrund findet, hält er sich am liebsten auf. Ueber Thongrund, wo das Wasser leicht trübe wird, trifft man ihn, nach meiner Erfahrung, nie an, und wenn dies bisweilen geschieht, so ist es wenigstens höchst selten und nur zufällig. Seine Gemüthsart ist träge, und verräth so wenig Klugheit, dass davon das Sprichwort: ***Dum, som en Gös (Dumm, wie ein Zander)*** entstanden ist. Seine Bewegungen im Wasser sind auch schwerfällig und ungelenk. Wenn er merkt, dass er gefangen worden ist, und einen oder den andern verunglückten Versuch, zu entschlüpfen, gemacht hat, überlässt er sich einer solchen Sorglosigkeit, dass man ihn oft auf dem Wasser, mit dem Bauche nach oben, schwimmen sieht. Sobald er aufgefischt worden ist, bläst er die Luft aus der Schwimmblase. Diese Operation bewirkt einen Laut, welcher dem Rülpsen gleicht. Gewöhnlich stirbt er auch in demselben Augenblicke. Die Fischer pflegen deshalb, sobald er in das Boot gezogen worden ist, seinen Schwanz dicht an der Flosse mit einem Messer zu durchstechen, damit das Blut ablaufe und das Fleisch dadurch nicht allein weisser, sondern auch schmackhafter werde. Der Zander wächst schnell und wird bedeutend gross. Der grösste, welchen ich gesehen habe, wog 12 Pfund, er soll aber mitunter 1 L.-Pfd. (schwed.) schwer werden *). An Gefrässigkeit giebt er seinem nahen Verwandten, dem Barsche, wenig nach, und sowohl durch seine Raubgier, als durch seine stark bewaffneten Kinnladen scheint er sich dem Hechte zu nähern, weswegen Conrad Gesner, welcher den Zander zuerst beschrieb, ihm den Namen *Hecht-Barsch (Lucio-Perca)* gab. Merkwürdig ist es, dass dieser Fisch nicht so zahlreich ist, als man nach der Anzahl seiner Eier

*) Wolgaster Fischern zufolge wird von ihnen der Zander bis zu 16 Pfund schwer gefangen. Sie fangen auch oft grosse Mengen dieses Fisches und verfahren dieselben bisweilen in strengen Wintern bis nach Hamburg, wo sie ihnen theuer bezahlt werden.

Cr.

glauben sollte. Weil er fast in demselben Augenblicke stirbt, in welchem er aus dem Wasser genommen wird, kann er nicht wohl versetzt werden *), wenn er eine gewisse Grösse erreicht hat, und eben so schwierig wird es, ihn durch den Rogen fortzupflanzen, weil dieser nicht leicht aus der Tiefe zu bekommen ist, in welcher der Fisch laicht, und wenn man ihn dem laichenden Fische entnimmt, so missglückt fast immer, wenn man ihn auch mit der Milch des Männchens vermischt, der Versuch mit einem solchen **). Im Fischbehälter lebt er nur einen und den andern Tag.

Nahrung: Kleinere Fische, und besonders Stinte, welche sich neben ihm den grössern Theil des Jahres hindurch in der Tiefe aufhalten. Ich habe auch Insecten, Würmer und Gras in seinem Magen gefunden.

Fortpflanzung: Die Ursache, aus welcher die Laichzeit des Zanders ungleich angegeben wird, muss man darin suchen, dass sie ungewöhnlich lange dauert. Davon dürfte die Ursache wiederum die seyn, dass die Laiche nur zur Nachtzeit angestellt wird. Sie fängt schon am Ende des Aprils an und geht oft bis zur Mitte des Junius. Der Zander begiebt sich dann truppweise auf Steingrund in den offenen Buchten, oder steigt gegen steinige oder sandige Vorufer an den Strändern hinan. Nie laicht er in geringerer Tiefe als von 5—8 Ellen. Der Rogen, welcher hell von

---

*) Als dies schon gedruckt worden war, wurde der Vf. von einem Freunde, welcher in einen kleinen See einen Zander von 7—8 Zoll Länge gesetzt hatte, benachrichtigt, dass derselbe drei Jahre darauf gefangen worden wäre und 5 bis 6 Pfund gewogen hätte.

**) Der Verf. hat mehre Versuche in dieser Hinsicht angestellt, welche sämmtlich missgeglückt sind.

Farbe und sehr fein im Vergleich zu dem Fisch ist, wird an Steine oder Wasserpflanzen abgesetzt.

Fang: Im Anfange der Laichzeit, wenn die Nächte noch dunkel sind, wird der Zander mit dem Zugnetze gefangen, wenn die Stellen, auf welchen er laicht, so ebenen Grund haben, dass das Netz dort gezogen werden kann. Die Fischer zünden dann gemeiniglich Feuer am Strande, nicht weit von der Laichstelle, an, in der Vermuthung, dass die Fische sich nach dem Scheine des Feuers hin versammeln werden. Am gewöhnlichsten fängt man ihn jedoch mit dem kleinen Garnnetze, während der Laichzeit sowohl, als auch die übrige Zeit des Jahres hindurch. Die Netze, welche während des Winters für diesen Fisch benutzt werden, sind besonders dazu eingerichtet, haben grosse Maschen und werden von gezwirntem Garne geflochten. Diese werden immer in tiefem Wasser ausgestellt. Von Johannis bis spät im Herbste fängt man den Zander auch mittelst der Grundschnur, an welcher Stinte oder Uekeleie zum Köder benutzt werden, und die man, wenn der Fang ganz belohnend ausfallen soll, lebendig an den Angeln befestigen muss. Bisweilen, wenn auch höchst selten und nur zufällig, beisst er auch an die Angel der Fischergerte.

Nutzen: Unläugbar ist der Zander einer unserer schmackhaftesten Fische. Man geniesst ihn frisch, gesalzen oder getrocknet, in welchem letztern Falle er am häufigsten vor dem Kochen in Lauge gelegt wird. Nach des Barons Cuvier Angabe soll er in Frankreich roh, mit Oel, Salz und Pfeffer verspeist werden. Sein Fleisch ist weiss, fest, ohne kleinere Gräten und behaglich für den Geschmack, besonders sein Schwanz.

Doch behauptet man allgemein, dass man, wenn man ihn täglich isst, bald seiner überdrüssig werde. Das Fett wird vom gemeinen Manne allgemein zu Einreibungen bei rheumatischen Schmerzen, Verrenkungen und ähnlichen Uebeln benutzt.

Anmerkung. Es findet sich hier in den Scheeren eine Abart des Zanders, welche sich in mehrfacher Rücksicht von der eben beschriebenen Art unterscheidet, die aus einem Süsswassersee geholt worden ist. — Die genannte Varietät ist kleiner, nie länger als einen Fuss, mit einem fast runden, gestreckten und zugespitzten Kopfe. Auch die Anzahl der Flossenstrahlen verhält sich anders. Bei jener Abart haben nämlich die R. 15—23, Br. 16, B. 6, A. 13, Schw. 17 Strahlen. Ferner ist die Construction der Strahlen verschieden. Die 2 ersten Strahlen in der zweiten Rükkenflosse sind hier spitzig, und der sechste ist der längste. Der letzte Strahl der Brustflossen ist ungetheilt. Die 3 ersten Strahlen der Afterflosse sind ebenfalls ungetheilt, der erste und zweite mit Zackenspitzen, der dritte mit weicher Spitze. Der grösste Unterschied zeigt sich indessen in der Farbe. Die Abart hat graugelbe Seiten, mit 9 bräunlich schwarzen Querbändern und einigen rundlichen Flecken gegen den Schwanz. Bauch weissgrau oder schmutzig weiss. Der Flecken auf den Flossen sind wenigere, und sie stehn dichter als gewöhnlich. Iris messinggelb mit dunkelgrauem Anstriche. Pupille bläulich und dunkel *).

*) Als ich das Exemplar bekam, nach welchem die Beschreibung in der obigen Anmerkung gemacht worden ist, sah ich es für eine blosse Varietät des gewöhnlichen Zanders an, welche durch die verschiedene Beschaffenheit des Wassers entstanden wäre, und verglich es nur flüchtig mit der Beschreibung, welche ich vorher von demselben Fische ge-

Gattung Kaulbarsch (*Acerina* Cuv.).

Die Kaulbarsche, welche vormals zum Barschgeschlechte (Perca) gerechnet wurden, unterscheiden sich von demselben besonders dadurch, dass *die beiden Flossen des Rückens zu einer verwachsen sind, und dass der Kopf, welcher eiförmig und wenig zusammengedrückt ist, eine Menge Gruben hat.* In der Lebensweise haben diese Gattungen viel Uebereinstimmendes. Beide leben in klarem, am liebsten in fliessendem Wasser, laichen in der Tiefe und fast zu *einer* Zeit. Der Kaulbarsch scheint sich jedoch vorzugsweise in süssem Wasser aufzuhalten, auf steinigem oder sandigem Boden, nie, oder nur zufällig, zwischen Gras. Ausserdem ist er minder scheu und viel zäheres Lebens als der Barsch, scheint auch besonders die Gewässer nördlicher Länder zu seinem Aufenthaltsorte gewählt zu haben.

Der Kaulbarsch (*Acerina vulgaris* Cuv.).

Artkennzeichen. Rücken mit zwei zusammengewachsenen Flossen. Kopf eiförmig, wenig zusammengedrückt, voll Gruben. Afterflosse mit 7 Strahlen, deren zwei erste mit Zackenspitzen versehen sind.

R. 27, Br. 15, B. 6, A. 7, Schw. 15.

Länge $5\frac{1}{2}$ Zoll, Breite $1\frac{6}{8}$ Zoll.

---

macht hatte. Ich hatte damals noch nicht Cuvier's Hist. nat. des Poissons gesehn, in deren zweitem Theile, p. 420, eine Art des Zanders (Lucioperca marina, Cuv.) vorkommt, welche, wie ich vermuthe, mit der hier beschriebenen identisch ist. Um von der Richtigkeit dieser Vermuthung völlig überzeugt zu werden, sind genaue Untersuchungen erforderlich, deren Resultate ich in der Folge zu liefern hoffe.

Perca cernua Linn. Syst. Nat. I. p. 487. Fn. Sv. p. 118. — Retzii Fn. p. 338. — Gmel. Syst. I. 3. p. 1320. — *Perca dorso monopterygio, capite cavernoso,* Art. Gen. p. 40, Sp. p. 80, Syn. p. 68. — *Der Kaulbarsch,* Bloch, Fische Deutschl. II. p. 75. Tab. 53. Fig. 2. — *L'Holocentre Post,* La Cépède, Hist. nat. des Poiss. T. IV. p. 357. — *La Gremille commune,* Cuv. Hist. nat. des Poiss. T. III. p. 4. pl. 41.

Namen: Kaulbarsch, Kaulhaupt, Kaalpärsch, Postbars, Schwoll etc. (*Schwed.* Gers, Snorgers, Snorluf, Skattbonde, Hork).

Beschreibung: Körper dick, aber zusammengedrückt. Rücken sich etwas erhebend, zu einer scharfen Kante zusammengedrückt. Brust und Bauch platt. Zwischen der After- und Schwanzflosse ist der Körper auch platt. Kopf eiförmig und etwas zusammengedrückt; Stirne platt, mit 3 länglichen Vertiefungen, Schnauze schräg niederlaufend von den Nasenlöchern, um welche mehre Gruben stehn, so wie auf dem obern Kiemendeckel und dem Unterkiefer. Mund mittelmässig, wenig aufsteigend, mit längerem Oberkiefer. Zähne, mehre Reihen sehr feiner in beiden Kinnladen und dem vordern Theile des Gaumens. Im Schlunde finden sich ausserdem 4 gezähnte Knochen, 2 auf der obern und 2 auf der untern Seite. Nasenlöcher gross, mit doppelter Oeffnung, liegen dem Auge näher als der Schnauze. Augen gross, etwas länglich, mit runder Pupille. Die Seitenlinie fängt am obern Rande der Kiemenöffnung an, liegt dem Rücken näher und folgt parallel dessen Krümmung. Schuppen hart, scharf und sehr festsitzend. Körper mit einem zähen Schleime überzogen *).

*) Artedi glaubte, dieser Schleim flösse aus der Nase.

Die Rückenflosse, welche über der Ansatzstelle der Brustflossen anfängt und sich vor dem Ende der Afterflosse endigt, hat 27 Strahlen; von diesen sind die ersten 14 einfach und an der Spitze scharf, die übrigen 13 an der Spitze ästig. Der erste und zweite die kürzesten, der vierte, fünfte und sechste die längsten. Brustflossen, jede mit 15 Strahlen, welche alle an der Spitze getheilt sind, und deren mittelster der längste ist. Bauchflossen, jede mit 6 Strahlen. Der erste ungetheilt, kurz und scharf, die übrigen an der Spitze sehr ästig, der dritte der längste. Die Afterflosse hat 7 Strahlen, von denen die 2 ersten ungetheilt, mit scharfer Spitze, sind, die übrigen an der Spitze ästig, der dritte und vierte die längsten. Schwanzflosse, wenig gespalten, hat 15 Strahlen, ausser den kleineren an den Seiten.

Farbe: Kopf oben und Rücken graubraun, der letztere mit kleinen schwarzen Flecken bestreut. Seiten weniger gefleckt, gelbgrau mit Messingglanz. Bauch weissgelb, Brust silberweiss, wird röthlich, wenn der Fisch todt ist. Rückenflosse durchsichtig, gelblich, mit schwarzen, reihenweise zwischen die Flossenstrahlen gestellten Puncten. Brustflossen graugelb, mit feinen, dunklen Puncten, welche Querbänder bilden. Bauchflossen beinahe weiss, ohne Flecken, ebenso die Afterflosse, welche jedoch einen oder den andern Flekken hat. Schwanzflosse graugelb mit dunklen Flekken, welche Querbänder bilden. Iris messinggelb, mit einem dunkeln Flecken über der Pupille, welche schwarzblau ist.

Anmerkung. Wenn der Kaulbarsch eine Weile aus dem Wasser gewesen ist, verändert sich die Farbe. Sie bekommt dann mehre Abänderungen, besonders auf dem Kopfe, von blau und grün. Die silberweisse Brust bekommt das Ansehn von Perlmutter und wird am Ende rosenroth.

Aufenthaltsort und Lebensweise: Der Kaulbarsch kommt ziemlich allgemein in Scandinavien vor und geht ziemlich hoch nach Norden. Er hält sich sowohl im mässig salzigen Wasser der Scheeren, als in Binnenseen und Strömen auf. Jedoch wählt er vorzugsweise solche grösseren Seen, welche tiefes, klares und leise rinnendes Wasser mit Stein- oder Sandgrund haben. Er ist im höchsten Grade gefrässig, gewöhnlich fett, und sein Körper ist mit einem schmutzigen, zähen Schleim überzogen, welcher wie flüssiges Fett aussieht und sein Ansehn noch mehr hebt. Wenn man hierzu seine Gewohnheit nimmt, sobald er aus dem Wasser ist, die Flossen auszuspannen, den Kiemendeckel zu öffnen und gleichsam den Körper aufzublasen, oder, wie man gewöhnlich sagt, sich zu brüsten, so hat man Grund zu der Benennung *Skattbonde* *), mit welcher man ihn oft beehrt. Er hat ein sehr zähes Leben und kann lange lebend erhalten werden, vermehrt sich ziemlich stark, wächst aber nicht sehr schnell, und erreicht gewöhnlich keine bedeutende Grösse. Hier in den Scheeren, wo der Kaulbarsch ziemlich gemein ist, finden sich nicht selten Individuen von 7—8 Zoll Länge. Seine Bewegungen im Wasser sind so lebhaft, dass sie Anlass zu der sprichwörtlichen Redensart: *Quick, som en Gers (munter, wie ein Kaulbarsch)* gegeben haben; aber, ausser unter

---

*) Skatt-Bonde oder Skatte-Bonde wird eigentlich in Schweden ein Bauer genannt, welcher seinen Hof zu eigen besitzt, aber seiner Herrschaft (entweder der Krone, oder einem Edelmanne) von demselben einen jährlichen Zins zu entrichten hat.

Cr.

der Laiche, lässt er diese Lebendigkeit selten sehn. Wenig furchtsam, hält er sich fast beständig am Grunde auf, steht den grösseren Theil des Tages still, und wenn er sich von der Stelle begiebt, so geschieht es gewöhnlich mit hastigen Sprüngen gerade vorwärts. Zur Wasserfläche hinan steigt er, meines Wissens, nie. Ausgenommen zur Laichzeit trifft man diesen Fisch selten auf einer Stelle zu mehren an. Sie leben immer zerstreut, kommen zeitig im Frühjahre an steinige und tiefe Strände und Flüsse, bringen dort den Sommer zu und begeben sich spät im Herbste in die Tiefe, wo sie sich während des Winters aufhalten. Doch suchen sie nie das tiefste Wasser und versammeln sich da, wo sie ihren Winterstand gewählt haben, nicht in Schaaren.

Nahrung: Wenn gleich der Kaulbarsch zu den Raubfischen gehört, so habe ich doch keine kleineren Fische im Magen der von mir geöffneten gefunden. Seine eigentliche Nahrung besteht in Crustaceen und Würmern. Man beschuldigt ihn auch, dass er den Rogen anderer Fische verzehre; aber diese Beschuldigung ist noch nicht völlig begründet.

Fortpflanzung: Am Ende des Maies stellt der Kaulbarsch seine Laiche an steinigen und sehr steilen Ufern, und stets in etwas tiefem Wasser an. Der Rogen, welcher sehr fein und von Farbe gelblich ist, wird an Steine oder Sand abgesetzt.

Fang: Eine eigene Fischerei wird, wenigstens hier, um dieses Fisches willen nicht angestellt. Man fängt ihn neben anderen Fischen mit dem Garn- oder Zugnetze das ganze Jahr hindurch. An die Angel beisst er gierig, besonders wenn der Köder auf den Grund gelegt wird.

Nutzen: Hier, wo der Kaulbarsch nie in Menge gefangen wird, benutzt man ihn unter anderen Fischarten zur Speise. Der gemeine Mann setzt jedoch, nicht ohne Grund, viel Werth auf sein Fleisch, welches fest, weiss, wohlschmeckend und leichtverdaulich ist, auch die feineren Gräten nicht hat, welche man gewöhnlich bei kleineren Fischen antrifft. Die geringeren Leute ziehn den Kaulbarsch anderen Fischen vor, nennen ihn *Kungamat (Königsspeise)*, und halten dafür, dass er einen Platz auf dem Tische der Reicheren verdiene, auf welchen er indessen mit Unrecht niemals kommt *). Zur Lockspeise an der Angel für grössere Fische ist er wohl, obgleich sehr zähes Lebens, mit am wenigsten tauglich. In Südermannland wird er wenigstens nie dazu benutzt.

Gattung Lumpfisch (*Cyclopterus* Linn.).

Von dieser Gattung, welche sich durch einen *dicken, plumpen, fast drehrunden und höckerigen Körper mit in einen Kreis verwachsenen Bauchflossen* auszeichnet, besitzt die Fauna Scandinaviens nur *eine* Art. Die Lumpfische halten sich bloss im Meere und in sehr tiefem Wasser auf und besuchen minder tiefe Stellen nur während der Laichzeit, zeigen wenig lebhafte Bewegungen im Wasser und scheinen ein sehr träges und sanftmüthiges Naturell zu haben. Alle leben vom Raube und sollen viele Sorgfalt für ihre Abkömmlinge hegen.

---

*) Hier in Pommern wird er allgemein als einer der wohlschmeckendsten Fische geschätzt und oft theuer bezahlt. Die besten und grössten Kaulbarsche der hiesigen Gegend werden bei Wolgast gefangen.

Cr.

Der Lump (*Cyclopterus Lumpus* Linn.).

Artkennzeichen. Körper eiförmig, hat 7 Reihen eckiger, hornartiger, spitziger und zusammengedrückter Höcker. Bauchflossen in einen Kreis verwachsen.

R. 4—10, Br. 20, B. 6, A. 10, Schw. 13. Länge 6, Breite 4 Zoll.

Cyclopterus Lumpus Linn. Syst. Nat. I. p. 414. Fn. Sv. p. 114. Skånska Resan, S. 188. — Retzii Fn. Sv. p. 327. — Gmel. Syst. I. 3. p. 1473. — *Cyclopterus,* Art. Gen. p. 62. Syn. p. 87. — Sv. Zoolog. No. 52. — *Der Seehase,* Bloch, Fische Deutschl. III. S. 131. Tab. 90. — *Le Cycloptère Lompe,* La Cépède, Hist. nat. des Poiss. T. II. p. 52. Pl. 3. Fig. 1. — *Der gemeine Seehase,* Faber, Naturgesch. d. Fische Islands, p. 49.

Namen: Lump, Seehase, Meerhase (*Schwed.* Lumpfisk, Sjurygg).

Beschreibung: Körper dick, fast drehrund, doch etwas zusammengedrückt, besonders gegen den Schwanz. Rücken bogenförmig und stark zusammengedrückt zu einer scharfen Kante, besetzt mit 5 sehr zusammengedrückten Höckern, und am Ende mit einer Fettflosse, welche 4 Strahlen hat, von denen die 2 mittelsten die deutlichsten sind und sich etwas über die Flosse hinaus erstrecken. Bauch etwas platt abgerundet. Die ganze Oberfläche des Körpers und Kopfes ist mit feinen, scharfen Höckern besetzt, welche die dicke Haut rauh machen. Kopf klein, kurz, oben platt und vor der Nase quer abgestutzt; Stirne breit und platt. Mund ziemlich gross, etwas aufsteigend, mit dicken Lippen. Kinnladen bei geschlossenem Munde gleich lang, bei offenem scheint die untere länger. Zähne fein, von den Kiefern einwärts gebogen. An der Zungenwurzel unten im Schlunde sitzt ein länglicher Knochen mit Kardenstacheln ähnlichen Zähnen, eben so an der obern Seite zwei mit ähnlichen Zähnen, zwischen welche der untere tritt, wenn der Schlund sich schliesst. Die Zunge, ungewöhnlich dick und beweglich, ist ohne Zähne, so wie der knotige Gaumen. Nasenlöcher einfach, röhrenförmig, liegen mitten zwischen den Augen und der Schnauze. Augen mittelmässig, an den Seiten des Kopfes. Die gerade Seitenlinie lässt sich nur mit Mühe entdecken. Der Körper hat 7 Reihen Höcker, 3 an jeder Seite des Körpers und eine auf dem Rücken. Ausser den genannten 5 Höckern auf dem stark zusammengedrückten Rücken sitzt neben dem Ende der Fettflosse ein kleinerer Höcker an jeder Seite, und vor diesem sitzen 4 grössere im Viereck, einem Sterne mit 4 Spitzen gleich. Die erste der Seitenreihen fängt über dem vordern Rande des Auges an, läuft fast in gerader Linie zum Schwanze, und hat 24 Höcker, von denen bei dem beschriebenen Exemplare der achte der grösste ist. Die zweite Reihe fängt beim Anfange der Brustflosse an, läuft ebenfalls zum Schwanze und hat etwa 19 Höcker, von denen der erste, zweite, dritte und vierte gleich gross und die grössten sind. Die dritte Reihe folgt dem Bauche, endigt sich gegen den Anfang der Afterflosse und hat 5 fast gleich grosse Höcker. Ausserdem finden sich auf des untern Kiemendeckels unterem Rande 3 reihenweise gestellte Höcker, von denen der der Brustflosse am nächsten stehende der grösste ist. Der Rücken hat 2 Flossen, von denen die vordere, welche sich mitten über dem After endigt, eine Fettflosse mit 4 ziemlich deutlichen Strahlen ist, deren beide mittelsten etwas über die Haut hinaus gehen. Die zweite Rückenflosse fängt etwas vor dem Anfange der Afterflosse an und endigt sich ungefähr eben so weit vor dem Ende derselben, ist wenig abgerundet und fast abgestutzt, und hat 10 Strahlen, von denen die 2 ersten ungetheilt, die übrigen fast platt, ausser den 2 letzten, und an der Spitze ästig sind. Der erste beinahe halb so lang als der zweite, der dritte der längste; nachher nehmen sie allmählig an Länge ab, bis zu den 2 letzten, welche wenig länger sind als der erste. Brustflossen, gross, haben jede 20 Strahlen, von denen die vorderen die längsten. Bauchflossen zu einem Kranze oder Kreise zusammengewachsen, haben jede 6 Strahlen. Afterflosse, schief abgerundet, fängt ziemlich weit hinter dem After an und hat 10 Strahlen. Von diesen sind nur der erste und letzte ungetheilt, die übrigen mehr oder weniger ästig an der Spitze. Der erste und letzte die kürzesten, der dritte der längste. Schwanzflosse abgestutzt, hat 13 Strahlen, von denen die 4 zu äusserst liegenden, 2 an jeder Seite, einfach, die übrigen sehr breit und ästig sind. Der After, welcher fast in der Mitte des Körpers liegt, hat eine sehr weite Oeffnung.

Farbe: Perlgrau, mit schwarzgrauem Rükken und Flecken an den Seiten von derselben Farbe. Bauch weissgelb. Iris messinggelb, mit dunkelm Anstriche. Flossen grau mit mehr oder weniger Roth an der Spitze. Die Bauchflossen haben die Farbe des Bauchs.

Anmerkung. Wenn der Fisch etwas lange aus dem Wasser gewesen ist, wird er meist schwarz, mit Ausnahme des Bauchs, welcher seine graugelbe Farbe behält. Die Iris wird dann auch silberweiss, welches sie, so lange der Fisch im Wasser lebt, nie ist.

Aufenthaltsort und Lebensweise: In Scandinavien findet sich der Lump sowohl in der Nord- als auch in der Ostsee, kommt am zahlreichsten gegen Norden vor, findet sich aber auch an den Küsten von Schonen. In den hiesigen Scheeren bekommt man ihn nicht so oft und nur während des Sommers, am häufigsten im Maimonate. Er scheint eine stille und einförmige Lebensweise zu führen, bewegt sich mit wenig Lebhaftigkeit im Wasser, befestigt sich mit den kreisförmigen Bauchflossen an harten Körpern und lauert vermuthlich in dieser Lage auf seinen Raub. Der Fisch ist hier selten und sein Aufenthaltsort in der Tiefe, weshalb es mir bisher an Gelegenheit gefehlt hat, über seine Lebensart Untersuchungen anzustellen.

Nahrung: Im Magen der von mir geöffneten Lumpe habe ich Crustaceen, Würmer und Meernesseln (Akalephen) gefunden.

Fortpflanzung: Gegen das Ende des Aprils oder den Anfang des Maies trifft die Laiche dieses Fisches ein, welche in minder tiefem Wasser angestellt wird, als das ist, in welchem er sich gewöhnlich aufhält. Der Rogen, welcher vermuthlich an Gras und Steine auf dem Meeresgrunde abgesetzt wird, ist brandgelb und etwas grobkörnig. Das Männchen soll mit vieler Sorgfalt die befruchteten Eier hüten.

Fang: In den hiesigen Scheeren wird der Lump nur zufällig während der Laichzeit mit dem Zugnetze und besonders mit den Garnnetzen gefangen, welche für den Strömling ausgestellt werden. Bisweilen saugt er sich auch an den Holzstücken fest, welche an dem Strömlingsnetze befestigt werden, um es in einer gewissen Entfernung vom Boden zu halten.

Nutzen: Die wenigen Individuen, welche man hier fängt, werden nie zur Speise verwandt. Man bedient sich ihrer nur als eines Mittels gegen das kalte Fieber. Zu diesem Zwecke wird der Fisch stark in einem Ofen gedörrt und ganz und gar zu Pulver gestossen. Dieses wird zu einem Theelöffel voll auf einmal mit Branntwein genommen. Das Fleisch wird vom Kochen weich, ist immer etwas zähe und nach des Verfassers Geschmack durchaus nicht leckerhaft.

Gattung Liparis Art. Tab. V.*)

Unsere Fauna hat sich lange Zeit nur eine einzige Art von Lumpfischen zugeeignet, nämlich den *Cyclopterus Lumpus* Linn. Des Hrn. Professors Nilsson kürzlich erschienener Prodromus Ichthyologiae Scandinaviae machte uns mit noch dreien bekannt, so dass die Zahl der Arten dieser Gattung, welche in den unsere Halbinsel umgebenden Gewässern gefunden werden, jetzt als auf vier sich belaufend angesehen worden ist. Die in Rede stehende Gattung begreift zwei so verschiedene Formen, dass schon Artedi sich veranlasst fand, sie in eben so viele Abtheilungen zu theilen. Er behielt für die erstere den Namen *Cyclopterus* bei, die andere benannte er dagegen *Liparis*. Zu der letztgenannten Abtheilung, welche sich von der erstgenannten durch *einen langgestreckten und nach hinten stark*

---

*) Aus Mangel an Aufmerksamkeit bei dem Illuminirer ist die dieser Beschreibung in den K. Vetenskaps Acad. Handl. für 1832 beigefügte Abbildung zu blass ausgefallen.

zusammengedrückten Körper mit einer einzigen, langen Rücken- und Afterflosse unterscheidet, gehört der Fisch, dessen Beschreibung ich hier folgen lasse und welchen ich den

bärtigen Lump (*Liparis barbatus*)

nenne.

Artkennzeichen. Körper langgestreckt, vom After bis an die Schwanzflosse stark zusammengedrückt; Rücken-, Schwanz- und Afterflossen vereinigt; die vorderen Strahlen der Brustflossen bartähnlich.

Kiemenh. 7, R. 32, Br. 28, B. 12, A. 32, Schw. 9. Länge von der Kopf- bis zur Schwanzflossen-Spitze 5 $\frac{1}{4}$; Breite innerhalb der Flossen 1 $\frac{1}{4}$ Z.

Cyclopterus Liparis L. Syst. Nat. I. p. 414.*) — Gmelin, Syst. I. 3. p. 1477. — *Liparis,* Artedi, Synon. Appendix, p. 117. — *Der Bartfisch,* Bloch, Fische Deutschl. Tab. 123. Fig. 3. — *Cyclogaster,* Gronovii Museum, 2. 157. — *Cyclopterus gelatinosus,* Pallas, Spicilegia, VII, 3. 1. — La Cépède, Hist. nat. des Poiss. T. II. p. 69. — *Liparis,* Cuvier, Règne anim. T. II. p. 346.

---

*) Dass der Fisch, von welchem hier die Rede ist, mit Linné's Cyclopterus Liparis identisch sei, scheint mir völlig bewiesen, nicht allein durch die Uebereinstimmung beider in der Hauptsache mit der Diagnose jenes Forschers, sondern besonders durch die Vergleichung mit dem Exemplare, welches im Museum der Königl. Akademie d. Wiss. in Stockholm aufbewahrt wird und zufolge der Etiquette von Kamtschatka gebracht worden ist. An diesem sind zwar die langen, bartähnlichen Strahlen der Brustflossen abgebrochen; aber dergleichen ereignet sich nicht selten bei den Fischen, welche längere Zeit hindurch in Weingeist aufbewahrt und weither mit nicht gehöriger Sorgsamkeit transportirt worden sind. Die durch den Weingeist brüchig gemachten Flossen nutzen sich leicht an den Wänden des Gefässes ab.

Beschreibung: (Weibchen) Körper langgestreckt, nach vorn fast eiförmig, doch etwas zusammengedrückt. Rücken gerade, flach abgerundet. Seitenlinie gerade, liegt in gleichem Abstande zwischen Rücken und Bauch. Der letztgenannte ist platt. Haut ohne sichtbare Schuppen, sehr dünn, runzlig und dünn bestreut mit kleinen, runden, weichen Warzen, und mit einem dicken, zähen Schleim überzogen. Kopf mittelmässig, rund, doch etwas niedergedrückt. Wangen angeschwollen; Stirne platt; der obere Kiemendeckel gross, abgerundet, der untere gebildet aus einem dreieckigen, blattförmigen Knochen, welcher, mit einer Haut an jeder Seite, die kleine Kiemenöffnung bedeckt. Schnauze quer abgerundet; Mund gross, wenig aufsteigend; die Lippen haben einen runden Wulst, welcher über die vordere Kante der Kinnladen hinabgeht; Zunge weiss, glatt und gross, füllt fast die ganze Mundhöhle aus. Die Kinnladen, deren obere die längste ist, sind mit mehren Reihen dicht stehender, Kardenstacheln ähnlicher, scharfer und nach innen gebogener Zähne bewaffnet. Im Schlunde sitzen drei gleiche gezahnte Knochen, einer an der untern und zwei an der obern Seite. Die obere Kinnlade hat im Rande acht Löcherchen, und die untere zehn solche, welche in die Lippen eingedrückt, und deren vorderste die grössten sind. Die Nasenlöcher, welche von zwei etwas vorragenden Röhren gebildet werden, sind in beständiger Bewegung beim lebenden Fische, und liegen in gleichem Abstande von den Augen und der Oberlippe; jedes hat nur eine Oeffnung. Augen klein, liegen in der Abdachung des Kopfes. Afteröffnung gross, weit nach vorn. Von den Flossen, welche mit der Körperhaut überzogen sind, fängt die *Rückenflosse* mitten über dem After an, hat 32 weiche, ungetheilte Strahlen, von denen die ersten und letzten die kürzesten, die übrigen fast gleich lang sind. Die *Bauchflossen,* welche vollkommen cirkelförmig verwachsen sind, bestehen aus zwei Cirkeln, von denen der äussere zwölf platte Strahlen, und der innere acht abgerundete, warzenähnliche Höcker hat. Diese beiden Cirkel sind wieder von einem Rande umgeben, welcher den äussern Rand des Cirkels bildet *). *Brustflossen* sehr gross (denen des Seebullen ähnlich) und nach hinten abgerundet; aber von den vorderen sieben Strahlen ist der erste sehr kurz, worauf sie plötzlich an Länge bis zu dem fünften, längsten zunehmen; die zwei diesem folgenden werden kürzer, so dass derjenige Theil der Flosse, welcher von den sieben genannten Strahlen gebildet wird, eine eigene Flosse auszumachen scheint, welche mit der grossen, abgerundeten Brustflosse verwachsen sei. Die oft erwähnten sieben Strahlen sind einfach, sehr fein, und haben, während der Fisch lebt und sich im Wasser bewegt, das Ansehn eines Haarzopfes oder eines Bartes. Die *Afterflosse* fängt in einiger Entfernung hinter dem After an, vereinigt sich mit der Schwanzflosse, hat 28 ungetheilte Strahlen und gleicht vollkommen der Rückenflosse

*) Der Bau dieses Organs war übrigens dem beim gemeinen Lumpe (Cycl. Lumpus) ganz gleich und leistete denselben Dienst. Wurde der Fisch nach seinem Tode, und sogar einige Tage nachdem, dass er in Weingeist gelegen hatte, auf den Bauch gestellt und mit dem Finger mässig auf den Rücken gedrückt, so setzte er sich an dem Körper, gegen welchen er gedrückt worden war, fest. Es ist daher der Bau des Organs, welcher macht, dass es sich durch Andrücken befestigt, und nicht, wie man vermuthet zu haben scheint, durch ein Saugen des Fisches.

in Hinsicht auf Höhe und Form. *Schwanzflosse* schmal, am Ende quer abgerundet, hat neun ästige Strahlen.

Die *Farbe* ist (am lebenden Fische) oben und an den Seiten röthlich grau, mit breiten, unregelmässigen, schwarzen Flecken. Bauch weissgrau. Flossen röthlich, mit schwarzen Querbändern und Flecken. Der vordere, bartähnliche Theil der Brustflossen röthlich, ohne Flecken. Iris braun.

Aufenthaltsort und Lebensweise: Hier in der Ostsee wurde das beschriebene Exemplar am 12ten März 1832 unter 58° 51′ n. Br., und ein anderes in derselben Gegend im Anfange des Novembers gefangen *). Von des Fisches Lebensweise weiss ich nur das Unbedeutende, welches während der Zeit, da ich denselben lebend erhielt, auszumitteln war. Als er aufhörte umher zu schwimmen, befestigte er sich am Boden des Gefässes, in welchem er aufbewahrt ward, und zog den zusammengedrückten Theil des Körpers dicht an die linke Seite, wodurch er stillstehend ein kugelförmiges Ansehen bekam.

Seine *Nahrungsstoffe* sind vermuthlich dieselben der übrigen Lumpfische.

Die *Fortpflanzung* geschieht im Maimonate; wenigstens hatte das hier beschriebene Weibchen flüssigen Rogen, welcher im Verhältniss zum Fische feinkörnig und von Farbe hell karminroth war.

Fang: Von den erwähnten Exemplaren wurde das eine mit dem Eisnetze, das andere mit dem gewöhnlichen Landnetze gefangen.

---

*) Das erstgenannte und hier beschriebene Exemplar ist dem Reichsmuseum überliefert worden; das andere wird in der Sammlung des Hrn. Oberkammerjunkers, Grafen N. Bonde auf Hörningsholm, aufbewahrt.

Bemerkung. Da sich bei den Schriftstellern, welche diesen Fisch beschrieben haben, und die ich Gelegenheit gehabt habe zu vergleichen, einige Verschiedenheiten vorfinden, so glaube ich mich hier über dieselben, und besonders diejenigen von ihnen, welche sich auf die angegebene Anzahl der Flossenstrahlen beziehen, äussern zu müssen. Was diese Anzahl betrifft, so ist Linné und nach ihm Gmelin dem Gronovius gefolgt. Bloch scheint sie selbst gezählt zu haben, und hat auch hier, wie es bei ihm gewöhnlich ist, eher eine zu grosse, als zu kleine Anzahl. La Cépède folgt durchaus Bloch. Eine Verrechnung beim Zählen der Flossenstrahlen kann leicht, und besonders bei diesem Fische vorfallen, bei welchem die Strahlen sehr dicht liegen und wo die Spitzen derselben mit der Körperhaut überzogen sind. Die Bartfäden (*Cirri*) aber, welche Gmelin gefunden zu haben meint, und Bloch bei seiner Abbildung angebracht hat, sind vermuthlich die röhrenförmigen Nasenlöcher, welche, wenn der Fisch etwas lange in Weingeist gelegen hat, zusammenfallen und Fäden gleichen.

Gattung Stör (*Acipenser* Linn.).

Die Kennzeichen, welche die Störe unterscheiden, sind: *ein gestreckter Körper mit mehren oder wenigeren Reihen von Schilden, ein Mund ohne Zähne, unterhalb der Schnauze; die Kiemenöffnung an der Seite.* Ihr Aufenthaltsort sind das Meer und die grösseren Ströme, in welche sie zu gewissen Jahreszeiten sich begeben. Die meisten Arten sind sehr gross.

Der Stör (*Acipenser Sturio* Linn.).

Artkennzeichen. Körper langgestreckt mit 5 Reihen von Schilden und 4 Bartfäden unter der Schnauze. Afterflosse mit 24 Strahlen.
R. 40, Br. 36, B. 26, A. 24, Schw. 24.
Länge 3 Ellen 5 Zoll; Breite 12 Zoll.
Gewicht 5 L.-Pfd. (schwed.).

Acipenser Sturio Linn. Syst. Nat. I. p. 403. Fn. Sv. p. 108. — Retzii Fn. p. 309. — *Acipenser corpore tuberculis spinosis aspero.* Art. Gen. p. 65. Syn. p. 91. — Gmel. Syst. I. 3. p. 1483. — *L'Acipensère Esturgeon.* La Cépède, Hist. nat. des Poiss. T. I. p. 411. pl. 20. Fig. 1. — *Der gemeine Stör,* Faber, Naturg. d. Fische Islands S. 46.

Namen: (Deutsch und schwed.) Stör.

Beschreibung: Körper gestreckt, hat 5 Reihen von Schilden. Die erste Reihe läuft den Rükken entlang. Die Anzahl der Schilde in dieser ist 12, deren 9 erste 5-eckig, mit einer zusammengedrückten Spitze in der Mitte, sind. Der zehnte ohne Spitze. Der elfte ist in der Mitte gleichsam eingeknickt und dadurch der Länge nach in 2 getheilt. Der zwölfte ist länglich, mit einer stumpfen Spitze, welche gegen die Rückenflosse ansteigt. Zwischen der Rückenflosse und dem Schwanze liegen in derselben Reihe 5 Schilde, von denen der erste ganz, die übrigen auf dieselbe Art wie der elfte getheilt sind. Die zweite Reihe der Schilde macht die Seitenlinie aus, und liegt fast in gleichem Abstande zwischen Rücken und Bauch, erhebt sich aber etwas über der Brustflosse gegen den Kopf, und hat 30 dreieckige Schilde mit einem stumpfen Winkel in der Spitze. Die mittelste oder dritte Reihe läuft zwischen den

Basen der Brust- und Bauchflossen und hat 10 viereckige Schilde mit einem spitzigen Winkel in der Spitze. Bei den Bauchflossen hören die zweite und dritte Schildereihe auf und laufen auf die Weise zusammen, dass 8 kleine Schilde, welche um den After liegen, sich hinter demselben zu einer dreifachen Reihe vereinigen, in welcher die 2 vorderen Schilde sich in zwei theilen; zwischen der After- und der Schwanzflosse befinden sich nach der Länge getheilte und ein länglicher Schild von da bis nach der Schwanzflosse. Der Körper ist scharf, ohne Schuppen, mit einer schwarzgrünen, klebrigen Feuchtigkeit überzogen. Kopf gross. Stirne platt mit zwei erhöhten Rändern, welche sich bis zu den Nasenlöchern erstrecken. Schnauze niedergedrückt, hat auf der untern Seite eingedrückte, sternförmige Tüpfel und geht weit über den Mund hinaus, welcher unter den Augen liegt, die Oeffnung nach der Quere hat, und eingezogen und vorgeschoben werden kann. Die Lippen werden von einem Knorpel gebildet und sind fast gerade. Zwischen ihnen liegt ein runder Lappen an jedem Ende, welche beiden die Mundwinkel verschliessen, wenn der Mund zugedrückt wird. Zähne fehlen ganz. Unter der Schnauze, ihrer Spitze näher als dem Munde, sitzen 4 Bartfäden in einer Querreihe und einiger Entfernung von einander. Kiemenöffnung halbmondförmig, an der Seite des Körpers. Augen klein, an den Seiten des Kopfs. Nasenlöcher den Augen viel näher als der Schnauzenspitze, haben eine doppelte Oeffnung, eine obere runde und eine untere halbmondförmige. Die Rückenflosse, welche ihren Ansatz sehr weit nach hinten am Körper hat, besitzt 40 mit Mühe zu zählende Strahlenbüschel; der achte Strahl ist der längste. Die sehr ausgeschnittene

Flosse fängt mitten über dem Zwischenraume zwischen After und Afterflosse an und endigt sich über dem Ende der letztern. Die Brustflossen haben 36 Strahlen, von denen der erste der längste, sehr breit ist und aus mehren zusammengewachsenen Strahlenknochen zu bestehen scheint. Die Bauchflossen haben ihre Wurzel etwas vor dem After und jede 26 Strahlenbüschel. Die Afterflosse, mitten zwischen dem After und der Schwanzflosse, endigt sich unter dem Schlusse der Rückenflosse, ist etwas eingeschnitten und hat 24 Strahlen. Die Schwanzflosse, halbmondförmig, mit oberem sichelförmigem, doppelt so langem Lappen als dem untern, hat ungefähr 24 Strahlenbüschel, welche zu zählen fast unmöglich ist.

Farbe: Rücken dunkel graubraun mit Metallglanz. Seiten grau mit wenigem Messinggelb. Bauch weissgelb. Rücken- und Schwanzflosse haben die Farbe des Rückens. Die übrigen Flossen hell an der obern Seite nach der Basis hin, an der untern dunkel, besonders gegen die Spitze. Iris messinggelb.

Aufenthaltsort und Lebensweise: Der Stör gehört ausschliesslich dem Meere und den grösseren Flüssen an, welche sich in dasselbe ergiessen. In den hiesigen Scheeren kommt er höchst selten vor, und nur während des Sommers im Mai und Junius. Kleinere Individuen von 1—2 Fuss Länge erhält man jedoch öfters im Herbste in den tieferen Strömen. Dieser Fisch hat eine sehr träge und sanfte Gemüthsart. Wenn er sich gefangen sieht, scheint er über sein Schicksal sehr gleichgültig zu seyn. Wie ein lebloser Klotz lässt er sich, und oft mittelst eines schwachen Zugnetzes, ans Land ziehn. Dann erst, wenn er ans Ufer gezogen worden ist, thut er einen oder den andern verzweifelten Schlag mit dem Schwanze. Diese Schläge bezeugen eine ungewöhnliche Stärke, welche er in diesem Theile des Körpers hat. Unläugbar gehört er zu den grössten scandinavischen Fischen. Der hier beschriebene war etwas über 3 Ellen lang, und vor einigen Jahren fing man hier einen andern, welcher den Angaben nach viel grösser gewesen ist.

Nahrung: Dass der Stör von grösseren Fischen lebe, scheint wenig glaublich, da sein Mund zahnlos ist, und überdas eine solche Lage hat, dass der Fisch, welchen er fangen sollte, sich unter seines Feindes Kopf befinden müsste, wohin er sich gewiss nicht begeben wird, wenn er voraussehen muss, dass es das Leben gelte. Dass der Stör, wie ältere Schriftsteller behaupten, mit einer schlenkernden Bewegung der Bartfäden kleinere Fische anlockte, sich seinem Munde, in der Meinung, dass jene Fäden Würmer seien, zu nähern, lautet etwas fabelhaft. Vermuthlich nährt er sich von kleineren Fischen, grösseren Crustaceen, Gewächsen u. s. w.

Fortpflanzung: Faber zufolge soll der Stör im April und Mai seinen Rogen in den grösseren Flüssen, in welche er sich in dieser Jahreszeit, um zu laichen, begiebt, absetzen. Der Rogen ist fein, in Verhältniss zur Grösse des Fisches, und sehr dunkel.

Fang: Hier in den Scheeren wird er, wie schon erwähnt worden ist, nur zufällig und selten gefangen. Es geschieht nur in den Flüssen Russlands, dass man diesem Fische sehr allgemein nachstellt und ihn sowohl zur Sommers- als Winterszeit fängt.

Nutzen: Die Störe, welche hier gefangen werden, benutzt man niemals zur Speise. Sie werden gemeiniglich als eine Seltenheit verhandelt und bei Mangel an Käufern ohne weiteres weggeworfen. Kein Fischer hiesiges Orts versteht die Kunst, aus ihrem Rogen den Caviar zu bereiten, welcher in Russland eine belohnende Handelswaare ausmacht.

Gattung Nadelfisch (*Syngnathus* Art.).

Von dieser zahlreichen und höchst merkwürdigen Gattung kommen in Scandinavien nur wenige Arten vor. Sie zeichnet sich aus durch *einen von den Augen an stark in die Länge gezogenen Kopf von cylindrischer Gestalt, in dessen Spitze sich der fast senkrecht eingeschnittene Mund befindet.* Die untere Kinnlade erhält hierdurch das Ansehen eines Deckels, welcher die Mundöffnung verschliesst. *Die Bauchflossen fehlen ganz. Das Athmen geschieht durch zwei Athemlöcher im Nacken.* In Rücksicht der Fortpflanzung hat diese Gattung das Eigene und bei den Thieren durchaus Ungewöhnliche, dass das Weibchen seine Eier (den Rogen) an den Körper des Männchens absetzt, welches sie befruchtet, ausbrütet und während der Entwickelung der Jungen alle Pflichten mütterlicher Fürsorge ausübt. So ist das Verhalten bei allen den Arten, welche hier angetroffen werden. Ich bin geneigt zu glauben, dass diese ungewöhnliche und bisher unbekannte Eigenschaft der ganzen Gattung beiwohne, obgleich ich für jetzt und vermuthlich für immer keine Gelegenheit habe, in der Natur alle zu dieser zahlreichen Gattung gehörenden Arten zu untersuchen. Der an des Männchens Körper abgesetzte Rogen erhält dort seine Entwickelung gewöhnlich in einem besondern Organe, welches zu diesem Zwecke geschaffen ist und seine Lage unter dem Bauche oder unter dem Schwanze, an dessen Basis, hat. Bei der einen und andern Art wird der Rogen an die ebene Oberfläche des Unterleibs des Männchens abgesetzt. Die Nadelfische halten sich nur im Meere auf, gewöhnlich an den Strändern und am Grunde, stellen aber ihre Laiche in der Tiefe (hohen See) an. Ihre Bewegungen im Wasser sind schlenkernd und wenig lebhaft. Insecten und Crustaceen machen ihre eigentliche Nahrung aus. Sie sollen auch den Rogen anderer Fische verzehren.

Die Meernadel (*Syngnathus Acus* Linn.).

(Taf. VI. Fig. 1. Weibchen, Fig. 2. Männchen.)

Artkennzeichen. Braun mit Messingglanz. Körper siebeneckig bis zum After, von da bis zur Schwanzflosse viereckig. After der Spitze des Kopfes näher als der des Schwanzes. Afterflosse mit drei Strahlen.

R. 36, Br. 13, A. 3, Schw. 10.

Gewöhnliche Länge: 9 Zoll.

Syngnathus Acus Linn. Syst. Nat. I. p. 416. Fn. Sv. p. 132. Gmel. Syst. I. 3. p. 1455. — Retz. Fn. p. 312. — *Syngnathus corpore medio heptagono, cauda pinnata,* Artedi Gen. p. 1. Sp. p. 2. Syn. p. 2. — *Die Trompete,* Bloch T. III. p. 144. Tab. 91. Fig. 2. — *Le Syngnathe Aiguille,* La Cépède, Hist. nat. d. Poiss. T. II. p. 39. Pl. 2. Fig. 1.

Namen: Meernadel, Nadelfisch, Trompete, Hornfisch etc. (*Schwed.* Kant-Nål, Snipgädda etc.)

Beschreibung: Männchen: Körper langgestreckt, gleicht dem einer Eidechse, und ist vom Kopfe bis zum After siebeneckig, von da bis zum Ende der Rückenflosse sechseckig, von da aber bis zur Schwanzflosse viereckig. Er ist mit geriefelten und beinahe viereckigen Schilden besetzt, welche, in Rücksicht der Zahl, veränderlich sind. Am gewöhnlichsten sind ihrer vom Kopfe bis zum After 18, von da bis zur Schwanzflosse 36. Kopf sehr langgezogen, mit stark zusammengedrückten und, wie es scheint, an den Rändern verwachsenen Kinnladen. Mund sehr nach oben gerichtet; die untere Kinnlade schliesst die kleine Mundöffnung, wie ein Deckel. Augen fast rund, klein, hervorstehend, liegen ziemlich weit nach hinten an den Kopfseiten und sind mit einer durchsichtigen Haut bedeckt. Die Nasenlöcher haben eine doppelte Oeffnung und liegen dicht bei den Augen. Kiemen geschlossen, haben 2 Strahlenknochen. Ueber diesen ist ein kleines Loch an jeder Seite im Nacken für das Athmen. Nahe dem After fängt das Organ an, in welchem das Männchen die Eier des Weibchens aufnimmt und befruchtet, auch den Rogen und die Jungen während der Entwickelungszeit trägt. Es läuft vom After den Schwanz entlang bis etwas über zwei Drittel der Länge desselben und besteht in einer tiefen, dreieckigen Furche. Die Seitenwände sind etwas auswärts gebogen, so dass der Schwanz des Fisches, von der untern Seite angesehen, bis nahe an das Ende der Flosse eben so breit und bisweilen breiter als der übrige Körper erscheint. Auf dem Boden der Furche liegt stets ein schleimichter Stoff, welcher macht, dass jener flach aussieht, obgleich er einen spitzen Winkel gegen die Seitenwände bildet. Die Furche wird von zwei gegen einander der Länge nach liegenden, dünnen Deckeln bedeckt, welche, wenn die Furche voll ist, ihre beiderseitigen Ränder genau an einander legen. Dieses merkwürdige Organ verändert sich nach dem Verhalten, in welchem sich der Fisch befindet. Gegen den Frühling, im Aprilmonate, wo die Laichzeit des Fisches herannaht, schwellen die genannten Deckel an, werden dick und abgerundet; die Furche füllt sich dann auch bis zum obern Rande mit einem weissen Schleim an. Während des Spätherbstes, und besonders während des Anfangs des Winters, sind die Deckel dünn, schlaff und in die Furche eingefallen, welche dann gewöhnlich beinahe leer ist, ausser dass der Boden mit etwas Schleim bedeckt ist, welcher ihm nie fehlt. In der Weite erleidet das Organ nie eine Veränderung. Die Schilde, welche die Seitenwände bilden, behalten stets ihre auswärts gebogene Form unverändert. Wenn der Fisch eine kurze Weile aus dem Wasser gewesen ist, so trocknen, oder richtiger ziehen, sich die Deckel zusammen und verlieren viel von ihrer Elasticität, so dass sie die Oeffnung nicht ferner bedecken. Die Rückenflosse, welche über dem After anfängt, hat 36 Strahlen, ist wenig bogenförmig und alle ihre Strahlen sind fast gleich lang, ausser dem ersten und letzten. Alle sind an der Spitze ungetheilt. Die fast runden Brustflossen liegen dem Bauche näher als dem Rücken, sind kurz und haben 13 breite und parallel laufende Strahlen. Bauchflossen fehlen. Die Afterflosse, dicht beim After, hat nur 3 Strahlen. Die rhomboidische Schwanzflosse hat 10 ungetheilte Strahlen.

Das *Weibchen* gleicht vollkommen dem Männchen, ausser dass der Bauch, besonders vor und bei der Laichzeit, grösser ist, dass ihm das beschriebene Fortpflanzungsorgan fehlt und es dagegen einen vom After an viereckigen Schwanz hat. Es erreicht überdies eine bedeutendere Grösse und hat beständig eine hellere Farbe.

Die *Farbe,* welche sich nach dem Alter des Fisches und nach der Jahreszeit, in welcher er gefangen wird, verändert, ist am häufigsten beim *Männchen* graubraun oder hellgrau mit dunkleren Querbändern und schwachem Messingglanze; die Seiten sind heller, und der Unterleib ist schmutzig weiss, bisweilen mit Messingglanz. Das *Weibchen* ist braun, mit dunkleren Querbändern und starkem Messingglanze auf dem Rücken und den Seiten. Unterleib schön messinggelb. Untere Seite des Schwanzes schmutzig weiss.

Aufenthaltsort und Lebensweise: Die Meernadel hält sich nur im Meere auf. An Scandinaviens Küsten kommt sie sowohl in der Nord- als der Ostsee, und an vielen Stellen ziemlich zahlreich vor. Wenn sie sich auch gern an den Strändern in einem minder tiefen Wasser aufhält, so sucht sie doch die Tiefe während der warmen Jahreszeit. Im Herbste, Winter und einem Theile des Frühlings trifft man sie in den Buchten in wenig tiefem Wasser an. Vom Ende des Aprils bis zum Anfange des Novembers ist sie an solchen Stellen seltener, und den ganzen Mai, wie auch einen Theil des Junius hindurch erhält man sie höchst selten, und wenn es geschieht, so wird sie in dieser Jahreszeit immer aus der Tiefe aufgefischt. Von Gemüthsart scheint sie träge und nicht sehr schreckhaft zu seyn. Ihre Bewegungen im Wasser sind steif und verrathen wenig Lebhaftigkeit. Eine bedeutende Grösse erreicht dieser Fisch wohl nicht. Bloch und nach ihm La Cépède sagen zwar, dass er eine Länge von 2—3 Fuss erreiche, und ich will diese Angabe nicht bestreiten, gewiss weiss ich aber, dass er in den hiesigen Scheeren nie über 9 Zoll lang wird. Die Meernadel kommt in weit grösserer

Menge vor, als man nach der geringen Anzahl von Eiern, welche ausgebrütet werden, zu vermuthen Ursache hätte. Wahrscheinlich entsteht die Menge davon, dass der Fisch ein hohes Alter erreicht. In Hinsicht der Art, seine Nachkömmlinge aufzuziehen und zu warten, nähert er sich den Beutelthieren (Marsupialia); in der äussern Gestalt hat er viel Aehnlichkeit mit der Eidechse; im innern Baue weist er sich als Fisch aus.

Nahrung: Diese besteht besonders aus Crustaceen, Insecten und Würmern. Man beschuldigt ihn zwar, dass er auch den Rogen anderer Fische verzehre; aber ich habe bei denen, welche ich geöffnet, auch nicht den geringsten Grund dazu gefunden.

Fortpflanzung: Man hat lange gewusst, dass die Meernadel ihren Rogen und auch die eben ausgebrüteten Jungen unter dem Schwanze trägt; schon Aristoteles hat*) bei dieser Art die bei den Fischen selten vorkommende Eigenthümlichkeit angemerkt, dass die Rogenkörner nicht wie gewöhnlich durch den After, sondern durch eine Spalte am Körper heraus zu treten scheinen. Er verwandte jedoch keine Aufmerksamkeit auf das Organ, welches Eier und Junge während deren Entwickelung einschliesst, sondern nahm an, die Eier erlitten ihre Verwandlung innerhalb der Bauchhöhle, und der Bauch selbst öffnete sich, bei der Verwandlung der Eier, in die Spalte, welche sich hinter dem After befindet. Er scheint deswegen zuerst die lange gehegte Vermuthung geäussert zu haben, dass jene Spalte nicht einem besondern Organ angehöre, sondern durch Zersprengung des Unterleibes von der Grösse der Rogenkörner her-

*) Hist. Anim. L. VI. C. XIII. p. 535.

rühre. Dieselbe Vermuthung verbreitet auch Aelianus *). Plinius führt beinahe Aristoteles's eigene Worte an, nur mit der Abänderung, dass das Zersprengen des Unterleibes durch die Menge der Rogenkörner entstehe. Rondelet **) ist der Erste, welcher bemerkt hat, dass die Eier in ein besonderes Organ eingeschlossen werden.

Selbst der scharfsinnige Artedi, welcher mit seltener Genauigkeit den innern sowohl als äussern Bau aller der Fische, welche er Gelegenheit zu untersuchen hatte, beschreibt, übergeht doch ganz und gar die Anatomie der Syngnathen, und begnügt sich damit, dass er nur den äussern Unterschied zwischen Männchen und Weibchen anführt, welcher Unterschied, vermuthlich nach der Angabe älterer Schriftsteller ohne anatomische Untersuchung angenommen, in so fern unrichtig ist, als das Propagationsorgan, welches der Verfasser Blase (Vesica) nennt, dem Weibchen beigelegt wird, da es doch dem Männchen angehört ***).

Linné folgt treu dem Artedi, richtet aber wenig Aufmerksamkeit darauf, dass Artedi das Organ, in welches die Eier abgesetzt und in welchem sie entwickelt werden, vom Unterleibe trennt, welches dagegen Linné nicht zu thun scheint, indem er sagt, dass der Unterleib bei dem fruchtbaren Weibchen hinter dem After anschwelle und sich der Länge nach öffne ****).

Dr. Hasselquist giebt auch zu, dass für die Eier ein besonderes äusseres Organ da sei, in welchem sie ihre Verwandlung bestehen; setzt

*) Lib. II. Cap. XIII.
**) De Piscibus, T. I. p. 229.
***) Spec. Piscium, p. 3.
****) Syst. Nat. Ed. XII. T. I. p. 417 Nota.

es aber auf die Mitte des Unterleibes, bis an und unter den After fortlaufend. Dass derselbe Schriftsteller dies als eine Geschlechtsverschiedenheit betrachte, erhellt daraus, dass er sagt, es finde sich bei einem und fehle bei dem andern Individuum *).

Dr. Osbeck nennt dies Organ Ovarium und meint, es sei dem Weibchen angehörig, bringt es aber an die rechte Stelle, nämlich hinter den After **).

Gmelin folgt durchaus der Angabe Linné's, beschreibt aber das in Rede stehende Organ etwas ausführlicher, sieht es, wie Linné, als dem Weibchen zugehörig an, und glaubt, es werde während der Fecundationszeit des Weibchens dadurch gebildet, dass die Schilde sich öffnen und Platz für die Eier, während deren Entwickelung, machen, fügt aber hinzu, dass die Oeffnung hinter dem After entstehe ***).

Dr. Bloch ist der Erste, welcher eine ziemlich genaue Beschreibung von dem Organe, in welchem sich der Rogen entwickelt, gegeben hat, ungeachtet er in der Hauptsache Gmelin's Angabe folgt und die alte Meinung, als öffneten sich die Schilde in der Fortpflanzungszeit, festhält ****).

Graf LaCépède folgt dem Dr. Bloch treulich in allen dessen Angaben, wenn gleich auf erweitertere und genauere Weise. Die unbedeutenden Abweichungen, welche sich in den Schriften dieses Gelehrten finden, stützen sich, wie es scheint, hauptsächlich auf fehlerhafte Angaben. So

*) Iter Palaest. p. 407.

**) Ostindisk Resa p. 306.

***) Syst. Nat. I. 3. p. 1454.

****) Oeconom. Naturgesch. Th. III. p. 137.

wie alle seine Vorgänger legt er dem Weibchen von Syngnathus Acus und Syngnathus Typhle alle die Functionen bei, welche recht eigentlich dem Männchen zukommen, und kann sich nicht von der allgemein angenommenen Meinung losmachen, dass der Körper des Fisches während der Entwickelungszeit der Eier eine grosse Veränderung auf der Oberfläche erleide. Er glaubt, dass das Organ, welches er Ovarium nennt, sich auf die Weise öffne, dass die Haut (d. h. die oben beschriebenen Deckel, welche die Oeffnung verschliessen), durch Zersprengung mittelst der Ausdehnung der Eier während ihrer Entwickelung berste, und nimmt davon einen Beweis für die nach Plinius angeführte Meinung, dass die Fische ohne Verlust ihres Lebens oder irgend ein bedeutendes Leiden schwer verwundet werden können *).

Ein Schriftsteller neuerer Zeit (Dr. Goldfuss) glaubt auch, dass die Eier in eine Blase eingeschlossen werden, welche platze, wenn die Jungen Leben bekommen haben **).

So stand die Sache, als die gegenwärtigen Anatomen und Naturforscher mit dem schärfern Blicke und den ausgedehnteren Kenntnissen, welche den grössern Theil der jetzigen Gelehrten auszeichnen, den Bau des merkwürdigen Propagationsorgans dieses Fisches vollständiger und der Natur gemässer untersuchten.

Der grösste Naturforscher unserer Tage, der Baron Cuvier, hat jener Ungewissheit ein Ende gemacht, welche eine so geraume Zeit hindurch

*) Hist. nat. des Poiss. T. II. p. 29.

**) „Ihre Eier entwickeln sich in einem Sack, der sich in der Haut des Bauches oder des Schwanzes bildet, und sich spaltet, um die lebendigen Jungen heraustreten zu lassen." — Grundriss der Zoologie, p. 464.

ein Stoff für viele verschiedene Erklärungen gewesen war. Er sagt*), dass das Organ, in welches die Eier abgesetzt werden, bei einigen Arten unter dem Unterleibe, bei anderen hingegen hinter dem After an der Basis des Schwanzes liege und durch zwei getrennte Deckel verschlossen werde, welche Doppelthüren gleichen. So ist auch das Verhalten des in Rede stehenden Organs wirklich.

Zur Berichtigung der Irrthümer, welche noch bei der Frage über die Fortpflanzung dieses Fisches Statt finden, will ich einige Beobachtungen anführen, die ich Gelegenheit gehabt habe, zu machen.

Die Laichzeit der Meernadel fällt in den Maimonat; da das Männchen gezwungen ist, sein Weibchen aufzusuchen, oder umgekehrt, und da eine ordentliche Paarung zwischen beiden Geschlechtern nothwendig ist, so erfordert die Laiche hier eine längere Zeit, als sonst bei den Fischen im allgemeinen. Schon am Schlusse des Aprils verlassen die Weibchen die Stränder und das seichtere Wasser, um in der Tiefe ihre Laiche anzustellen. Wenn die Laichzeit herannaht, so schwellen die blattförmigen Deckel, welche die Oeffnung des männlichen Marsupiums verschliessen, die Oeffnung füllt sich mehr und mehr mit einem weissen, klaren und dicken Schleime, welcher den Eiern zur Unterlage — vielleicht auch zur Nahrung für die eben ausgebrüteten Jungen? — dient. Wenn diese ausgebrütet sind, betten sie sich in jenen Schleim ein, welcher in dem Maasse abnimmt, in welchem die Jungen heranwachsen, so dass Wenig oder Nichts von ihm übrig ist, wenn die Jungen so

*) Règne animal, II. p. 362. Hist. nat. d. Poiss. I. p. 538.

gross sind, dass sie schwimmen und freiwillige Bewegungen im Wasser ausüben können. Auf welche Weise die Laiche angestellt wird, wird vermuthlich immer unmöglich bleiben, zu beobachten. Wahrscheinlich geschieht die Fortpflanzung, wie schon erwähnt, mittelst Vereinigung der beiden Geschlechter, bei welcher das Weibchen den Rogen an das Marsupium des Männchens absetzt, in welchem er von den erwähnten Deckeln zurückgehalten wird, während das Männchen ihn mit der Samenfeuchtigkeit (der Milch) übergiesst und ihn in die Lage bringt, in welcher er während des Ausbrütens bleiben muss. Die Rogenkörner, welche mit ihren Polen in ordentliche Reihen zusammengefügt sind, so dass sie das Ansehen von Perlenschnüren bekommen, sind im Verhältnisse zum Fische gross und, wenn sie erst ausgeleert werden, gelb, werden aber allmählig weiss und zuletzt wasserklar, mit einem dunkelgelben, feinen Puncte, welcher endlich, wenn die Brütezeit eintritt, schwarz wird und deutlich den Embryo zeigt. Eine Haut, welche die Eier bedecke, habe ich nicht finden können; sie scheint auch überflüssig zu seyn, weil die Eier, von dem Zeitpunct an, in welchem sie abgesetzt werden, bis die Brut entwickelt ist, beständig durch die Deckel geschützt werden, die das Organ zuschliessen.

In der Mitte des Junius kommen diese Fische allmählig von ihren Laichstellen an die Stränder. Am Schlusse des Julius sind bei einigen Individuen die Jungen so ausgebildet, dass sie das Marsupium verlassen und schwimmend dem Vater folgen können *). Andere haben zu derselben Zeit

*) Einen Tag im Julius, an welchem ich bei einem Netzzuge

eben Rogen abgesetzt. Bei einem Weibchen von etwa 8 Zoll Länge habe ich 240 Rogenkörner in den Rogensäcken gezählt. Im Marsupium des Männchens findet man nicht den vierten Theil dieser Anzahl. Es gehn sonach viele unter der Paarung verloren, und man darf nicht aus der Menge der Eier beim Weibchen auf die Fruchtbarkeit dieses Fisches schliessen. Nach dem Verhalten in den hiesigen Scheeren zu urtheilen ist die Zahl der Männchen in Vergleichung mit den Weibchen so beschränkt, dass kaum ein Männchen auf zehn Weibchen gerechnet werden kann. Es lässt sich demzufolge leicht einsehn, dass eine so beschränkte Anzahl von Männchen die Menge des Rogens nicht aufnehmen kann, welche von den ihnen an Zahl so sehr überlegenen Weibchen abgesetzt wird.

Fang: In den Scheeren hier wird die Meernadel in Menge gewonnen, wenn das Zugnetz um anderer Fische willen gebraucht wird, ausser während des Maies und Junius, in welchen Mo-

---

in den Scheeren gegenwärtig war, erhielt ich einen männlichen Syngnathus Acus, der völlig ausgebildete Junge in dem Marsupium hatte. Ich richtete sogleich aus Steinen am Meeresufer einen kleinen Teich zu, in welchen der Fisch gesetzt wurde, so wie er aus dem Netze genommen worden war. Nachdem er eine Weile in dem Teiche hin und her geschwommen war, öffnete er das Marsupium durch eine Bewegung des Schwanzes nach unten, worauf die Jungen, eins nach dem andern, herauskrochen, und unter dem Männchen, wie zu beiden Seiten desselben, herum schwammen, sich jedoch dicht an seinen Körper, nicht weit vom Marsupium, hielten. Sobald ich das Männchen festzuhalten suchte, machte es eine plötzliche Bewegung mit seinem Körper, während deren es sich bogenförmig aufwärts bog, da dann die Jungen sogleich in das Marsupium krochen, wonach sich die Deckel schlossen. Diesen Versuch wiederholte ich mehrmals, und immer benahmen sich das Männchen und die Jungen auf dieselbe Weise.

naten sie die Strände oder das seichtere Wasser selten oder nie besucht. Eine eigene Fischerei bloss ihrethalben wird hier nie angestellt.

Nutzen: Die hier gefangenen Meernadeln werden gewöhnlich auf den Strand geworfen und eine Beute der Krähen. In den Haushaltungen benutzt man sie nicht. Die etwa zufällig von den Scheerenbewohnern nebst anderen Fischen mit nach Hause gebrachten werden stets dem Abgange zum Futter für die Schweine beigemengt. Zum Köder am Angelhaken für den Dorsch u. a. Fische könnte er indessen wohl, Bloch zufolge, angewandt werden. Die Meernadel wird beschuldigt, dadurch zu schaden, dass sie den Rogen anderer Fische verzehre; ich habe aber Grund, diese Beschuldigung für übereilt zu halten.

Die Meerschlange (*Syngnathus Ophidion* Linn.)
(Tab. VI. Fig. 3. Weibchen, Fig. 4. Männchen).

Artkennzeichen. Gelblich grün. Körper schlangenförmig, drehrund, hat nur die Rückenflosse. R. 34.
Länge gewöhnlich 6—9 Zoll.

Syngnathus Ophidion Linn. Syst. Nat. I. p. 417. Fn. Sv. p. 131. Gmel. Syst. I. 3. p. 1456. — Retz. Fn. p. 312. — *Syngnathus teres, pinnis pectoralibus caudaeque carens.* Artedi, Gen. p. 1. Syn. p. 2. Spec. p. 1. — *Die Meerschlange,* Bloch, III. p. 146. Tab. 91. Fig. 3. — *Le Syngnathe Ophidion,* La Cépède Hist. nat. des Poiss. T. II. p. 48.

Namen: Meerschlange, Seenatter (*Schwed.* Hafsnål, Sjönål).

Beschreibung. Weibchen: Körper schlangenförmig, lang, schmal und zusammengedrückt. Unter dem Bauche, in der Mitte, liegt eine schmale und, wie es scheint, von der Haut gebildete, erhöhte, feine Kante. Der Kopf ist minder langgestreckt, als der der Meernadel, schmal und gegen die Spitze stark zusammengedrückt. Der am Ende des Kopfs liegende Mund ist sehr klein, stark aufwärts gespalten, und die untere, bewegliche Kinnlade verschliesst die Mundöffnung, wie ein Deckel. Augen klein, rund, hervorstehend, liegen etwas nach hinten und an der Seite des Kopfes; die Nasenlöcher, welche ihre Stelle nahe bei den Augen haben, beide mit einfacher Oeffnung. Keine sichtbaren Zähne. Die Kiemendeckel sind geschlossen; über ihnen aber stehen zwei Athemlöcher, Nadelstichen gleich, eins an jeder Seite im Nacken. Haut glatt und ohne Schuppen. Der Körper scheint aus Querringen des Fleisches zu bestehn. Der After liegt dem Schwanz etwas näher als dem Kopfe. Der Schwanz endigt sich in eine äusserst feine Spitze, ohne Flosse. Die Rückenflosse, die einzige Flosse, welche sich findet, liegt mitten über dem After und hat 34 fast gleich lange Strahlenknochen. Die *Farbe* ist auf dem Rücken grüngelb, die Seiten fallen mehr ins Gelbe, welches unter dem Bauche noch heller wird. Die erhabene Kante, welche bei dem Weibchen aussen an jenem hinläuft, ist dunkel, fast schwarz und gleicht einem feinen Haare. Aussen an den Seiten laufen vier bläulich weisse Striche, welche von der Farbe des Körpers abstechen. Von ihnen entspringen längslaufende Linien auf den Kiemendeckeln, und an den Seiten reihenweise gestellte, fast runde Tüpfel. Iris silberweiss, mit feinen grauen und grösseren rothen Flecken.

Das *Männchen* gleicht völlig dem Weibchen, ist aber kleiner und hat nicht die erhabene Kante unter dem Bauche, welcher dagegen ziemlich platt und mit mehren, gewöhnlich drei, Reihen von Vertiefungen versehen ist, in denen die Rogenkörner liegen. Diese Vertiefungen sind indessen so flach, dass sie mit unbewaffnetem Auge kaum zu entdecken sind. Die *Farbe* ist bei beiden Geschlechtern gleich, nur mit dem Unterschiede, dass die des Männchens dunkler und schmutziger ist.

Aufenthaltsort und Lebensweise: Gleich der Meernadel hält sich auch diese Art nur im Meere auf und ist noch zahlreicher, wenigstens in den hiesigen Scheeren. Man trifft sie immer in Gesellschaft der Meernadel, deren Aufenthaltsort auch der ihrige ist. Sie scheint jedoch schreckhafter zu seyn und bewegt sich behender im Wasser. Die Grösse beträgt 6—9 Zoll. Im Wasser sieht dieser Fisch (insonderheit kleinere Individuen desselben) wie ein Grashalm aus.

Nahrung: Würmer und Insecten und mitunter kleinere Crustaceen.

Fortpflanzung: Gegen den Schluss des Aprils verlassen die Weibchen die Stränder und das seichte Wasser, um in der Tiefe, vereinigt mit den Männchen, die Laiche anzustellen. Diese geschieht vermuthlich durch Vereinigung beider Geschlechter. Das Weibchen setzt den Rogen an die Unterleibsfläche des Männchens ab; die Rogenkörner, welche im Verhältniss zum Fische ziemlich gross und, eben abgesetzt, goldgelb sind, sitzen auf der Oberfläche des Unterleibes vom Kopfe bis zum After in 2, 3 bis 4 Reihen, nicht gegen einander, sondern im Quincunx (decussatim) etwas in die Haut eingedrückt, vereinigt oder, richtiger, zusammengehäuft in einem dicken Schleime und mit einer so feinen Haut überzogen, dass man sie mit Mühe aufdeckt und sie nicht die leichteste Berührung, ohne zu zerplatzen, erträgt. Wird diese Haut weggenommen, und werden die Rogenkörner vom Unterleibe abgelöst, so hangen diese an einander und gleichen Perlenschnüren. Sobald der Fisch todt ist, fällt der Rogen vom Körper ab, aber der erwähnte Schleim, in welchem die Rogenkörner eingebettet lagen, folgt dann auch mit. Die Rogenkörner, welche von der fast ebenen Unterleibshaut leicht abfallen zu können scheinen, haben dennoch eine dreifache Befestigung, erstlich an der Haut durch den klebrigen Schleim, dann unter einander durch Vereinigung der Pole und endlich durch die über sie gezogene Haut. Das Absetzen der Eier fängt schon mit dem Schlusse des Maies an, geschieht aber nicht auf einmal, sondern dauert eine längere Zeit hindurch; noch am 11ten August habe ich Männchen mit Eiern gesehen. Die Rogenkörner sind, wenn sie abgesetzt werden, von Farbe goldgelb, werden aber nach und nach blasser. In der Mitte des Julius sind die meisten weiss, mit einem gelben Flecken auf dem Theile der Oberfläche, welcher am entferntesten vom Körper ist. Bei einigen hat sich der gelbe Flecken in zwei äusserst feine, schwarze Puncte verwandelt, welche das erste Zeichen des Embryos sind. Man kann sonach mit Sicherheit annehmen, dass die Laichzeit, welche in den ersten Tagen des Maies anfängt, während desselben, so wie den Junius und Julius hindurch, ihren Fortgang hat. Hieraus ersieht man auch den Grund zu der Vermuthung alter Schriftsteller, dass diese Fische ihre Jungen nicht auf einmal hervorbringen, sondern Stück vor Stück. So ist auch das Verhalten, und vielleicht bei der ganzen Gattung, wenn die Rede vom Männchen ist, welches die Jungen zur Welt bringt, nicht von den Jungen selbst. Fast immer trifft man bei dem einen

Männchen eben abgesetzte Eier an, während das andere völlig ausgebildete Junge trägt. Vor dem Mai und nach dem September habe ich indessen niemals Männchen mit Rogen gesehen.

Fang: Das ganze Jahr durch, ausser im Mai, Junius und Julius, erhält man Weibchen in Menge mit dem Zugnetze, welches für andere Fische ausgeworfen wird. Die Männchen dagegen sind höchst selten und werden nie aufgefischt, wenn sie nicht in sehr tiefem Wasser aufgesucht werden, und dies muss dann im Junius oder Julius geschehen. Den übrigen Theil des Jahres hindurch ziehen sich die Männchen noch weiter nach der Tiefe hin und werden dann, wenigstens hier, nie in so seichtem Wasser gefunden, dass man sie durch Netzfischerei erlangen könnte.

Nutzen: Von dieser Art kennt man keinen Nutzen. Man braucht sie nicht einmal zur Lockspeise, sondern wirft sie stets als unbrauchbar weg.

Gattung Aal (*Muraena* Linn.).

Sie zeichnet sich aus durch *einen langen und dünnen Körper, dessen dicke und zähe Haut von einem klebrigen Schleim überzogen ist, in welchem die nur nach dem Trocknen kaum bemerkbaren Schuppen niedergedrückt liegen. Allen Aalen fehlen Bauchflossen und Blinddärme.* Von dieser Gattung, welche in mehre Unterabtheilungen zerfällt, finden sich in Scandinavien eine oder höchstens zwei Arten, welche den eigentlichen Aalen (*Muraena* La Cép.) angehören, die sich von den übrigen Abtheilungen besonders durch die *Rückenflosse* unterscheiden, *welche durch ihr Zusammentreten mit der Schwanzflosse einen spitzigen Schwanz bildet.* Sie gehören zu den Raubfischen, verzehren Insecten, Aas, kleinere Fische und Fischrogen, leben nicht allein im Meere, sondern auch im süssen Wasser, halten sich beständig am Grunde auf, sind scheu und weichen allen schimmernden Körpern, welche auf ihrem Wege liegen, aus. Während der Nacht sind sie in Bewegung und am Tage liegen sie grösstentheils still in Löchern, oder in Schlamm oder Thon versenkt. Auf die letztere Weise bringen sie, und oft zu mehren zusammen in einer Gegend, den Winter, vielleicht in einer Art von Betäubung oder Winterschlaf, hin. Die Fortpflanzungsart ist noch nicht bekannt.

Der Aal (*Muraena Anguilla* Linn.).

Artkennzeichen. Körper vom Kopfe bis zum After drehrund, von diesem bis zum Schwanze zusammengedrückt. Unterkinnlade vorstehend. Br. 17, R., A. und Schw. ungefähr 480. Länge (des unten beschriebenen Exemplars) 25 $\frac{7}{8}$, Breite 1 $\frac{2}{8}$ Zoll.

Muraena Anguilla Linn. Syst. Nat. I. p. 420. Fn. Sv. p. 109. Gmel. Syst. I. 3. p. 1133. — *Ophichthus Anguilla,* Retz. Fn. Sv. p. 311. — *Muraena unicolor, maxilla inferiore longiore,* Artedi, Gen. p. 24. Spec. p. 66. Syn. p. 39. — *Der Aal,* Bloch, III. p. 6. Tab. 73. — *La Murène Anguille,* La Cépède, Hist. nat. d. P. T. II. p. 226. — *Der schlangenförmige Aal,* Faber, Fische Islands p. 59.

Namen: Aal (*Schwed.* Ål, Slukål, Grafål).

Beschreibung: Körper lang, schlangenähnlich, vom Kopfe bis zum After fast drehrund, von diesem bis zum Schwanze zusammengedrückt, welche Zusammendrückung zunimmt, je mehr sie sich der Schwanzspitze nähert, mit feinen Schuppen bedeckt, welche nur sichtbar werden, wenn die Haut getrocknet worden ist. Ausserdem ist der Körper mit einem zähen und schlüpfrigen Schleim überzogen. Der Kopf, dessen Form bei verschiedenen Individuen verschieden ist, ist klein, die Stirne mehr oder weniger platt, die Schnauze etwas breit und von den Augen an stark zusammengedrückt; der Mund mittelmässig gross, mit vorstehender Unterkinnlade. Von den Augen zur Schnauze laufen zwei Vertiefungen, eine an jeder Seite. Diese scheinen die Canäle der Nasenlöcher zu seyn, haben zwei deutliche Oeffnungen, von denen die grössere dicht vor dem Auge liegt *), und die andere, kleinere in derselben Furche mitten zwischen der ersteren und den röhrenförmigen, hohlen Anhängseln, welche am Rande der Oberkinnlade, am Ende des genannten Canals, sitzen. Augen an den Seiten des Kopfes, klein, mit der Körperhaut bedeckt. Zähne klein und fein in beiden Kinnladen, an einem Knochen vorn im Gaumen, an zweien oben im Schlunde und zweien an der untern Seite gegen die Kiemen hin. Kiemen geschlossen. Unter den Brustflossen liegen die Athemlöcher, von einer Haut verschlossen. Die Seitenlinie, welche sich etwas nach dem Kopfe zu biegt, läuft nachher gerade hinab am Körper, in gleicher Entfernung vom Rücken und vom Bauche. After dem Kopfe näher als dem Schwanze. Flossen sind eigentlich nur zwei da. Die Brustflossen haben jede 17 Strahlen, von denen die mittelsten die längsten und an der Spitze ästig sind. Die zweite Flosse, welche Rücken-, Schwanz- und Afterflosse vereinigt begreift, fängt in einiger Ent-

*) Diese hat Artedi entdeckt, zufolge dessen eigener Worte: Hoc Auctoris est inventum.

fernung vom Kopfe an und läuft am Rücken fort, von da um den Schwanz herum und so weiter zurück an der untern Seite bis zum After und hat 482 Strahlen, alle getheilt, ausgenommen die, welche zum Schwanze zu gehören scheinen und an der Zahl ungefähr 80 sind. Wollte man die erwähnte Flosse dem zufolge, was die Construction der Strahlen zu gestatten scheint, eintheilen, so würden auf die Rückenflosse 200, die Schwanzflosse 80 und die Afterflosse 203 Strahlen kommen.

Die *Farbe,* welche zwischen bläulich schwarz und gelblich grau variirt, ist sehr verschieden in Hinsicht auf das Alter und das Wasser, in welchem sich der Fisch aufhält. Bei dem beschriebenen Exemplare waren der Rücken und ein Theil der Seiten dunkelgrün, der Untertheil und ein Theil des Kopfes an der untern Seite weissgrau mit schwach messinggelbem Anstriche. Die Flossen hatten alle die Farbe des Rückens. Iris rothgelb mit Metallglanz.

So sind im allgemeinen die Aale beschaffen gewesen, welche ich aus den scandinavischen Gewässern gesehen habe. Sie sind indessen, wie schon gesagt, in Rücksicht der Gestalt des Kopfes so verschieden, dass sie sogar von den meisten Fischern unterschieden werden, und zwei verschiedene Arten auszumachen scheinen *), so fern nicht die Verschiedenheit nur vom Geschlechtsunterschiede herrührt. Da, ausser dem Kopfe, die Körperform in der Hauptsache dieselbe ist, will ich mich diesmal auf eine vollständige Bezeich-

---

*) So glaubte schon Aristoteles: „Quam autem differentiam maris et feminae anguillae notarunt, scilicet alterum caput habere amplius atque oblongius, alteram, h. e. feminam, repandius, haec non maris ac feminae differentia est, sed generis. Hist. anim. lib. IV. cap. XI. p. 512.

nung der der Vermuthung nach geschiedenen Arten beschränken, von denen ich die erstere nenne:

Den spitznasigen Aal (*Muraena oxyrrhina*).

Artkennzeichen. Kopf sehr spitzig. Schnauze von den Augen an schmal, drehrund und abgerundet. Stirne rundlich erhaben. Unterkinnlade sehr vorstehend. Afteröffnung klein. Flossen dick. Pupillendurchmesser $\frac{1}{4}$ vom Durchmesser des Auges. Iris messinggelb mit schwachem Kupferglanze.

L'Anguille long-bec, Cuvier, Règne animal, T. II. p. 549.

Länge 24$\frac{5}{8}$ Zoll, Breite über dem After 1$\frac{1}{2}$ Zoll. Die Rückenflosse fängt 3$\frac{2}{8}$ Zoll vor dem After an. Raum zwischen den Augen $\frac{3}{8}$ Zoll.

Der plattnasige Aal (*Muraena platyrrhina*).

Artkennzeichen. Kopf etwas zugespitzt, breit. Schnauze von den Augen an breit, stark niedergedrückt, flach. Stirne platt, untere Kinnlade wenig vorstehend. Afteröffnung gross. Flossen dünn. Pupille vom halben Durchmesser des Auges. Iris kupferroth.

Länge 23 Zoll, Breite über dem After 1$\frac{3}{8}$. Die Rückenflosse fängt 2$\frac{2}{8}$ Zoll vor dem After an. Zwischenraum zwischen den Augen $\frac{1}{2}$ Zoll.

L'Anguille plat-bec, Cuvier, Règne animal, T. II. p. 549.

Die *Farbe* ist bei beiden gleich, messinggelb mit olivengrünem Rücken und gelblich weissem Unterleibe. Brust- und Rückenflossen olivengrün. Afterflosse hell gelbgrau bis fast zum Schwanze, wo sie nach und nach die Farbe des Rückens annimmt. Die Anzahl der Flossenstrahlen lässt sich nicht so genau bestimmen, dass man daraus mit irgend einiger Sicherheit die Artverschiedenheit bestimmen könnte.

Anmerk. Derjenige Aal, welchen die Scheerenbewohner *Frisk-Sjö-Ål* (*Süsswassersee-Aal*) nennen, unterscheidet sich von dem spitznasigen Aale nur durch die Farbe, welche bei ihm am Rücken blau, an den Seiten silbergrau, dem Unterleibe weiss, den Brust- und Rückenflossen blau, der Afterflosse bis nahe zum Schwanze weiss ist.

Aufenthaltsort und Lebensweise: Ausser in der Finnmark und dem nördlichsten Theile Norwegens kommt der Aal ziemlich zahlreich in allen Meeren, Strömen und Binnenseen Scandinaviens vor. Sogar in sehr kleinen Waldseen habe ich ihn angetroffen, ausgenommen in solchen kleineren Seen, in welchen sich auch Krebse (*Astacus fluviatilis* Fabr.) in Menge finden, unter welchen er nicht zu gedeihen scheint. Der Aal ist ein Zug-Fisch, welcher in gewissen Jahreszeiten an gewissen Orten fehlen würde, wenn er nicht bei dem Zuge ein und denselben Weg verfolgte. Man hat geglaubt, dass er während der Frühlingszeit, wo seine eigentliche Wanderung vor sich geht, sich in die Flüsse begebe und dem Strome nach dem Meere hin folge, — eine Vermuthung, welche sich auch bei Aristoteles findet*). Diese Angabe ist aber offenbar unrichtig. Wahr ist es, dass der Aal im Frühjahre die Flüsse und Ströme heimsucht, aber er geht eben so oft gegen den Strom, als mit ihm. Dass er nur dem Strome folge, hat man vermuthlich aus dem Grunde angenommen, weil alle grösseren Aalfischereien so angelegt sind, dass der

*) Contra anguillae inde (e fluviis) in mare veniunt.

Aal in die ausgestellte Fischereigeräthschaft hineinströmen soll. Dies geschieht zum Theil daher, dass dieser Fisch sich vom Strome treiben lässt, so wie der Blei und mehre Fische vom Winde oder richtiger vom Sturme. Oft, wenigstens hier, fängt man den Aal in einer solchen Fischereigeräthschaft, deren Oeffnung mit dem Strome läuft. Ich glaube, dass der Aal die Ströme zeitig im Frühjahre suche, weil er dann nach dem Winterschlafe ausgehungert ist, und in jenen reicheren Zugang zur Nahrung findet, sich aber gegen die Fortpflanzungszeit in die Seen treiben lasse, in welchen die Laiche angestellt werden soll. Wenn der Sommer etwas herangerückt ist, so hält er sich an grasigen Strändern auf, an welchen sich Schlamm oder Thongrund findet; selten oder nie trifft man ihn über Stein- oder hartem Sandgrund an. Während des Sommers liegt er den grössern Theil des Tages hindurch im Thon oder Schlamme versteckt, in welchem er sich eine Höhle mit einem oder mehren Ausgängen macht. Bei Nacht ist er in dieser Jahreszeit in Bewegung, um sich Nahrung zu suchen. Nur in der Mitte des Junius ist er sowohl Tags als auch Nachts in Bewegung, welches seinen Grund in Umständen hat, welche weiter unten angegeben werden sollen. Während des ganzen Winters, vom Ende des Novembers bis zur Mitte des Aprils, liegt er, wie schon erwähnt, im Thone versenkt, sehr oft $\frac{3}{4}$ Ellen tief. Die zu der Zeit gefangenen sind immer mager. Die Bewegungen des Aals im Wasser sind schlängelnd und lebhaft. Er scheut Geräusch, und obgleich er sehr häufig bei brausenden Wasserfällen, an welchen Mühlen und ähnliche Einrichtungen angelegt sind, gefangen wird, so muss man dabei bemerken, dass diese Fänge immer vor den Wasserwerken angelegt sind, vor deren Geräusch er erschrecken könnte. Ohnedas ist er dann immer zu weit gekommen, als dass er sich gegen die Gewalt des Stromes an zurückarbeiten könnte; vielleicht bewirkt auch der Geschlechtstrieb, welcher ihn nach der Laichstelle ruft, dass er seine angeborene Furchtsamkeit überwindet. Ein deutlicher Beweis für seine feige Gemüthsart ist, dass er sich sehr vor Gewittern fürchtet und während des Donners immer in Bewegung ist, so dass er, wenn das Gewitter bei Tage ankommt, sogleich seinen Versteck verlässt. Bei solchen Gelegenheiten fängt man ihn am häufigsten mit dem Zugnetze: — ein deutlicher Beweis, dass er dann in Bewegung ist. Alle schimmernden Körper, welche auf seinem Wege liegen, umgeht er sorgfältig, weshalb die Fischer allgemein behaupten, dass, wenn ein Birkenstamm mit seiner weissen Rinde über dem Strome bis an den Grund eingesenkt werde, kein Aal über denselben gehe. Er hat ein sehr zähes Leben und kann, in feuchtes Gras gepackt, ansehnliche Strecken weit, ohne zu sterben, transportirt werden. Wenn er gefangen ist, so strengt er alle Kräfte an, um loszukommen, welches ihm auch bisweilen gelingt, weil, wenn er eine Oeffnung für seinen Schwanz findet, er eben so geschickt rückwärts, als vorwärts, kriecht, theils auch, weil seine schlüpfrige Oberfläche es unmöglich macht, ihn mit blossen Händen festzuhalten. Damit er nicht aus dem Boote krieche, wenn er aus dem Wasser gezogen worden ist, wickelt der Fischer seinen Rockschooss um ihn, fasst ihn darauf mit der Hand nahe am Kopfe und beisst ihn in den Nacken, so dass eine Luxation der Wirbelbeine entsteht, nach weleher Operation er auch gleich stirbt. Der Aal vermehrt sich stark, soll nicht sehr schnell wachsen und erreicht ein ziemlich hohes Alter. Seine Fortpflanzungsart ist noch unbekannt. Vielleicht ist das Weibchen noch von Niemandem gefunden worden, welcher dessen Propagationsorgan hätte untersuchen können*). Dieser Fisch erreicht auch eine bedeutende Grösse. Plinius erwähnt einen Aal, welcher 100 Fuss lang gewesen sei. Der grösste, welchen ich gesehen habe, war etwa 6 Fuss lang. Zu den vielen mährchenhaften Berichten über diesen Fisch rechne ich auch den, dass er Nachts seine Nahrung auf dem Lande suche. Man hat z. B. oft erzählen hören, dass, wenn Erbsen auf Aecker gesäet worden sind, welche am Meerstrande liegen, die Aale hinaufgehn, um von den zarten und noch nicht reifen Erbsen zu essen. Oft habe ich Erbsen auf Aekker am Strande solcher Seen ausgesäet gesehen, in denen sich Aale in Menge befanden, und sowohl am Tage, als in der Nacht solche Aecker besucht, ohne jemals auf ihnen einen Aal anzutreffen. Einmal berichtete mir ein Fischer, dass sich auf einem solchen Acker Aale finden würden, weil er dort auf den Erbsenstengeln eine Menge Schleim gesehen hätte, welche seinem Vermuthen nach von Aalen herrührte, die sich bei ihrem nächtlichen Besuche an jenen gerieben hätten. Ich begab mich sogleich nach der Stelle hin und fand keinen Aal, dagegen aber mehre tausend nackte Schnecken (*Limaces* Linn.), welche den Schleim in der Nacht abgesetzt hatten, jetzt aber

*) Die Möglichkeit, dass das eine Geschlecht einer Fischart Jahrtausende lang unentdeckt bleiben kann, habe ich bei der Beschreibung der Meernadel gezeigt.

zur Erde unter die Erbsen hinabgekrochen waren, um der Sonnenhitze auszuweichen. Ausserdem habe ich keine glaubwürdigen Leute gefunden, welche selbst Aale auf Erbsenäckern gesehen hätten; die Sache war ihnen immer nur von Anderen erzählt worden, und ich lasse demnach die Angabe auf ihrem Werthe beruhen, bis ich etwa ihre Wahrheit von einer glaubwürdigen Person als Augenzeugen bestätigen höre. Man hat auch berichtet, dass Fischer bisweilen Aale in sehr grosser Menge auf einer Stelle in Felsenhöhlen, oder einer ähnlichen, in Bündel zusammengewickelt, gefunden haben. Diese Erzählung halte ich nicht für so ganz unglaublich; die Sache könnte möglicherweise zufällig Statt finden. Ich habe selbst eine Menge gemeiner Vipern (*Vipera Berus*) auf einer Stelle zusammen, und mehre von ihnen wie Reife zusammengewunden gesehen; aber ich glaube mich dennoch berechtigt, es als ein *gewöhnliches* Ereigniss in Zweifel zu ziehen, bis es von einem glaubwürdigen Menschen, der es selbst gesehen hat, bekräftigt wird.

Nahrung: Von allen den Fischen, welche beschuldigt werden, dass sie den Rogen anderer Fische verzehren, verdient der Aal jenes ganz bezonders. Im Frühjahre, in welchem die meisten Fische laichen, sucht der Aal immer die Stellen auf, wo eine Laiche gehalten und Rogen abgesetzt worden ist. Hier, bei des Verfassers Wohnorte, wo sich eine grosse Kühlingsfischerei befindet, findet sich der Aal stets an der Stelle ein, an welcher der Kühling gelaicht hat, und immer Aale in den für jenen Fisch ausgelegten Reusen gefangen werden. Werden die auf diese Weise gefangenen Aale geöffnet, so findet man beständig ihren Magen voll von Kühlingsrogen.

Ausserdem verzehrt der Aal kleinere Fische, Insecten, Würmer und Gewächse; auch vom Aase soll er sich ernähren.

Fortpflanzung: Wiewohl dieser Fisch einer der gemeinsten ist, hat man doch die Art seiner Fortpflanzung noch nicht zu entdecken vermocht. Von Aristoteles bis auf die gegenwärtige Zeit ist sie ein sehr oft mühsam, aber immer fruchtlos behandelter Gegenstand der Beobachtung sehr vieler ausgezeichneten Naturforscher gewesen. Dr. Bloch hat ausführlich die Meinung jedes einzelnen Schriftstellers, von Aristoteles bis auf seine eigene Zeit, angeführt. Ich will nur mit wenigen Worten dieser verschiedenen Meinungen erwähnen. Aristoteles glaubte, der Aal entstände aus verfaultem Schlamme, und es würden von diesem Fische weder Männchen, noch Weibchen gefunden. Plinius sagt bestimmt, dass die Aale aus dem Schleim entstehen, welchen sie durch Reibung an härteren Körpern an diese absetzen. Athenaeus, der Meinung des Aristoteles folgend, leitete die Entstehung des Aals auch von faulem Schlamm her. Andere meinten, er entstände aus verfaulten Thieren. Rondelet nahm an, dass der Aal aus Rogen und Fischmilch, wie andere Fische, erzeugt würde. Gessner war der Erste, welcher angab, dass er lebendige Junge gebäre. Einige, und unter diesen ein Schwede, sind so weit gegangen, zu glauben, dass Aale aus Thau zwischen zwei Rasen hervorgehen könnten. Andere fabricirten junge Aale aus zerschnittenen Aalhäuten, welche in stehendes Wasser geworfen worden waren. Der gemeine Mann glaubt noch heutiges Tages, dass alle Aale von einer gemeinschaftlichen Mutter geboren werden, welche in dem See lebe, in welchem sich Aale aufhalten.

In späteren Zeiten hat der Eine gemeint, in den Aalen Rogen, der Andere hingegen, lebendige Junge zu finden. Baron Cuvier ist, so viel mir bekannt ist, der neueste und glaubwürdigste Schriftsteller, welcher sich über diesen Gegenstand ausgesprochen hat. Er giebt in seiner Hist. nat. des Poiss. T. I. p. 533 einen allgemeinen Begriff von den Fortpflanzungsorganen des Aals und glaubt, dass sie sich durch Eier vermehren; da aber die Eierleiter fehlen, so nimmt er an, die Eier fallen in die Bauchhöhle und suchen sich einen Ausgang aus derselben durch zwei Löcher am After*).

Das Resultat der vielen eigenen Beobachtungen und Untersuchungen, welche ich hierüber zu machen Gelegenheit gehabt habe, ist folgendes: Um die Mitte des Junius, wenn milde und warme Tage eintreten, sucht der Aal seichte Ufer mit Thon- oder weichem Sandgrunde und Schilf (*Arundo phragmites* Linn.), wo er sich sammlet. Er geht dann etwas vom Grunde in die Höhe, ungefähr zur Mitte des Wassers, windet sich spiralförmig um einen Schilfhalm, und setzt den Körper in eine Bewegung, welche bewirkt, dass der Schilfhalm, um welchen er sich gewunden hat, pendelähnliche Schwingungen auf und ab

---

*) „Dans certains poissons, comme l'anguille, la lamproie, les ovaires se divisent extérieurement en un grand nombre de lobes de figures diverses, tenant ensemble par la membrane commune, et recélant les oeufs dans leurs duplicatures. Ce ne sont point de sacs, mais comme des amas de feuillets empilés.

On ne voit pas de canal, et les oeufs ne doivent s'échapper qu'en tombant dans l'abdomen et en sortant par l'un des deux troux percés aux côtés de l'anus. C'est ce que l'on croit nommément de la lamproie et ce que, l'on est aussi réduit à penser de l'anguille."

macht. Die Aale, welche man bei solcher Gelegenheit fängt, haben eine sehr angeschwollene Afteröffnung, und aus dieser fliesst eine dunkelgelbe, ölartige, am meisten dem Rübenöle gleichende Feuchtigkeit. Wenn man einen solchen Aal öffnet, so findet man das fransenähnliche Organ zum Theile mit der erwähnten Feuchtigkeit angefüllt. Dass diese eine wirkliche Saamenfeuchtigkeit sei, schliesse ich daraus, dass sie sich in jenem Organe bei den Aalen nicht findet, welche im Winter und Frühlinge gefangen werden, dass sie sich erst gegen die Laichzeit als eine dünne, weissliche Feuchtigkeit zu zeigen anfängt, welche gegen die Laichzeit dicker wird und das als ölartig beschriebene Ansehn bekommt, nach der genannten Zeit aber ganz verschwindet. Rogen habe ich nie gefunden, glaube aber dennoch, dass sich der Aal durch Eier vermehre; denn da sich offenbar eine Samenfeuchtigkeit findet, so darf man wohl mit voller Gewissheit schliessen, dass auch Eier zu finden seien, wenn gleich die Weibchen dieser Art noch seltner seyn können als die Männchen bei gewissen anderen Fischarten. Oft habe ich Aale mit sogenannten Jungen in den Gedärmen gesehen, selbst bisweilen im After, aber bei genauerer Untersuchung habe ich diese alle als Eingeweidewürmer, *Echinorhynchus tereticollis* Rud. erkannt, von denen der Aal oft geplagt wird.

Fang: Der Aal wird auf mancherlei Art gefangen. Die meisten gewinnt man aus Strömen, in welche man Garnsäcke (schwed. *Lana*), oder Aalkisten gestellt hat. Er beisst auch begierig an die Angel oder die sogenannte Grundschnur, an welcher Uekeleie, Stinte, oder Regenwürmer zum Köder benutzt werden. In Flügel- und gewöhnliche Reusen, welche an Laichstellen der Fische ausgelegt werden, kriecht er oft, indem er den dort abgesetzten Rogen aufsucht. Mit der Fischgabel haut man ihn bisweilen bei Feuer des Nachts, auch des Tags unter der Laichzeit. Das ganze Jahr hindurch, sowohl im Sommer, als auch im Winter, doch nur am Tage, wenn er sich in den Thon auf dem Seegrunde verkrochen hat, haut man ihn in diesen Scheeren mit dem sogenannten *Ål-Gel (Aalgabel, Aaleisen)*, einer Art Fischgabel, welche aus zwei nach aussen gebogenen, blattförmigen Eisenstücken besteht, zwischen denen 2—3 feine Spitzen mit Widerhaken angebracht sind. Dieses Instrument wird an einer 9—12 Ellen langen Stange befestigt und beim Gebrauche hier und dort aufs Gerathewohl in den Thon an solchen Stellen des Seegrundes gestossen, an denen man vermuthen kann, dass Aale *i graf (begraben)*, wie man (auf Schwedisch) sagt, liegen. Die auf solche Weise gefangenen Aale bekommen auch den Namen *Graf-Ål.*

Nutzen: In den Haushaltungen ist der Aal von vielem Nutzen, da sein wohlschmeckendes Fleisch auf mehrfache Art lange bewahrt werden kann, ohne den Geschmack zu verlieren. Seine Bereitungsart ist auch mannichfaltig, aber wie sie auch immer sei, so bleibt er immer eine schwer verdauliche und nicht recht gesunde Speise. Es ist schon bekannt, dass der Aal auf Island, Grönland, den Färöern und im nördlichen Norwegen nicht gefangen und zum Essen benutzt wird. Mehre Menschen, auch in anderen Ländern, haben einen gewissen Widerwillen gegen diesen Fisch, und der gemeine Mann glaubt noch in unseren Tagen, der Aal sei ein naher Verwandter der Schlange.

Vielleicht geschah es aus derselben Ursache, dass man ihn in Rom verachtete *). Die sehr zähe Haut kann durch Ausspannen dünn und durchsichtig gemacht werden und wird deswegen von den Tataren statt des Glases zu Fenstern benutzt, in Schweden aber nur zu den Riemen an Dreschflegeln und mitunter zu Hagelbeuteln. Der grösste Schaden, welchen der Aal stiftet, ist unstreitig der, dass er eine Menge vom Rogen anderer Fische verzehrt. Dafür hat er auch wieder viele Feinde. Ausser dem Menschen stellt ihm eine Menge von Raubfischen und Wasservögeln nach. Oft plagen ihn Eingeweidewürmer, wie schon oben erwähnt worden ist.

Gattung Stichling (*Gasterosteus* Linn.).

Aus dieser zahlreichen Gattung gehören nur drei, höchstens vier Arten unserer Fauna an. Sie zeichnen sich dadurch aus, dass *der Rücken mit mehren, oder wenigeren freien Stacheln bewaffnet, der Bauch von Schilden eingeschlossen ist, und die Bauchflossen, welche vor den Brustflossen liegen, nur aus einem Stachel bestehen. Die Kiemenhaut hat 3 Strahlen.* Mehre dieser Gat-

---

*) Vos anguilla manet, longae cognata colubrae. Juv. Sat. V. †).

†) Bei den Griechen wurde der Aal als Leckerbissen geschätzt, worüber ich in C. F. Paullini, Coenarum Helena s. Anguilla.; Fcf. et Lips. 1689. 16. pag. 120 Folgendes lese: „Apud Graecos praesertim *Anguilla* summis in deliciis:

— — — *ὅμως δ᾽ οἶμαι βασιλεύει*
Πάντων τῶν περὶ δαῖτα καὶ ἡδονῇ ἡγεμονεῖα
Ἔγχελυς, ἡ φύσει ἐστὶν ἀπύρηνος μονὸς ἰχθὺς.

ait *Erasistratus* Comicus. Hinc Epicuraeorum non nemo apud Athenaeum, Lib. VII, vocat (anguillam) *τῶν δείπνων ἑλένην*. Et *Archestratus* Messanenses ob *anguillarum* copiam beatos praedicat. Aristophanes vero in Acharnis anguillam nominat *τὴν ἀρίστην*." Cr.

tung halten sich sowohl in der See, als auch in süssem Wasser auf. Einige gehören ausschliesslich dem Meere an. Der Stichling kommt an gewissen Stellen und in gewissen Jahreszeiten in unzählbaren Schaaren vor, ist wenig scheu und lebhaft, liebt den Schein der Sonne und des Feuers sehr, lebt von Insecten, Würmern und Gewächsen, ist im höchsten Grade gefrässig und wird demzufolge sehr fett. Er hält sich theils in klarem und leise rinnendem Wasser an den Ufern, theils in der Tiefe auf. In der Oekonomie sind die Stichlinge von vielem Nutzen hinsichtlich des Thrans, welcher aus ihnen bereitet wird.

Der grosse Stichling (*Gasterosteus aculeatus* Linn.)*). (*Schwed.* Stora Spigg.)

Artkennzeichen. Der Rücken hat 3 freie Stacheln vor der Rückenflosse. Der Körper ist nach der ganzen Länge mit schuppichten Gürteln oder Schilden bedeckt.

R. 15, B. 2, Br. 10, A. 9, Schw. 12.

Länge $2\frac{7}{8}$, Breite $\frac{5}{8}$ Zoll.

Gasterosteus aculeatus Linn. Syst. Nat. I. 1. p. 489. Fn. Sv. p. 119. — Retz. Fn. p. 338. — Gmel. Syst. I. 3. p. 1323. — *Gasterosteus aculeis in dorso tribus,* Artedi Gen. p. 52. Sp. p. 96. Syn. p. 80. — *Der Stichling*, Bloch, II. p. 104. Tab. 53. Fig. 2. — Kongl. Sv. Vetensk. Acad. Handlingar, år 1737. p. 261. — *Le Gastérostée Epinoche à queue armée, Ga-*

---

*) Baron Cuvier giebt an, dass Linné's Gasterosteus aculeatus zwei verschiedene Arten ausmache, welche er Gast. trachurus und G. leiurus nennt. Da ich noch nicht weiss, wie fern diese beiden Arten innerhalb Scandinaviens vorkommen, so habe ich die Linnéische Benennung beibehalten.

sterosteus trachurus, Cuv. Hist. nat. des Poiss. T. IV. p. 481. pl. 98.

Beschreibung: Körper stark zusammengedrückt, vom After bis zum Schwanze schräg zugespitzt. Rücken fast gerade, etwas breit, abgerundet, mit zwei Vertiefungen, in welche sich die herabgesenkten Stacheln legen. Kopf gross und stark zusammengedrückt, von der Stirne bis zur Schnauze zugespitzt (schräg hinablaufend), Schnauze etwas spitzig und Maul gross. Kinnladen gleich lang. Augen gross, an den Seiten des Kopfes. Die sehr kleinen Nasenlöcher scheinen nur eine Oeffnung zu haben und liegen mitten zwischen den Augen und der Schnauze. Kiemendeckel gross. Mehre feine Zähne sitzen auf dem Rande der Kinnladen. Gaumen und Zunge glatt. Die Seitenlinie liegt dem Rücken nahe und ist gerade, oder wenigstens höchst unbedeutend gebogen. An den Seiten des Schwanzes erhebt sie sich wie eine Flosse, so dass der Körper nach dem Schwanze zu daher viereckig, oder richtiger stark niedergedrückt erscheint. Die Brust wird von zwei unter der Haut liegenden Knochen bedeckt, welche an der Spitze vorn nach dem Kopfe hin vereinigt sind. Oben vor ihnen liegt an jeder Seite neben der Basis der Brustflosse ein blattförmiger, glatter Muskel, welcher nach vorn hin mit dem Schlüsselbeine vereinigt ist und bei flüchtigem Beschauen dem Kiemendeckel anzugehören scheint. Der Bauch wird bis beinahe zum After von einem länglichen, harten und schildförmigen Knochen bedeckt. Von der Basis dieses Knochens geht, fast im rechten Winkel mit demselben, ein anderer ab, welcher zu beiden Seiten etwas aufwärts läuft und ihm zur Stütze dient. Der ganze Körper wird an beiden Seiten, zwischen den Brustflossen und dem

Schwanze, von schindelförmigen Schilden bedeckt, welche, 26—27 an der Zahl, in der Mitte des Körpers am grössten sind und an Grösse sowohl gegen den Kopf, als gegen den Schwanz abnehmen. Von diesen liegen an jeder Seite 8 grosse zwischen der Wurzel der Brustflosse und dem dritten Rückenstachel. Die Rückenflosse hat 15 Strahlen, von denen die drei vordersten frei, der zweite der längste, und der dritte um ein Drittel kürzer sind. An der äussern Seite sind diese rundlich, an der innern ausgehöhlt und an den Rändern sägezähnig, ferner so entfernt von einander, dass, wenn sie auf den Rücken zurückgelegt werden *), die Spitze des ersten an die Basis des zweiten, die Spitze des zweiten an die Basis des dritten zu liegen kommt, von wo ab die Flosse eigentlich mit den übrigen 12 Strahlen anfängt, welche alle in der Flossenhaut liegen und an der Spitze etwas getheilt sind **). Die Brustflossen, welche an der Seite des Körpers mitten unter dem ersten Rückenstachel befestigt sind, sind an der Spitze länglich gerundet, eben und haben 10 ungetheilte Strahlenknochen, welche alle beinahe gleich lang sind. Die Bauchflossen bestehen aus einem grossen sägezähnigen Stachel, hinter welchem ein kleinerer, sehr weicher Flossenstrahl mit kaum merklichem Strahlenknochen sitzt. Dieser ist nicht

*) Diese Stacheln können leicht aufgerichtet, aber nicht ohne Gewalt niedergelegt werden. Hierzu ist eine Muskelbewegung erforderlich, welche nur der Fisch selbst zu Stande bringen kann. Sie geschieht auf die Weise, dass der Stachel erst gehoben und dann gesenkt wird.

**) Artedi sagt zwar, jene drei Stacheln seien zum Theil durch eine Haut verbunden; aber ich habe diese nicht entdecken können. Nur der zweite Stachel hat eine dreikantige Haut an der Basis, und der dritte sitzt an dem Anfange der Flosse.

ganz halb so lang, als der vordere. Die Afterflosse hat 9 Strahlen, von denen der erste ein sehr kurzer Stachel ist, die übrigen aber, von denen der vorderste der längste, und der letzte so kurz ist, dass man ihn nur mit Mühe sehen kann, sind weich, lang und an der Spitze kaum zweitheilig. Die Schwanzflosse, an der Spitze eben und etwas ausgeschnitten, hat 12 Strahlen, welche alle an der Spitze zweitheilig sind, ausgenommen die beiden längsten, welche zu äusserst an jeder Seite sitzen.

Farbe: Kopf oben schwarzgrau, wie der Rücken über der Seitenlinie; übrigens der ganze Fisch silberfarben. Pupille dunkel. Iris silberweiss. Rücken-, Brust-, After- und Schwanzflossen grauweiss. Bauchflossen weiss. Die sonderbare Farbenveränderung beim Gasterosteus aculeatus L., deren im Magazine for Natural History, No. XIV., Erwähnung geschieht, habe ich während des Junius und Julius des Jahres 1832 in der Natur zu beobachten Gelegenheit gehabt. Die hierbei gemachten Wahrnehmungen werde ich in der Folge mittheilen.

Aufenthaltsort und Lebensweise: Der grosse Stichling ist ziemlich allgemein in Scandinavien, sowohl in der Nord- und Ostsee, als auch in den grösseren Binnenseen, selbst solchen, welche nicht mit dem Meere in Verbindung stehen. Vorzugsweise wählt er klares und rinnendes Wasser, weshalb er auch am häufigsten an solchen Ufern angetroffen wird, an welchen sich Flüsse oder Ströme ergiessen, zu denen er, besonders während der Laichzeit, aufsteigt. Selten trifft man zerstreute Individuen; mehrentheils kommt er in grösseren, oder kleineren Schaaren vor, bisweilen hält er sich am Grunde auf, meistens aber im halben Wasser und wählt stets diejenigen Ufer, welche der Sonne ausgesetzt sind, deren Licht er zu lieben scheint. Bei stillem und klarem Wetter geht er gewöhnlich an die Wasserfläche, über welche er ziemlich, oft 3—4 Zoll, hoch herausspringt, bald in lothrechter, bald in schiefer Richtung. Seine Bewegungen sind dann sehr lebhaft. Wenn er sich dagegen am Grunde aufhält, so steht er lange auf einer Stelle still und schiesst nur dann und wann plötzlich vorwärts, um einer Gefahr zu entgehen, oder einen Raub, der ihm in den Wurf kommt, zu ergreifen. Er scheint im Allgemeinen wenig schreckhaft zu seyn; mit ausgestreckten Stacheln steht er fest, auf diese Waffen vertrauend. Er stirbt nicht sehr schnell, nachdem er aus dem Wasser genommen worden ist. Bloch zufolge soll er 2, höchstens 3 Jahre leben. Wenn gleich diese Angabe bisher durch die Erfahrung oder angestellte Versuche nicht widerlegt worden ist, so erscheint sie doch wenig zuverlässig, wenn man die Menge dieser Fischart mit der unbedeutenden Anzahl von Eiern, die sie jährlich hervorbringt, in Vergleichung stellt. Man hat mehre wenig annehmliche Gründe für die unglaublichen Schaaren, welche in gewissen Jahren, auch in den hiesigen Scheeren, zusammenkommen, angeführt. Als das Wahrscheinlichste dürfte man mit Cuvier annehmen können, dass die Jahre, in welchen solche unglaublich grosse Schaaren zum Vorscheine kommen, der Fortpflanzung günstiger als gewöhnlich seyen. Der Fisch ist im höchsten Grade gefrässig und wird deshalb sehr fett. Die Grösse, welche er erreicht, übersteigt niemals 3 Zoll.

Nahrung: Würmer, kleinere Crustaceen, von der Wasserfläche weggeschnappte Insecten und solche Insectenlarven, welche ihre Verwandlung im Wasser bestehen. Kleinere Fischbrut und Gras habe ich auch im Magen der von mir geöffneten gefunden.

Fortpflanzung: Im Junius stellt der grosse Stichling seine Laiche in Flüssen und an Ufern an, bei welchen sich Wassergewächse finden, an die er seinen Rogen absetzt, welcher im Verhältniss zur Grösse des Fisches grosskörnig, überdies klar und strohgelb ist. Gewöhnlich wird derselbe nahe unter der Wasserfläche abgesetzt und deshalb bald ausgebrütet.

Fang: Man erhält diesen Fisch in jeder Jahreszeit mit dem Zugnetze nebst anderen Fischen. Eine ansehnliche Menge gewinnt man jedoch nie auf diese Art, weil das Zugnetz gewöhnlich so grosse Maschen hat, dass ein so kleiner Fisch mit Leichtigkeit hindurch schlüpft. In den Jahren, in welchen der Stichling reichlich vorkommt, fängt man ihn in grossen, feinen und zu dem Zwecke besonders eingerichteten Hamen. Diese Fischerei wird hier in Meerengen und Strömungen vom Anfange des Novembers bis dahin, wo die Seen zufrieren, auf die Weise angestellt, dass zwei Fischer sich in ein Boot setzen, in dessen vorderm Ende ein sogenanntes *Brandeisen* (*Brand-Jern*) angebracht ist, auf welches trocknes Holz gelegt und angezündet wird. Der Schein des Feuers lockt den Fisch nach dem Boote. Der eine Fischer hält dasselbe mittelst einer Stange, welche in den Grund des Sees gestossen wird, während der andere den Fang betreibt. Auf diese Weise können in einer einzigen Nacht mehre Tonnen eingefischt werden.

Nutzen: Zur Speise für den Menschen wird dieser Fisch vermuthlich nie angewandt; wenigstens hier in den Scheeren geschieht es nicht. Wird er nur in geringer Menge gefangen, so wirft man ihn stets den Schweinen hin. Wer ihn in Menge fängt, benutzt ihn zum Thrankochen, in welcher Hinsicht er sehr nutzbar ist. Eine Tonne Stichlinge giebt gemeinhin zwei Kannen klares Oel. Von den Scheerenbewohnern wird dieses in den Lampen gebrannt. Das Gekrümel, welches sich an den Boden des Gefässes absetzt, in welchem der Fisch gekocht wird, ist ein so kräftiger Düngestoff für den Acker, dass 2 Tonnen solches Gekrümels, gemengt mit einer zureichlichen Menge Wassers, 10 Fudern gutes Dungs gleich geschätzt werden. Uebrigens nutzt dieser Fisch dadurch, dass er einer Menge von Seevögeln und Fischen zur Nahrung dient. Der Hornhecht (*Esox Belone* Linn.) ernährt sich fast ausschliesslich von dieser Fischart. Einen bedeutenden Schaden richtet er gewiss nicht an, denn von der Beschuldigung, dass er den Rogen anderer Fische verzehre, muss er, meiner Erfahrung nach, freigesprochen werden. Zu seinen zahlreichen Feinden zählt er auch eine Menge von Eingeweidewürmern, deren häufigster der *Bothriocephalus solidus* Rud. ist.

Der kleine Seestichling (*Gasterosteus pungitius* Linn.).

Artkennz. Der Rücken hat 10 freie Stacheln vor der Rückenflosse; die Stacheln liegen nicht in einer geraden Linie, und richten sich einige aufwärts, andere seitwärts.

R. 21, B. 1, Br. 10, A. 11, Schw. 12.

Länge 1⅝ Zoll.

Gasterosteus pungitius Linn. Syst. Nat. I. 1. p. 491. Fn. Sv. p. 119. — Retz. Fn. p. 338.

Gmel. Syst. I. 3. p. 1326. — *Gasterosteus aculeis in dorso decem,* Artedi, Gen. p. 52. Sp. p. 97. Syn. p. 80. — *Der kleine Seestichling,* Bloch, II. p. 108. Tab. 52. Fig. 4. — *Le Gastérostée Epinochette,* La Cépède, Hist. nat. d. Poiss. T. III. p. 301. — *L'Epinochette,* Cuv. Hist. nat. des Poiss. T. IV. p. 506.

Namen: Der kleine Seestichling, Stichbüttel etc. (*Schwed.* Lilla Spigg).

Beschreibung: Körper etwas zusammengedrückt, nach dem Schwanz hin schmal; Kopf mittelmässig, wenig zusammengedrückt, zugespitzt; Mund gross. Die untere Kinnlade springt etwas vor die obere vor, selbst bei geschlossenem Munde. Augen gross, etwas vorstehend, an den Seiten des Kopfes. Nasenlöcher klein, kaum bemerkbar, scheinen dem Auge etwas näher zu liegen, als der Schnauze; ihre Oeffnung einfach. Kiemendeckel gross. Zähne fein und beweglich, sitzen am Rande der Kinnladen. Zunge und Gaumen glatt. Die Seitenlinie, welche man nur mit Mühe entdeckt, ist gerade und liegt dem Rücken näher. An den Seiten des Schwanzes ist sie zu einer flossenähnlichen Erhöhung zusammengedrückt. Der Körper ist nach dem Schwanze zu stark niedergedrückt, so dass er, von oben angesehen, breiter, als von der Seite zu, erscheint. Brust bedeckt von zwei nach vorn zugespitzten und verwachsenen Knochen, welche die Haut des Körpers bedeckt. Ein breiter Muskel an der Basis der Brustflosse ist mit dem Schlüsselbeine verbunden. Bauch zum Theil mit einem nach unten zugespitzten weissen Knochen, welcher ausserhalb der Haut liegt, bedeckt. Von der Basis dieses Knochens gehn in einem rechten Winkel von demselben zwei Knochen unter der Haut ab, welche nach den Seiten hinauflaufen. Diese sind glatt, und weder Schilde, noch Schuppen lassen sich auf ihnen entdecken. Die Rückenflosse hat 10 freie Stacheln, nur mit einem dreieckigen Häutchen an der Basis. Diese Stacheln, welche niedergelegt in Vertiefungen des Rückens zu liegen kommen, stehn nicht alle senkrecht auf dem Rükken; einige neigen sich auswärts nach den Seiten hin, und ihre Ansatzpuncte folgen sich nicht in gerader Linie, sondern stehn im Quincunx. Von ihnen ist der zweite der längste, und der letzte der kürzeste. Sie sind alle scharf an der Spitze, aber wenig oder gar nicht sägezähnig am Rande. Die Flosse selbst hat 11 Strahlen innerhalb der Flossenhaut; diese sind weich, und die mittelsten derselben an der Spitze zweitheilig. Die Brustflossen, an den Seiten des Körpers, haben jede 10 weiche Strahlen, welche sämmtlich an der Spitze ungetheilt und fast gleich lang sind. Bauchflossen, jede mit 2 Strahlenknochen. Von diesen ist der vordere an der Basis sägezähnig; die Spitze ist glatt und scharf; der hintere ist kurz, weich und kaum zu bemerken. Afterflosse 11-strahlig; der vorderste Strahl am After ist ein kaum bemerkbarer Stachel, die übrigen sind weich und an der Spitze zweitheilig. Schwanzflosse gleichmässig, hat 12 Strahlen mit zweitheiligen Spitzen, ausser den zwei, welche zu äusserst an jeder Seite stehn.

Farbe: Der obere Theil des Kopfes und der Rücken graubraun. Seiten und Bauch silberfarben, mit äusserst feinen dunklen Puncten, welche auf dem Rücken grösser sind. Iris silberweiss. Rücken-, After- und Bauchflossen weiss, die übrigen graulich, mit feinen, runden, dunkelbraunen

Flecken, welche besonders auf der Schwanzflosse sichtbar sind.

Aufenthaltsort und Lebensweise: Der kleine Seestichling, von allen bekannten scandinavischen Fischen der kleinste, ist auch am wenigsten untersucht in Hinsicht der Lebensweise u. s. w., worin er gewiss dem eben Beschriebenen sehr gleicht. So wie diesen, trifft man ihn auch in Scandinaviens Meeren und Seen, obgleich seine Gränze nach Norden weiter diesseits zurück zu liegen scheint. Vielleicht ist seine Unbedeutendheit die Ursache, dass man ihn übersehen oder weniger genau beobachtet hat. Zu seinem Aufenthaltsorte wählt er auch klares und rinnendes Wasser. Er ist lebhaft in seinen Bewegungen, gefrässig und fett, erreicht aber nur eine Länge von 1 $\frac{1}{2}$ Zoll.

Nahrung: Diese besteht in Würmern, Insecten und Gras.

Fortpflanzung: Seine Laichzeit fällt in den Junius, etwas früher, als die des grossen Stichlings; während derselben hält er sich in Strömungen auf. Der Rogen ist grobkörnig, rothgelb, wenn er eben abgesetzt ist, bald nachher heller. Er wird an mancherlei Wasserpflanzen und der Wasserfläche ziemlich nahe, damit die Sonne ihn ausbrüten könne, befestigt.

Fang: Da dieser Fisch in den Haushaltungen gar nicht benutzt wird, so wird auch für ihn keine besondere Fischerei angestellt. Mit dem Zugnetze fängt man ihn oft nebst anderen Fischen, und die grösste Menge gewinnt man im Herbste, in welchem er sich mit dem grossen Stichlinge vereinigt und mit diesem zusammen in Hamen gefangen wird.

Nutzen: Der einzige Nutzen, welchen man von diesem Fisch ersehen kann, ist, dass er eine leicht zugängliche Nahrung für Seevögel und Raubfische abgiebt, und dass er, indem er eben so leicht, als der oben erwähnte, in Menge zu fangen ist, zum Thrankochen verwandt wird.

Der grosse Seestichling (*Gasterosteus Spinachia* Linn.).

Artkennz. Der Rücken hat 15 freie Stacheln. Der Körper ist fünfeckig, der Schwanz viereckig, platt.

R. 15—6, Br. 10, B. 1, 1, A. 6, 7, Schw. 12. Länge 4⅓ Zoll.

Gasterosteus Spinachia Linn. Syst. Nat. I. 1. p. 492. — Fn. Sv. p. 119. — Gmel. Syst. I. 3. p. 1327. — Retz. Fn. p. 339. — *Gasterosteus aculeis in dorso quindecim*, Artedi, Gen. 52. Syn. 81. — *Der Dornfisch*, Bloch, II. p. 3. Tab. 53. Fig. 1. — *Le Gastérostée Spinachi*, La Cépède, Hist. nat. d. Poiss. T. III. p. 301. — Hollberg, Beskrifning öfver Bohusländska Fiskarna. — *Le Gastré ou Epinoche de mer à museau alongé*, Cuvier, Hist. Nat. d. Poiss. T. IV. p. 509.

Namen: Der grosse Seestichling, der Dornfisch (*Schwed.* Tagg-Snipa).

Beschreibung: Körper vom Kopfe bis zum After fünfeckig, vom After bis zur Schwanzflosse platt, viereckig und sehr schmal. Bauch gewöhnlich gross. Der Rücken, mit 15 rückwärts gebogenen Stacheln und einer Flosse, ist wenig bogenförmig, und dreieckig. Kopf zugespitzt, mit verlängerter, röhrenförmiger Schnauze, welche in einen kleinen Mund ausgeht. Untere Kinnlade länger als die obere. Augen mittelmässig, wenig vorragend. Nasenlöcher länglich, der Schnauze näher als den Augen. Der Kiemendeckel besteht aus zwei Lamellen; die vordere (Praeoperculum) ist quer und glatt, die hintere nach unten convex und gefurcht. Die scharfen und fast gleich langen Zähne stehen in einer Reihe auf den Rändern der Kinnladen. Gaumen, Zunge und Schlund glatt. Seitenlinie fast gerade, durch die Fugen der unterwärts stehenden Schilde erhaben. Eine glatte Lamelle liegt zwischen der Kiemenöffnung da, wo sie sich mit dem Schlüsselbein und dem Bogen der Brustflosse verbindet, deren Wurzel sie zu bilden scheint. Von der Verbindungsstelle der Schlüsselbeine ausgehend liegt ein an der Basis nach oben gebogener, nachher parallel mit der Seitenlinie zu beiden Seiten auslaufender Stachel unter der Haut; wo er zu Ende geht, etwas vor der Ansatzstelle der Brustflosse, fangen, einige Linien weiter nach dem Bauche hinab, zwei ganz gerade und auch mit der Seitenlinie parallele, nach beiden Enden zugespitzte Stacheln unter der Haut an. Mitten zwischen diesen haben die Bauchflossen ihre Wurzel. Der Körper ist bedeckt mit Schilden, welche an Grösse gegen den Kopf und Schwanz hin abnehmen. Die Stacheln auf dem Rücken sind, wenn der Fisch die angegebene Grösse erreicht hat, fast um eine Linie an der Basis getrennt, rückwärts gebogen und so lang, dass, wenn sie in die Furche längs des Rückgraths herabgesenkt werden, welche nur zu ihrer Aufnahme gebildet zu seyn scheint, die Spitze des hintern etwas nach aussen von der Basis des vordern zu liegen kommt. Diese Stacheln fangen mitten über der Basis der Brustflosse an und endigen sich an der Rückenflosse, welche 6 Strahlen hat, von denen die 4 ersten an der Spitze getheilt sind, und der zweite der längste ist. Die Brustflossen haben jede 10 gleich lange und ungetheilte Strahlen. Die Bauchflossen bestehen, jede aus einem scharfen Stachel und einem sehr kurzen und weichen Flossenstrahle. Die Afterflosse hat 6—7 Strahlen und fängt mit einem starken und rückwärts gebogenen Stachel an. Die 6 vorderen Strahlen sind an der Spitze zweitheilig, und der zweite und dritte die längsten. Die abgerundete Schwanzflosse hat 12 ungetheilte Strahlen.

Farbe: Obertheil des Körpers bräunlich mit graulichen Flecken, die in Gold und Olivengrün spielen; die Goldfarbe verschwindet jedoch, wenn der Fisch eine Weile aus dem Wasser gewesen ist. Untertheil der Seiten, des Unterleibes und Kopfes glänzend, silberweiss. Von der After- bis zur Schwanzflosse ist der ganze Körper graubräunlich grau. Rückenflosse durchsichtig mit einem grossen schwarzen Flecken. Brustflossen bräunlich mit Goldglanz. Bauchflossen weissgelb. Die Afterflosse gleicht ganz der Rückenflosse, auch in Hinsicht des schwarzen Fleckens. Schwanzflosse gelbgrau mit dunklen, feinen und dichtgestellten Puncten.

Aufenthaltsort und Lebensweise: Die wenigen Nachrichten, welche ich über diesen hier zu Lande weniger gemeinen Fisch habe erhalten können, bestehen darin, dass er sich nur im Meere, sowohl in der Nord-, als auch in der Ostsee um alle Küsten von Scandinavien aufhalte. Er scheint tiefes Wasser zu lieben und kommt selten an die Strände.

Seine *Nahrung* besteht in Würmern und Crustaceen. Man beschuldigt ihn, wie die ganze Stichlingsgattung, dass er den Rogen anderer Fische verzehre; aus welchem Grunde, weiss ich nicht, wenigstens habe ich in dem Magen der von mir geöffneten keinen Rogen von anderen Fischen gefunden.

Fortpflanzung: Die Laiche wird in der Tiefe angestellt; zu welcher Jahreszeit sie eintreffe, weiss ich aus eigenen Beobachtungen bis jetzt nicht.

Fang: In den hiesigen Scheeren erhält man ihn nur zufällig in den Strömlingsnetzen, oder im Zugnetze, welches man in tiefem Wasser zieht.

Nutzen: An den Orten, an welchen man diesen Fisch in Menge gewinnt, benutzt ihn bisweilen das gemeine Volk zur Speise. Am häufigsten braucht man ihn zum Thrankochen, und das dabei entstehende Gekrümel zur Ackerdüngung.

Gattung Gropp (*Cottus* Linn.).

Diese ganze zahlreiche Gattung zeichnet sich aus durch einen *breiten und niedergedrückten Kopf, welcher mit Platten belegt und mit Zakken oder Höckern bewaffnet ist, ferner durch zwei getrennte oder wenig verbundene Rückenflossen.* Nur eine Art der Groppen, welche den scandinavischen Gewässern angehören, hält sich so wohl im Meere, als auch in Binnenseeen auf. Die übrigen sind ausschliesslich Meeresbewohner. Mit einem widrigen und abstossenden Ansehn vereinigen die Groppen Dummheit, geringe Lebendigkeit in den Bewegungen und eine fast unglaubliche Gierigkeit. Sie halten sich allgemein in der Tiefe auf und wählen Löcher und abgesonderte Stellen zum Aufenthaltsorte. Nur um sich in einem von den Sonnenstrahlen mehr erwärmten Wasser des Rogens zu entledigen, suchen sie bei der Laichzeit seichtere Stellen. Die meisten Arten werden zur Nahrung benutzt, verlangen aber eine etwas künstliche Zubereitung, um ein schmackhaftes Gericht darzubieten.

Der Kaulkopf (*Cottus Gobio* Linn.).

Artkennzeichen. Körper drehrund, vom After bis zur Schwanzflosse etwas zusammengedrückt. Kopf niedergedrückt, glatt. Die Kiemendeckel an beiden Seiten haben einen gekrümmten Zacken. R. 7—16, Br. 14, B. 4. A. 13, Schw. 8. Länge 3 Zoll.

Cottus Gobio Linn. Syst. Nat. I. p. 452. Fn. Sv. p. 115. Gmel. Syst. I. 3. p. 1211. — Retz. Fn. p. 329. — *Cottus alepidotus glaber, capite diacantho,* Artedi, Gen. p. 48. Sp. p. 82. Syn. p. 76. — *Der Kaulkopf,* Bloch, II. p. 17. Tab. 39. Fig. 2. — *Le Cotte Chabot*, La Cépède, Hist. nat. des Poiss. T. III. p. 252. — *Le Chabot de rivière,* Cuv. Hist. nat. des Poiss. T. V. p. 144. Pl. 39.

Namen: Kaulkopf, Koppe, Pott, Gropp, Groppe und viele andere (*Schwed.* Stensimpa).

Beschreibung: Der Körper, am dicksten beim Kopfe, nimmt allmählig ab, ist vom Kopfe bis zum After rund, von diesem bis zur Schwanzflosse zusammengedrückt. Kopf, breiter als der Körper, niedergedrückt, oben convex, unten platt. Schnauze etwas aufwärts gebogen, ziemlich breit. Kinnladen fast gleich lang. Die Oeffnungen der Nasenlöcher sind nicht sichtbar, aber ein runder Höcker, welcher in einer Vertiefung mitten zwischen den Augen und der Schnauze liegt, giebt deutlich die Lage jenes Organs zu erkennen. Die Augen liegen nicht an den Seiten, sondern oben auf dem Kopfe, in unbedeutender Entfernung von einander. Der Kiemendeckel besteht aus zwei blattförmigen Knochen, von denen der obere an jeder Seite in einen stumpfen und nach oben gebogenen Zacken ausläuft. Zähne in den Kinnladen, am Gaumen und im Schlunde. Die der Kinnladen, auf deren äusserem Rande befestigt, sind in mehre unregelmässige Reihen gestellt, ungleich gross, fest und nach innen gebogen; die vorderen sind die grössten. Am Gaumen haben die Zähne ihre Befestigung auf einem kleinen Knochen, welcher weit vorn liegt; sie sind sehr klein und scharf. Im Schlunde sind an der obern Seite zwei runde und an der untern zwei kleinere längliche Knochen, mit kleinen Zähnen besetzt. Die fast gerade, etwas erhabene, deutliche Seitenlinie hat eine höchst unbedeutende Krümmung nach dem Unterleibe zu. Die Haut hat keine Schuppen, ist aber dagegen sehr schlüpfrig und mit einem dicken Schleim überzogen. Der Rücken hat zwei wenig getrennte Flossen; die vordere ist die kleinere, fängt über dem Ende der Bauchflossen an und hat 7 kurze, an der Spitze ungetheilte Strahlen. Die hintere, welche beinahe mit der eben genannten vereinigt ist, fängt mitten über dem After an, hat 16—17 Strahlen, welche alle ungetheilt, und von denen die mittelsten die längsten sind. Die Brustflossen, mitten über dem Anfange der Bauchflossen befestigt, sind gross und beinahe rund. Sie haben jede 14 Strahlen, von denen die mittelsten die längsten sind; alle mit ungetheilter Spitze und mit dieser über die Flossenhaut hinausgehend. Die Bauchflossen, mitten unter den Brustflossen, sind klein, mit 4 Strahlenknochen, deren 2 mittlere sehr lang sind; alle an der Spitze zweitheilig, ausser dem letzten. Die Afterflosse, welche etwas hinter dem Anfange der zweiten Rückenflosse anfängt und sich noch weiter vor dem Ende derselben endigt, hat 13 (bisweilen 14) Strahlen mit ungetheilten Spitzen; die mittelsten Strahlen sind die längsten. Die Schwanzflosse hat 8 lange Strahlenbüschel, welche an der Spitze sehr ästig sind; die an den Seiten sind kleiner und ungetheilt.

Die *Farbe* ist graulich, mit dunkleren, fast schwarzen, unregelmässigen Querbändern und Strichen, welche besonders deutlich werden, je näher sie dem Schwanze liegen. Kopf schwarzgrau, Seiten gelblich weiss, Unterleib weissgrau. Die erste Rückenflosse schwarz und gelblich bunt, am obern Rande röthlich; die zweite Rückenflosse graugelb. Brustflossen grau mit gelblichen und schwarzen Flecken. Bauchflossen weissgrau. Afterflosse bläulich, mit gelblichen und schwarzen Flecken. Die Schwanzflosse hat graue, braune und schwarze Flecken.

Aufenthaltsort und Lebensweise: Der Kaulkopf ist der einzige Gropp in Scandinavien, welcher sich sowohl im Meere, als auch in den Binnenseen mit süssem Wasser aufhält. Von den südlichsten Gränzen des Reichs bis zum höhern Norden ist er ziemlich gemein. In den hiesigen Scheeren wird er in Menge an solchen Stellen angetroffen, an welchen sich rinnendes oder wenigstens klares Wasser über steinigem Boden findet. Ueber Sand- oder Thongrund mit leicht trübe werdendem Wasser habe ich diesen Fisch nie gefunden. Wenn gleich seine Bewegungen im Wasser sehr lebhaft sind, scheint er doch einen öfteren Wechsel der Aufenthaltsstelle nicht zu lieben. Er steht immer in irgend einer Höhle zwischen Steinen verborgen; wird der Stein, unter welchem er steht, berührt, so schiesst er pfeilschnell hervor und drängt sich im Augenblick unter den nächsten Stein, der ihm einen passenden Zufluchtsort gewähren kann. Vom Grunde geht er nie weg, und höchst selten findet man ihn auf einem freien Platze stehend. Er scheint wenig feige zu seyn, und hat eine eben so heftige Raubgier, als seine Gattungsverwandten. Gemeiniglich sehr klein, erreicht er, wenigstens hier, nie eine grössere Länge, als von 3 Zoll.

Nahrung: Im allgemeinen ernährt sich der Kaulkopf von Insecten. Man beschuldigt ihn zwar auch, dass er den Rogen anderer Fische, kleinere Fische und unter ihnen seine eigene Nachkommenschaft verschlinge; aber ich habe davon in den von mir untersuchten Exemplaren keine Spur gefunden.

Fortpflanzung: Man hat geglaubt und angegeben, der Kaulkopf lege seinen Rogen in Höhlen, welche er selbst gebildet habe, und liege dann, wie die Vögel auf ihren Eiern, auf ihm, bis er ausgebrütet sei. Man hat auch behauptet, dass er denjenigen mit Wuth anfalle, welcher seine Wohnung zu beunruhigen suche, und dass es das Männchen sei, welches jene mütterliche Wartung übernehme. Diese Vermuthung älterer Zeiten, welche wahrscheinlich aus einer fabelhaften Angabe der Fischer entstanden ist, von mehren älteren Schriftstellern, nachher von Linné, und später von den vielen Auctoren, welche seine Werke ausgeschrieben haben, angeführt wird, lasse ich dahin gestellt seyn. Ich habe oft diesen Fisch in der Nähe seines Rogens gesehen, eben so schreckhaft, wie sonst, und ohne ein Zeichen zu geben, als wolle er ihn beschützen. Die Rogenkörner, welche gelblich grün und im Verhältniss zum Fische gross sind, werden an Steine und den Sand des Seegrundes abgesetzt. Die Zeit für die Laiche dieses Fisches kann ich für jetzt nicht angeben. Dass sie nicht in den April falle, wie Bloch

u. M. anführen, weiss ich gewiss. Ich vermuthe, dass sie im Junius angestellt werde; aber dies ist nur eine Vermuthung, zu deren völliger Bestätigung mir noch die Gründe fehlen.

Fang: Da dieser Fisch in der Haushaltung nicht benutzt wird, so wird um seinetwillen keine besondere Fischerei angestellt. Nur Kinder und junge Leute, welche sich mit Angeln beschäftigen, machen sich mitunter das Vergnügen, die Steine am Strande aufzuheben und diese Fische mit den Händen zu greifen. Selten stehn sie indessen still, wenn der Stein aufgehoben worden ist, sondern springen hervor und nehmen ihre Zuflucht unter dem nächsten Steine, wo sie dann gewöhnlich ergriffen werden.

Nutzen: Zur Speise wird dieser Fisch hier zu Lande nicht angewandt, auch nicht zum Köder für andere Fische, wozu er sich doch vortrefflich schicken würde, besonders für den Aal. Fängt man ihn bisweilen, welches zwar selten geschieht, mit dem Zugnetze nebst anderen Fischen, so wird er immer zu dem Abgange geworfen und den Schweinen gegeben. Das Fleisch wird nach dem Kochen röthlich und ist wohlschmeckend; aber die unbedeutende Grösse, welche dieser Fisch erreicht, macht, dass man es nicht der Mühe werth hält, weder ihn zu fangen, noch ihn zu bereiten.

Der Seescorpion (*Cottus Scorpius* Linn.).

Artkennz. Körper drehrund, nach der Schwanzflosse zu verschmälert. Kopf platt, sehr zackig. Oberkinnlade vorstehend.

R. 10—16, Br. 17, B. 4, A. 12, Schw. 15.

Länge des Männchens 6, des Weibchens 9 Zoll.

Cottus Scorpius Linn. Syst. Nat. I. p. 452. Fn. Sv. p. 115. Gmel. Syst. I. 3. p. 1210. — Retz. Fn. p. 328. — *Cottus alepidotus, capite polyacantho, maxilla superiore paullo longiore,* Artedi, Gen. p. 49. Spec. p. 86. Syn. p. 77. — *Der Seescorpion,* Bloch, II. p. 26. Tab. 40. — *Le Cotte Scorpion,* La Cépède, Hist. nat. des Poiss. T. III. p. 236. — *Der gemeine Seescorpion,* Faber, Fische Isl. p. 120. — *Le Chaboisseau de mer commun,* Cuv. Hist. nat. d. Poiss. T. IV. p. 160. Pl. 40.

Namen: Seescorpion, Wollkutze, Knurrhahn (in Pommern) u. s. w. (*Schwed.* Hornskalle, Rötsimpa; das Männchen Vildkråksimpa).

Beschreibung: Der Körper, welcher beim Kopf am dicksten ist, nimmt allmählig nach dem Schwanze hin ab; vom After an ist er wenig zusammengedrückt und fast drehrund. Bauch gross und hangend. Kopf niedergedrückt, breiter als der Körper. Rachen gross. Unterkinnlade etwas vorstehend. Die Nasenlöcher liegen den Augen näher, als der Schnauze, und haben zwei, ziemlich weit von einander entfernte, kaum merkliche Oeffnungen. Der Kiemendeckel hat 6 scharfe, gerade, drehrunde und nach aussen stehende Knochen. Die Zähne sind klein und sitzen in mehren Reihen, sowohl in der obern, als auch in der untern Kinnlade. Am vordern Theile des Gaumens befindet sich ein ebenfalls gezahnter, halbmondförmiger Knochen, ferner sowohl an der obern als untern Seite des Schlundes zwei gezahnte Knochen oben und zwei unten. Die Augen liegen am obern Theile des Kopfes nicht besonders weit von einander und haben eine Haut von der Farbe des Körpers, welche über das Auge gezogen werden kann. Am Kopfe kommen verschiedene Zacken, und von diesen zwei bewegliche neben den Nasenlöchern vor; vier liegen an jeder Seite des obern Kiemendeckels, deren oberster der grösste ist und sich mit den zwei nächsten nach hinten neigt; der vierte oder unterste ist der kleinste und nach vorn gerichtet. Am untern Kiemendeckel befinden sich zwei, von denen der obere lang, spitzig und nach hinten geneigt ist, der untere mitten über der Brustflosse liegt, klein und nach unten gebogen ist. Ausserdem liegt ein Zacken aussen am Rücken unter der Haut neben der Oeffnung des Kiemendeckels. Am Kopfe stehn auch noch gewöhnlich vier hornähnliche, rückwärts gebogene Zacken. Diese sitzen auf zwei erhabenen, parallelen Linien, so dass sie unter einander ein Viereck bilden. (Bisweilen findet man noch einen kleineren Zacken zwischen diesen an der einen, oder an beiden Seiten.) Die Seitenlinie liegt dem Rücken näher, ist gerade und etwas erhaben. Zu ihren beiden Seiten stehn einige kleine, runde, in eine Linie gestellte Höcker. Die Haut ist glatt und ohne Schuppen. Der Rücken hat 2 beinahe zusammenstossende Flossen, deren vordere 10 einfache, wenig scharfe Strahlenknochen hat, von welchen die letzten die kürzesten sind. Die zweite Rückenflosse, welche länger und höher ist, hat 16 ungetheilte, an der Spitze weiche Strahlenknochen. Die Brustflossen haben, jede 17 Strahlen, welche an der Spitze ungetheilt sind. Die Bauchflossen mit 4 Strahlen; die beiden vorderen so verwachsen, dass sie ohne eine genaue Untersuchung sich als eine einzige darstellen. Afterflosse 12-strahlig. Die fast querabgeschnittene Schwanzflosse hat 15 deutliche Strahlen, deren mittelste an der Spitze zweitheilig sind.

Die *Farbe* variirt sehr hinsichtlich des Alters und Geschlechts. Das beschriebene Exemplar war gelblich grau, grob marmorirt, mit schwarzgrauen Querflecken. Seiten perlgrau, mit kaum merklichem, röthlichem Anstriche; Bauch weiss. Die erste Rückenflosse hat die Farbe des Rückens, die andere ist ebenfalls gelbgrau, mit röthlichem Rande und 3—4 dunklen, wellenförmigen Bändern nach der Länge. Schwanzflosse grau, durchsichtig, mit 5—6 Querbändern von schwarzen, runden Flecken. Afterflosse gelbgrau mit röthlicher Spitze und 3—4 schwarzen Querbändern. Die Bauchflossen haben die Farbe des Bauches, mit 3 schwarzgrauen Querbändern. Brustflossen gelbgrau, mit unregelmässigen Querreihen schwarzer Flecken und röthlicher Kante. Iris kupferroth, mit einem feinen, messinggelben Ringe um die in Dunkelblau spielende Pupille.

Das *Männchen* weicht so bedeutend im Ansehn von dem Weibchen ab, dass es von den Fischern der hiesigen Scheeren allgemein als eine besondere Art, welche den Namen *Vildkråksimpa* führt, betrachtet wird. Die vornehmsten Unterscheidungszeichen, welche zuerst in die Augen fallen, sind eine schmälere Körpergestalt und eine geringere Grösse. Ausserdem hat das Männchen allezeit einen Strahl weniger in der Afterflosse, und seine Brust- und Bauchflossen haben an der untern Seite der Strahlen sägezahnähnliche Zakken. Seine Farbe ist gelblich grau, mit grossen, ganz schwarzen Flecken. Seiten gelblich weiss, mit Messingglanz und braunrother Marmorirung. Bauch von den Brustflossen bis zur Afterflosse bräunlich roth oder carminroth, mit Kupferglanz und runden, erbsenförmigen, schneeweissen Flekken, vom Anfange der After- bis zu dem der

Schwanzflosse bläulich weiss, mit schwarzen und dunkelbraunen unregelmässigen Flecken. Mitten zwischen dem Ende der After- und dem Anfange der Schwanzflosse steht an der untern Seite ein braunes oder schwarzbraunes Querband. Die erste Rückenflosse gelb und schwarz marmorirt, mit gelber, einfarbiger Kante. Die zweite Rückenflosse grau, durchscheinend, mit gelblichen Strahlen und rothgelber Kante. Schwanzflosse rothgelb, mit braunrothen Flecken, die in mehr oder weniger regelmässigen Querbändern stehn. Afterflosse an der Basis weiss, an der Spitze gelb. Bauchflossen weiss, mit 2 fleischfarbenen oder braunrothen Querbändern. Die Strahlen der Brustflossen sind an der äussern Seite gelb, unten an der Basis graubraun, gegen die Spitze hin fleischfarben quergefleckt; an der innern Seite sind die Querflecken rothbraun, und die Strahlenknochen haben dort 2—3 Reihen runder weisser Flecken.

Aufenthaltsort und Lebensweise: So wohl in der Nord-, als auch in der Ostsee kommt der Seescorpion an Scandinaviens Küsten ziemlich allgemein vor, und er scheint am gemeinsten in den mittleren und den nördlichen Gegenden zu seyn; doch trifft man ihn nur in den genannten Meeren an, nie in süssem Wasser. Fast das ganze Jahr hindurch hält er sich in der Tiefe auf und geht nur während der Laichzeit an die Stränder. Er hält sich beständig am Grunde auf, geht wenigstens höchst selten an die Wasserfläche und steht gewöhnlich in dunklen Löchern verborgen, weswegen er sich auch am häufigsten über steinigem Boden unter sogenannten Hohlsteinen (Hålstenar) aufhält, zwischen denen er sich ein dunkles Loch aussucht, in welchem er auf Raub lauert. Seine Bewegungen im Wasser scheinen, wenn sie gleich schnell sind, doch mit vieler Anstrengung zu geschehen. Während derselben biegt er den Körper stark, wie der Aal, aber er kommt dessenungeachtet nicht so schnell vorwärts, wie man in Betracht seiner grossen Flossen gewöhnlich glaubt. Er ist wenig feig und unglaublich gefrässig*), wächst, wie es scheint, minder schnell und wird hier selten grösser, als 9 Zoll lang, angetroffen.

Nahrung: Würmer, Crustaceen und Fische.

Fortpflanzung: Gegen den Schluss des Octobers steigt der Seescorpion in grösseren Schaaren gegen die Strände an. Männchen und Weibchen sind immer beisammen und kommen mit einem Male, wenn gleich die Anzahl der erstgenannten etwas geringer ist. Die Laiche wird am Ende des Octobers, oder im Anfange des Novembers über steinigem Boden angestellt. Ich habe Veranlassung, zu glauben, dass der Rogen vom Männchen, ehe er abgesetzt wird, befruchtet werde, und dass beide Geschlechter sich in der Tiefe paaren, ehe das Weibchen gegen das Land, um sich des Rogens zu entledigen, ansteigt. Da diese Fischart sich leichter, als die meisten anderen, während der Laiche beobachten lässt, so müsste man bisweilen Männchen und Weibchen während derselben näher verbunden finden, oder es müsste auch die Anzahl der Männchen so gross seyn, dass sie möglicher Weise den abgesetzten Rogen befruchten könnten. Das geschieht aber nicht. Das Männchen steigt nie so nahe an den Strand, als das Weibchen, und auf 20 Weibchen kann man hier zu Lande nicht ein Männchen rechnen.

*) Ein Beweis für die Gierigkeit dieses Fisches ist, dass der Verfasser im Magen eines weiblichen Seescorpions von kaum 9 Zoll Länge, welchen er bei einer Gelegenheit geöffnet hatte, 3 Plötzen fand, deren jede fast 4 Zoll lang war.

Der Rogen, welcher sehr grobkörnig und gelblich ist, wird an Steine und Gras abgesetzt.

Fang: Zu allen Zeiten des Jahres erhält man hier zerstreute Individuen dieses Fisches mit dem Zugnetze, welches in tieferem Wasser mit Steingrund gezogen wird. Während des Herbstes beim Schlusse des Octobers, während des ganzen Novembers und eines Theils des Decembers, so lange das Meer offen ist, haut man den Seescorpion bei Feuer in der Nacht mit der sogenannten *Fischgabel.* An die Angel beisst er gierig; er findet sich oft an den Stellen ein, an welchen Dorsche geangelt werden, und verursacht dann den Fischern viel Verdruss. Kaum hat der Angelhaken den Grund erreicht, so wird er vom Seescorpione verschluckt, und wenn dieser losgemacht und ins Meer zurückgeworfen worden, ist er nichtsdestoweniger sogleich bereit, den Haken aufs neue einzuschlucken. Die Scheerenbewohner schneiden oft ein Stück aus einer Flosse des heraufgezogenen Seescorpions, um, wie sie sich ausdrücken, *ihn zu zeichnen (för att märka henne)* und lassen ihn dann wieder ins Meer, ziehen aber nach einer kleinen Weile denselben bezeichneten Fisch wiederum auf.

Nutzen: Nur das Weibchen wird hier zur Speise benutzt. Das Männchen, welches sehr selten ist, isst man hier nie. Es wird für sehr giftig gehalten, gewöhnlich sogleich, wie es gefangen worden ist, ins Meer zurückgeworfen und nie mit heim genommen. Mittelst einer künstlichern Bereitung wird der Seescorpion sehr wohlschmeckend; besonders ist seine Leber ein Lekkerbissen. Schaden thut er wohl nicht, wenn nicht dadurch, dass er sich dergestalt in den Garnen der Fischer verwickelt, dass man ihn nicht, ohne mehr oder weniger den Netzen zu schaden, aus denselben losmachen kann.

Der Seebulle (*Cottus quadricornis* Linn.).

Artkennz. Körper drehrund, nach dem Schwanze hin stark verschmälert. Rücken gerade. Kopf platt, viel breiter als der Körper, mit 4 hornartigen und schwammähnlichen, stumpfen Knorren. R. 9—14, Br. 16, B. 4, A. 13, Schw. 15. Länge 6—7 Zoll.

Cottus quadricornis Linn. Syst. Nat. I. p. 451. Fn. Sv. p. 114. Gmel. Syst. I. 3. p. 1208. — Retz. Fn. p. 328. — *Cottus scaber tuberibus quattuor corniformibus in medio capite,* Artedi, Gen. p. 48. Sp. p. 84. Syn. p. 77. — *Der Seebull,* Bloch, III. p. 216. Tab. 108. — *Le Cotte quatre cornes,* La Cépède, Hist. nat. d. Poiss. T. III. p. 241. — *Le Chaboisseau à quatre tubercules des mers septentrionales,* Cuv., Hist. nat. des Poiss. T. IV. p. 168.

Namen: Seebulle, Meerbulle, Meerochse (*Schwed.* Simpa, Hornsimpa).

Beschreibung: Kopf platt, viel breiter, als der Körper, hat mehre Höcker und Zacken, besonders an den Seiten. Körper vom Kopf an allmählig verschmälert, fast drehrund. Rachen gross, und Oberkinnlade etwas vorspringend. Zähne sehr klein, in beiden Kinnladen in mehre Reihen gestellt. Im vordern Theile des Gaumens befindet sich ein halbmondförmiger, gezähnter Knochen. Im Schlunde giebt es 4 solche, ebenfalls gezähnte Knochen, zwei runde oben und zwei etwas längliche unten. Die Nasenlöcher haben zwei kaum bemerkbare Oeffnungen und liegen den Augen näher, als der Schnauze. Augen, fast oval, wenig von einander getrennt, liegen am obern Theile des

Kopfes. Vier Hörner oder Höcker stehn im Vierecke mitten auf dem Kopfe; von diesen sind die zwei vorderen die grössten und runder, als die hinteren, welche meist etwas zusammengedrückt sind. Die Spitze, oder richtiger der obere Theil der Zacken, ist bei älteren Individuen mehr in die Breite gezogen, flach, uneben und porös und hat das Ansehn eines schwammähnlichen Knopfes. Bei jüngeren sind sie alle etwas nach der Länge zusammengedrückt, und die Knöpfe weniger ausgebildet *). Ausser diesen vier Höckern finden sich auch auf dem Kopfe mehre Zacken, von denen die deutlichsten 2 hornförmige, rückwärts gebogene und bewegliche auf der Schnauze sind. An jeder Seite des Kopfes stehn 4 gerade, spitzige Zacken auf dem obern Kiemendeckel, von welchen die 3 oberen nach hinten, der unterste hingegen nach vorn gerichtet ist. Auf der Kiemenhaut stehn 2; der obere ist nach hinten, der untere nach vorn gebogen. Diese liegen unter der Haut, und nur die äusserste Spitze ist frei. Ausserdem befindet sich über jeder Brustflosse einer, welcher auch von der Haut bedeckt ist, ausgenommen die Spitze, welche hervorragt. Eben so stehen 2 breite Zacken nach dem Rücken hin, bei der Kiemenöffnung. Die gerade Seitenlinie liegt dem Rücken näher. Vom Kopfe bis zur Schwanzflosse liegen über dieser Linie, der Länge nach am Körper, 2 Reihen kleiner, drehrunder und scharfer Warzen, welche ihre Befestigung in der Haut haben. Aehnliche liegen auch unter der Sei-

*) Pallas spricht zwar den jüngeren Individuen diese Höcker ab und gesteht sie nur denjenigen zu, welche 9 (englische) Zoll erreicht haben. Hier aber finden sich jüngere Individuen von nicht mehr als 3 schwed. Zollen Länge, bei welchen diese Höcker deutlich ausgebildet sind.

tenlinie, aber dieser sind nur wenige; sie liegen in zwei oder mehren Reihen, zwischen der zweiten Rücken- und der Afterflosse. In der Zahl variiren diese Warzen sehr und verhalten sich rücksichtlich derselben stets verschieden bei verschiedenen Individuen. Die Haut zwischen den Höckern ist glatt und ohne Schuppen. Die erste Rückenflosse fängt mitten über dem Ende der Brustflosse an, endigt sich über dem After und hat 9 ungetheilte, biegsame Strahlen, deren dritter der längste ist. Die zweite Rückenflosse fängt über dem After an, endigt sich etwas vor dem Ende der Afterflosse und hat 14 Strahlen; diese sind lang, an beiden Seiten rauh anzufühlen und an der Spitze ungetheilt. Die sehr breiten und langen Brustflossen haben 16 an der Spitze ungetheilte Strahlen, welche an der äussern Seite rauh sind; die mittleren sind die längsten. Die Bauchflossen, welche mitten unter den Brustflossen liegen, haben jede 4 Strahlen, deren 2 vordere so verwachsen sind, dass man sie kaum unterscheiden kann, und sie einen an der Basis zweitheiligen Strahlenknochen auszumachen scheinen; die 3 ersten haben weiche Spitzen. Die fast ebene Afterflosse hat 13 glatte, ungetheilte Strahlen. Der fast gerade abgeschnittene Schwanz hat 15 deutliche Strahlenknochen, deren mittlere an der Spitze zweitheilig sind.

Die *Farbe* ist am obern Theile des Körpers graugelb, fein marmorirt, mit dunklen und so zusammenfliessenden Flecken, dass der Körper beinahe einfarbig erscheint. Seiten weissgrau mit messinggelbem Anstriche. Bauch weiss. Kopf und Schwanz unten grauweiss. Die Reihen erhabener, runder Warzen, welche auf den Seiten des Rückens und Schwanzes stehn, sind grauweiss.

Die erste Rückenflosse grau, mit dunkleren Flekken und einem weissgelben grössern Flecken am Ende. Die zweite Rückenflosse blaugrau, mit feinen dunklen Flecken und röthlicher Kante. Die Schwanzflosse hat dieselbe Farbe und dieselben Flecken. Afterflosse weisslich mit rothgelber Kante. Bauchflossen weiss. Brustflossen dunkel graubraun, mit an der innern Seite sehr oft schwarzen Flekken und gelblich grauen Flossenstrahlen. Iris kupferroth, mit einem feinen messinggelben Rande um die Pupille, welche blau mit Stahlglanz ist.

Aufenthaltsort und Lebensweise: Diese Groppenart kommt hier viel spärlicher vor, als der Seescorpion, welches sich auch an anderen Orten so zu verhalten scheint. Sie findet sich in allen Scheeren der Ostsee und am reichlichsten in den mittleren und nördlichen, im höhern Norden jedoch nicht. Im Sunde und den südlichen Scheeren soll sie auch nicht vorkommen, oder dort wenigstens unter die seltenen Fische zu rechnen seyn. Ihre Lebensweise ist in der Hauptsache der des Seescorpions gleich. So wie dieser bewohnt sie das ganze Jahr hindurch die Tiefe, ausser gegen den Herbst, in welchem sie die Stränder sucht, um zu laichen. Sie liebt eine eben so abgesonderte Lebensweise und ist nicht schreckhafter, auch ein nicht geringerer Vielfrass, als jener. An Lebendigkeit und Leichtigkeit in den Bewegungen übertrifft sie jedoch denselben; seine Grösse erreicht sie nie.

Nahrung: Crustaceen und Würmer, bisweilen auch kleinere Fische.

Fortpflanzung: Sobald kältere Frostnächte eingetreten sind, in der Mitte, oder am häufigsten am Schlusse des Octobers, steigt der Seebulle in Gesellschaft des Seescorpions gegen steinige Stränder an, wo er im November seine Laiche anstellt. Der Rogen, welcher an Steine und Pflanzen abgesetzt wird, ist grobkörnig, von Farbe hellgrün und in grösseren oder kleineren Klumpen zusammenhangend. Man trifft von dieser Art Männchen und Weibchen unter einander während der Laiche; es scheint gewiss zu seyn, dass das Männchen auf gewöhnliche Weise den Rogen, nachdem er abgesetzt ist, befruchte.

Fang: Wie den vorigen fängt man auch diesen, wenn gleich spärlich, mit dem Zugnetze und mit dem kleinen Garnnetze, welche für andere Fische ausgeworfen sind; auch haut man ihn des Nachts bei Licht mit der Fischgabel.

Nutzen: An Geschmack übertrifft er den Seescorpion sehr. Sein nur in gesalzenem Wasser gekochtes Fleisch hat einen eigenen, nicht unangenehmen Geruch und, auch ohne die gewöhnliche künstliche Zubereitung, einen angenehmen Geschmack. Man stellt ihm auch weit mehr nach, als dem Erstgenannten, und die Scheerenbewohner rechnen ihn zu den Leckerbissen.

Der Seebüffel (*Cottus Bubalis* Euphrasenii).

Artkennz. Oberer Kiemendeckel mit 4 Zacken, von denen die vorderen kurz, der hinterste lang und fast gerade sind. Seitenlinie gerade, sägezähnig.

R. 8—11, Br. 15, B. 3, A. 8, Schw. 11.

Länge des zur Beschreibung vorliegenden Exemplars 4¾, Breite 1½ Zoll.

Cottus Bubalis Euphrasén, Kongl. Vetensk. Acad. Handl. 1786. p. 65. Tab. III. Fig. 23. — Cuvier, Règne anim. II. p. 163. Hist. nat. des Poiss. T. IV. p. 155. Fig. 78. — Nilsson, Prodr. p. 97.

Namen: . . . . . . *) (*Schwed.* Ox-Simpa).

Beschreibung: Körper, sehr breit am Kopfe und stark verschmälert nach dem Schwanze. Kopf stark abgerundet. Vom obern Rande der Augen laufen über den Nacken 2 erhabene Knötchenreihen, von denen jede aus 2 langen Knötchen gebildet wird. Mund gross; die Kinnladen fast gleich lang, doch scheint die obere etwas vorzustehen. Kardenstacheln ähnliche Zähne in den Kinnladen, im Schlunde und auf dem Pflugscharknochen; der obere Kiemendeckel hat 4 Zacken, deren 3 vordere kurz sind. Die Spitze des ersten und zweiten ist nach vorn, die des dritten nach hinten gekrümmt. Der vierte Zacken ist sehr lang, fast gleich der Spitze (Spina) des untern Kiemendekkels, mit einer dünnen Haut überzogen, ausser der Spitze, welche, bis auf einer Linie Länge, nackt, scharf und durchsichtig ist. Die Augen sitzen nahe bei einander, sind an der obern Seite von einer hoch aufgerichteten Kante umgeben und zum Theile von der Körperhaut bedeckt. Nasenlöcher, fast mitten zwischen Augen und Schnauze, haben jedes eine feine, runde Oeffnung. Seitenlinie gerade, liegt dem Rücken viel näher, als dem Bauche, ist erhaben und besteht aus sägezähnigen, rückwärts gerichteten Zacken. Erste Rückenflosse, bogenförmig, hat 8 ungetheilte Strahlen; der letzte der

*) Ich habe für diesen Fisch (ausser dem ihm vom Hrn. Hofr. Voigt in der Uebersetzung des Cuvier'schen Werkes beigelegten Namen Meer- oder Seebull, welcher doch nach Nemnich dem Cottus quadricornis zukommt) keinen deutschen Namen auffinden können und ihn daher nach der Euphrasén'schen lateinischen Benennung Seebüffel genannt. Auch der schwedische Namen, Ox-Simpa, ist wohl kein sonst gebräuchlicher, sondern erst vom Hrn. Ekström gemacht worden.

kürzeste. Zweite Rückenflosse gleichfalls bogenförmig und 11-strahlig; die Strahlen ungetheilt, und der letzte der kürzeste. Brustflossen, jede mit 15 ungetheilten Strahlen; der siebente und achte die längsten. Afterflosse mit 8 ungetheilten Strahlen. Bauchflossen, 3 dicke, ebenfalls ungetheilte. Strahlen der Schwanzflosse 11-ästig.

Farbe: Körper oben dunkelbraun mit 5 schwarzbraunen Querflecken und graugelber Marmorirung. Seiten rothgelb und bläulich, auch mit feiner Marmorirung. Bauch weisslich blau, mit einem gelben, grösseren Flecken vor der Bauchflosse und einem noch grössern goldfarbenen zwischen den Brustflossen. Bauchflossen von der Farbe des Bauchs, mit braunen, nicht sonderlich breiten Querbändern, 5—6 an der Zahl; die übrigen Flossen rothbraun mit dunkleren Querstrichen. — Die Zacken braun, wie der Kopf; aber die Spitze des längsten ist weiss und durchsichtig. Augenring braun mit einem fast unbemerkbaren, messinggelben Rande. Pupille blau. Am Ende und Anfange der zweiten Rückenflosse steht ein grösserer, graugelber, runder Flecken.

Diese Groppen-Art, deren Lebensweise vermuthlich mit der der übrigen Arten jener Gattung übereinstimmt, ist früher als ein Bewohner der Nordsee bekannt gewesen. Das hier beschriebene Exemplar, das erste, welches in der Ostsee gefunden worden ist, ward in den hiesigen Scheeren zu Anfange des Novembers vom Oberkammerjunker, Grafen N i l s B o n d e entdeckt und mir geneigtest zugesandt, während es noch lebte. Es ist nachher von dem Hrn. Grafen dem Reichs-Museum geschenkt worden, in welchem es jetzt aufbewahrt wird.

Gattung Lachs (*Salmo* Linn.).

Linné rechnete zu dieser Gattung alle die Fische, bei welchen *der Kopf glatt*, *der Rükken mit zwei Flossen versehen ist, deren hintere ein Hautlappen ohne bemerkbare Strahlen ist, und Zähne in den Kinnladen wie auf der Zunge stehen,* fand jedoch bald, dass diese weitläuftige Gattung getheilt werden müsste, und setzte deshalb in der letzten Ausgabe des Systema Naturae vier Unterabtheilungen fest: *Truttae* (Lachse) mit geflecktem Körper, *Osmeri* (Stinte) mit der Afterflosse unter der Rückenflosse, *Coregoni* (Schnäpel) mit keinen oder unbemerkbaren Zähnen, und *Characini* mit nur vier Strahlen in der Kiemenhaut. Aus diesen Unterabtheilungen sind in späteren Zeiten eigene Gattungen entstanden, welche wieder in kleinere Unterabtheilungen zerfallen sind. Alle zu diesen gehörenden Fische haben gleichwohl, mit wenigen Ausnahmen, gemeinschaftlich ein wohlschmeckendes Fleisch, leben sämmtlich vom Raube, steigen, um zu laichen, in die Flüsse und halten sich in klarem und tiefem Wasser, meistens über Stein- und Sandgrund, auf. Von den vielen Gattungen der Familie kommen hier nur eigentliche Lachse, Stinte und Schnäpel vor.

Eigentliche Lachse (*Salmo* Art.).

Diese zahlreiche Gattung zeichnet sich aus durch *einen gestreckten, völligen und wohlgebildeten Körper, welcher mit etwas kleinen, strahligen Schuppen bedeckt ist, und dessen Seiten mit dunkleren Flecken bezeichnet sind; die Bauchflossen sitzen fast mitten am Körper und haben ihre Wurzel unter der vordern Rückenflosse. Kinnladen, Gaumen und Zunge sind stark gezahnt. Die Kiemenhaut hat 10—12 Strahlen.* Sie halten sich sowohl im Meere, als in solchen Seen auf, welche mit demselben Gemeinschaft haben, und leben zerstreut, ausser in der Zeit, in welcher sie in die Flüsse gehen, um zu laichen. Sie besitzen viel Muskelstärke und springen über bedeutende Höhen, selbst im stärksten Strome, hinweg, halten sich vorzugsweise über steinigem oder sandigem Boden auf, wo das Wasser klar ist, leben vom Raube und nehmen ihre meiste Nahrung aus dem Thierreiche, jedoch leben sie nicht alle ausschliesslich von animalischen Stoffen. Ihre Gemüthsart ist munter und unruhig. Sie führen eine herumstreifende Lebensart und haben keinen festen Aufenthaltsort. Ihr Fleisch ist ungeachtet des öligen Fetts, welches es gewöhnlich enthält, wohlschmeckend und gesund. Von den scandinavischen Fischen werden sie in den am höchsten über der Meeresfläche gelegenen Seen angetroffen.

Der Lachs (*Salmo Salar* Linn.).

Artkennzeichen. Die Spitze der Oberkinnlade geht über die der untern hinaus; Körper fleckig; Schwanz gespalten; Afterflosse hat 13 Strahlen. R. 15, Br. 14, B. 10, A. 13, Schw. 19.

Salmo Salar Linn. Syst. Nat. I. p. 509; Faun. Spec. p. 122. Retz. Faun. p. 344. — *Salmo rostro ultra inferiorem maxillam saepe prominente,* Art. Gen. p. 11. Sp. p. 48. Syn. p. 22. — Gmelin, Syst. I. 3. p. 1364. — *Der Lachs*, Bloch, I. p. 162. Tab. 20. *Der Hakenlachs,* III. p. 185. Tab. 98. — *Le Salmone Saumon,* La Cépède, Hist. nat. d. Poiss. T. V. p. 159. — K. Vetenskaps Acad. Handl. 1751. p. 11—96—178. — **Faber**, Naturgesch. d. Fische Island's p. 156. — **Cuvier**, Règne anim. II. p. 302. — **Nilsson**, Prodromus Ichthyol. Scandin. p. 2.

Namen: Lachs, Salm (*Schwed.* Lax, Haf-Lax).

Beschreibung: Körper dick, zusammengedrückt, mit mittelmässig grossen, sehr fein geriefelten Schuppen. Rücken abgerundet, gerade; Bauch wenig breit. Kopf gleichmässig zugespitzt, zusammengedrückt, fast keilförmig und im Verhältnisse zum Körper klein. Mundöffnung gross. Bei geschlossenem Munde springt die Schnauze vor der untern Kinnlade vor. Die Nasenlöcher haben eine doppelte Oeffnung und liegen den Augen näher als der Schnauze. Die Augen liegen an den Seiten des Kopfs, sind klein und rund; die nach hinten runde Pupille hat nach vorn einen stumpfen Winkel. Die Zähne in der Ober- und Unterkinnlade sind gross, rund und fest sitzend; zwischen ihnen sitzen einige kleinere, bewegliche. An der Seite des Gaumens sitzen zwei Reihen starker Zähne, zwischen welchen sich, weit nach vorn, zwei, drei oder vier kleinere befinden. An der obern und untern Seite im Schlunde sitzen einige feine, einwärts gebogene Zähne. Die Zunge ist dick, weiss, knorpelartig und frei, hat 5, 6, 7 u. s. w. scharfe, einwärts gebogene Zähne. Seitenlinie, völlig gerade, liegt dem Rücken näher. Von den beiden Rückenflossen hat die vordere 15 Strahlen, von denen die zwei ersten klein und einfach, die übrigen an der Spitze ästig, der vierte und fünfte die längsten sind; die beiden letzten sitzen sehr dicht beisammen. Die zweite Rückenflosse ist nur ein Hautlappen ohne Strahlen. Von den Brustflossen hat jede 14 Strahlen, von denen der erste der längste und einfach, die übrigen an der Spitze ästig, der letzte der kleinste sind. Bauchflossen, jede mit 10 Strahlen, von welchen der erste und zweite die längsten, die übrigen sehr stark und an der Spitze ästig, der letzte der kleinste. Der erste oder kleinste Strahlenknochen ist an der Basis einfach, aber nicht stachlicht an der Spitze. Am obern Theile dieser Flosse befindet sich ein grosses, schuppiges Anhängsel. Die Afterflosse hat 13 Strahlen, von denen die zwei vordersten die kleinsten und einfach, der vierte und fünfte die längsten, die übrigen an der Spitze ästig sind. Schwanzflosse, wenig gespalten, hat 19 längere Strahlenknochen, ausser den kleineren an den Seiten.

Farbe: Stirne, Nacken, Wangen und Rücken schwärzlich; die Seiten blau oder grünlich nach dem Rücken hin und silberweiss nach unten. Brust und Unterleib rothgelb. Kiemenhaut gelblich. Die Kiemendeckel haben schwarze, fast runde Flekken; um die Seitenlinie stehen einige schwarze, zerstreute, unregelmässige Flecken. Die erste Rükkenflosse ist grau, gefleckt. Fettflosse schwarz. Brustflossen an der Spitze graublau und an der Basis gelb. Bauchflossen blass mit dunkler Spitze. Die Anhängsel der Flossen weiss. Afterflosse weissgrau. Schwanzflosse schwärzlich. Seitenlinie schwarz. Iris silberweiss; Pupille graulich.

Aufenthaltsort und Lebensweise: *) Dieser vortreffliche Fisch gehört zwar eigentlich den nördlichen Meeren und deren Flüssen an; aber er wird auch in grösseren Binnenseen mit süssem

---

*) Was ich hier anführe, beruht meistens auf den Angaben anderer Schriftsteller. In den hiesigen Scheeren kommt der Lachs nur zufällig und in so beschränkter Anzahl vor, dass hier keine Beobachtungen über seine Lebensweise angestellt werden können.

Wasser angetroffen, sobald diese in einiger Verbindung mit dem Meere stehen. In Scandinavien scheint er die nördlicheren Provinzen zu seinem liebsten Aufenthaltsorte erwählt zu haben. Boje sah ihn auf seiner Reise in Norwegen in Menge zwischen dem 67sten und 68sten Gr. nördl. Br. Während des Winters hält sich der Lachs im Meere auf; aber sobald die Seeküste offen und vom Eise befreit ist, steigt er in die Flüsse hinan, von denen er vorzugsweise solche wählt, welche sich mit starkem Strome in die See ergiessen. Das Hinansteigen geschieht allezeit dann, wenn der Wind vom Flusse aus nach dem Meere bläst. Die Fischer nennen diesen Wind: Lachswind. Der Lachs zeigt dann die fast unglaubliche Stärke, durch welche er im Stande ist, über ansehnlich hohe, bis zu 6—8 Ellen über der Wasserfläche hervorragende Klippen wegzusetzen, und überwindet dadurch die meisten Hindernisse, welche ihm im Wege liegen. Man hat zu bemerken geglaubt, dass er beim Steigen eine gewisse Ordnung beobachte. Wie bei den Zugvögeln soll der Trupp einen spitzigen Winkel bilden; die Weibchen gehn vorauf, dann folgen die alten Männchen und zuletzt die jüngeren, welche ihr Geschlecht noch nicht fortpflanzen können. Er drängt sich am liebsten dahin, wo der Strom am tiefsten und die Strömung am stärksten ist, und liebt ein tiefes, klares und kaltes Wasser, insonderheit wenn sich dabei Schatten findet, unter Bergen, und solches, dessen Boden aus Steinen und Sand besteht. Während des Spätherbstes geht er, nachdem er seinen Rogen in den Fluss abgesetzt hat, nach der See zurück, oder in irgend einen grössern Süsswassersee und bringt daselbst den Winter zu. Der Muth des Lachses entspricht der

Stärke desselben nicht; er scheut sich vor Geräusch und dunklen Körpern; dagegen soll er an lebhaften Farben Gefallen finden. Die Fischer pflegen gewisse Felsen mit Kalk zu bestreichen, um den Lachs ans Land zu locken. Vermuthlich stellt sich der Fisch vor, dass die weisse Farbe von dem Schaum eines grossen Stromes herleuchte. — Der Lachs stirbt bald, wenn er aus dem Wasser genommen worden ist. Wachsen soll er schnell.

Nahrungsstoffe: Obzwar dieser Fisch gierig ist, kann er doch eben nicht als ein Vielfrass angesehen werden. Seine meiste Nahrung besteht aus kleineren Fischen; vorzüglich liebt er jedoch Würmer und Insecten, besonders die Larven der Frühlingsfliegen (Phryganeae).

Fortpflanzung: Das Laichen, welches allgemein in den Flüssen angestellt wird, geschieht im October, früher oder später, je nach der Ankunft des Frühlings. Es soll mit Geräusch vor sich gehen, und das Weibchen setzt seinen Rogen an Steine oder Sand u. s. w. ab.

Fang: Die vielen Fangarten, welche, um diesen Fisch zu gewinnen, angestellt werden, sind von verschiedenen Schriftstellern weitläuftig beschrieben worden. Hier fängt man ihn nur zufällig mit dem Zugnetze zur Herbstzeit.

Nutzen: Für wie wichtig der Lachs als Nahrungsmittel gehalten wird, ist allgemein bekannt. Sein Fleisch, welches eine mehr oder minder rothe Farbe, je nach Beschaffenheit der Jahreszeit und des Wassers, in welchem der Fisch sich aufhält, annimmt, ist gewöhnlich sehr fett, insonderheit, wenn er vor der Laichzeit gefangen wird, und hat ausserdem die seltene Eigenschaft, der Fäulniss lange zu widerstehen, auch wenn es unzubereitet bleibt. Die Art und Weise, es zuzubereiten, ist mannichfaltig; gewöhnlich isst man es geräuchert, oder gesalzen. — So wenig Schaden der Lachs anrichtet, so viel Feinde hat er doch. Der Mensch, wie gewöhnlich, unter ihnen der ärgste, hat hier zu Genossen Seehunde und Raubvögel. Auch ein Wurm, die *Lernaea salmonea* L., welche dieser Gattung eigenthümlich ist, soll ihm viel Plage verursachen.

Stinte (*Osmerus* Art.).

Sie wurden schon von Artedi von den Lachsen getrennt, aber von Linné wieder zu denselben gebracht. Sie unterscheiden sich von jenen durch: *eine kleinere Anzahl von Zähnen in den Kinnladen; die Strahlen der Kiemenhaut belaufen sich auf 7—8. Die Bauchflossen liegen weiter nach vorn, als die vordere Rückenflosse; der Körper ist gestreckter, weniger zusammengedrückt und ohne Flecken.* Auch sie halten sich sowohl im Meere, als im süssen Wasser auf, werden aber nie zerstreut, sondern immer in ziemlich grossen Schaaren angetroffen. Sie suchen den Stromgang während der Laichzeit, sind wenig scheu und sehr fruchtbar, sterben schnell, verbreiten einen widerlichen Geruch, halten sich in der Tiefe auf und lieben klares Wasser über Stein- oder Sandgrund. Ihr Fleisch ist unschmackhaft. Die meisten Arten sind klein.

Der Stint (*Osmerus Eperlanus*).

Artkennzeichen. Kopf und grösserer Theil des Körpers durchsichtig. Die untere Kinnlade rückwärts gebogen und weiter vorstehend, als die obere. Schwanz gespalten. Afterflosse mit 17 Strahlen.

R. 11, Br. 11, B. 8, A. 17, Schw. 19.

Länge $4\frac{2}{8}$ Zoll.

Salmo Eperlanus Linn. Syst. Nat. I. 1. p. 511. Fn. Sv. p. 124. — Retz. Fn. p. 348. — Gmel. Syst. I. 3. p. 1375. — *Osmerus radiis pinnae ani septendecim*, Artedi, Gen. p. 10. Spec. p. 45. Syn. p. 21. — *L'Osmère Eperlan*, La Cépède, Hist. nat. des Poiss. T. V. p. 231. — *Der Stint*, Bloch, I. p. 226. Tab. 28. Fig. 2. — Cuvier, Règne anim. II. p. 305. — Nilsson, Prodr. p. 12.

Namen: Stint, Stinkfisch, Alander (*Schwed.* Nors, Slom).

Beschreibung: Körper gestreckt, wenig zusammengedrückt, bedeckt mit ovalen, weichen, mittelmässig grossen, leicht abfallenden Schuppen. Rücken fast gerade, abgerundet und etwas breit. Bauch wenig platt. Kopf zusammengedrückt, etwas zugespitzt. Mund gross; untere Kinnlade aufwärts gebogen und vorstehend. Nasenlöcher haben eine doppelte Oeffnung und liegen in gleichem Abstande zwischen Augen und Schnauze. Augen, an den Seiten des Kopfes, sind gross und, so wie die Pupille, beinahe rund. Zähne in beiden Kinnladen; in der obern findet sich eine Reihe feiner Zähne; nach innen zu von diesen, im vordern Theile des Gaumens, sitzen einige grössere und starke Zähne, an der Zahl von 4, 5 und 6, welche neben sich eine innere Reihe von 3 oder mehr kleineren haben; zwischen diesen drei Reihen befinden sich wieder zwei andere Zahnreihen mitten im Gaumen; die Zähne in diesen sind lang und in eine gerade Linie gestellt. Die Unterkinnlade hat zwei Zahnreihen, in deren innerer die

Zähne grösser und an Zahl ungefähr 9 sind. Die Zunge hat auf der Spitze etwa 5 grosse und starke Zähne, weiter hinten nach der Zungenwurzel finden sich wieder 2—3 Reihen sehr feiner Zähne. Die Seitenlinie ist gerade und liegt dem Rücken sehr nahe, welcher zwei Flossen hat. Die vordere, welche über der Mitte der Bauchflossen anfängt, hat 11 Strahlen, deren erster und letzter die kürzesten sind; die beiden ersten sind ungetheilt, die übrigen an der Spitze sehr ästig. Die hintere ist eine Fettflosse, welche ihre Stelle mitten über der Afterflosse hat und ohne Strahlen ist. Die Brustflossen, welche ihre Ansatzstelle unter der Spitze des Kiemendeckels haben, sind gleichfalls mit 11 Strahlen jede versehen, bisweilen aber mit mehr als 12. Von diesen ist nur der erste ungetheilt, die übrigen sind an der Spitze ästig. Die 3 ersten sind die längsten, die letzten sehr klein und kurz. Die Bauchflossen, jede mit 8 Strahlen, die sämmtlich an der Spitze verzweigt sind. Der erste ist sehr klein und an der Basis einfach. Die Afterflosse hat 17 Strahlen, von denen die ersten 3 oder 4 einfach, die übrigen ästig sind. Die ersten und die beiden letzten, welche sehr nahe bei einander liegen, sind die kleinsten. Die Schwanzflosse ist einfach gespalten, und hat ausser den kleineren Strahlen an den Seiten 19 lange, an der Spitze wenig verzweigte.

Farbe: Der Kopf und der grössere Theil des Körpers sind, besonders nach dem Rücken hin, durchscheinend. Kopf ausserdem graulich, mit grünem Anstriche. Oberer Theil des Rückens grau. Wo die blaue Farbe aufhört, vermischt sie sich mit einer sehr hübschen grünen Farbe, unterhalb welcher eine feine, bläuliche Linie gezogen ist. Unter dieser fängt die Silberfarbe, etwas oberhalb der Seitenlinie, an und läuft nach den Seiten hinab; gegen den Bauch ist sie etwas mit Roth gemischt, der Bauch dagegen ist rein silberweiss und glänzend. Schuppen weiss. Alle Flossen weissgrau, ausser der Schwanzflosse, welche graulich ist. Iris silberfarben und am obern Rande schön bläulich; Pupille fast schwarz. Die Farbe, welche über den ganzen Körper aus Grau, Grün, Blau und Roth in den angenehmsten Abwechselungen gemischt ist, wird noch mehr durch einen silberweissen, changirenden Glanz verschönert, welcher dem einer ächten Perle nicht unähnlich ist. Man glaubt auch, dass Rondelet wegen dieser Aehnlichkeit in der Farbe dem Fische den Namen Eperlanus gegeben habe. In unseren Scheeren kommt auch oft eine Abart des Stintes vor, welche unter dem Namen *Slom* und *Nors-Kung* (*Salmo Eperlanus marinus* Bloch) bekannt ist. Dieser *„Stint-König"* unterscheidet sich von dem eben Beschriebenen in Nichts, als in der Grösse, welche bei ihm oft bis zu 8 Zoll und darüber steigt. Der Geruch ist bei ihm auch nicht so stark, aber eben so unangenehm.

Aufenthaltsort und Lebensweise: Der Stint scheint am gewöhnlichsten in den mittleren Provinzen von Scandinavien vorzukommen. In Schonen findet man ihn nicht, und seine Gränze gegen Norden ist mir nicht mit Gewissheit bekannt. In den Gegenden, in welchen er sich findet, ist er am zahlreichsten in grösseren Seen mit Sandgrund. Den grössern Theil des Jahres verlebt er in der Tiefe, und er zeigt sich nur in seichterem Wasser während des Frühjahrs, wenn er zu den Strändern und Stromgängen hinansteigt. Er ist wenig lebhaft in seinen Bewegungen und sehr wenig scheu. Einzeln trifft man diesen Fisch selten, oder nie. Wenn er sich zeigt, ist es immer in sehr grossen Schaaren. In diesen Scheeren erhält man jedoch oft einzelne Individuen, welche stets von der grössern Abart sind. Vermuthlich kommt dies daher, dass die kleineren nicht im Zugnetze bleiben, welches gewöhnlich grobe Maschen hat. Der Stint soll schnell wachsen und vermehrt sich stark. Er findet ein vorzügliches Behagen am Feuerscheine, welche Neigung die Fischer auch benutzen, um ihn anzulocken. Vermuthlich entspringt sie bei ihm aus Dummheit und Trägheit, welche beide er im höchsten Grade zu besitzen scheint. Der widrige Geruch, welchen er verbreitet, wird auch als für andere Fische unangenehm betrachtet. Da, wo die Fischerei mit dem Zugnetze minder lohnend ist, erhält man gewöhnlich den Stint; weshalb der Scheerenbewohner glaubt, dass es der Geruch dieses Fisches sei, welcher andere Fischarten von den Strändern vertreibe. Einige Leute halten jedoch diesen Geruch für angenehm.

Nahrung: Sie besteht aus Insecten und Würmern.

Fortpflanzung: Im März oder April, je nachdem das Eis früher oder später aufbricht, steigt der Stint in Ströme, Meerengen, oder nach solchen Strändern hinan, an welchen sich etwas Stromzug findet, geht aber immer in einigermassen tiefes Wasser, dessen Grund rein und sandig ist. Gewöhnlich steigt er gegen Abend und fährt damit die ganze Nacht fort, zieht sich aber, wenn der Tag anbricht, zum grössern Theile wieder in die Tiefe zurück. Merkwürdig ist, dass, während alle anderen Fische gern bei schönem Wetter laichen, gerade das Gegentheil beim Stinte Statt findet. Bei Sturmesbrausen mit Schneetreiben steigt er am stärksten hinauf; weswegen solche heftigen, mit Schneien verbundenen Winde, während der erwähnten Monate, den Namen *Nors-Il* (Stint-Unwetter) bekommen haben. Männchen und Weibchen begleiten sich während der Laiche und sind dann so dicht zusammengehäuft, dass sie sich dem Anscheine nach nur an einander reiben, um die letzteren von dem Rogen zu befreien, welcher an den unten liegenden Grund abgesetzt wird. Die Laiche hat auf diese Weise ihren Fortgang 4—5 Tage hindurch, länger oder kürzer, je nach der Jahreszeit und Witterung; fängt sie nämlich zeitig im Jahre an, so dauert sie immer länger, und umgekehrt, wenn ein spätes Frühjahr sie zurückhält.

Fang: Es geschieht eigentlich während der Laichzeit, wenn der Stint in Menge gefangen wird, welches gewöhnlich auf folgende Weise Statt hat. Quer über solche Meerengen oder Ströme, zu welchen der Stint des Laichens wegen hinansteigt, werden Reisigzäune von frischen Tannenzweigen gebaut, welche so eingerichtet sind, dass sich in ihnen über den grössten Tiefen des Wassers Oeffnungen befinden. Ueber diese Oeffnungen stellt sich der Fischer mit einem Hamen, welcher so gross ist, dass er die Oeffnung ausfüllt, und so feine Maschen hat, dass kein Stint sich durchdrängen kann. Dieser an seinem Stiele ausgespannte Hamen wird in die Oeffnung gesetzt, und nach einer längern oder kürzern Zeit, je nachdem der Fisch stärker oder schwächer heransteigt, heraufgezogen, wonach die gefangenen Stinte aus dem Hamen in einen nebenstehenden Nachen geschüttet werden. Wenn der Stint an Meeressträndern oder Vorgebirgen laicht, wird er dagegen mit dem Zugnetze gefangen, welches sich in keiner andern Hinsicht von einer gewöhnlichen Wathe unterscheidet, als dass seine Maschen sehr fein sind. Das Ziehen des Netzes geschieht nur in der Nacht, wo dann die Fischer nicht selten an den Strändern grosse Feuer anzünden, in der Meinung, wie schon erwähnt worden ist, dass der Fisch, vom Scheine angelockt, dem Strande näher komme. Zu anderen Zeiten im Sommer, wenn der Stint sich in tieferen Strömen aufhält, wird er nur mit dem sogenannten *Senk-Hamen* gefangen, welcher aus einem eisernen Ringe von etwa 3 Ellen im Durchmesser besteht, an welchem das Netz befestigt ist, und an welchen 3 oder 4 Schnüre in gleichem Abstande von einander gebunden sind. Diese Schnüre, deren jede ungefähr 2 Ellen lang ist, werden zusammengeknüpft, und an ihnen wird wieder ein grobes Tau befestigt, mittelst dessen der Hamen aufgezogen wird. Ist das Wasser nicht allzu tief, so bedient man sich eines 9—10 Ellen langen Stieles anstatt der erwähnten Schnüre. Diese Hamen werden in tiefere Ströme hinabgesenkt, und nachdem sie eine Weile am Grunde gelegen haben, aufgezogen, wo alsdann immer einige Stinte mitkommen. Diese Fischerei ist wenig lohnend und wird immer nur angewandt, damit man sich Stinte zum Köder an der Angel für grössere Fische verschaffe. In den hiesigen Scheeren fängt man den Stint nur zufällig, wenn das Zugnetz um anderer Fische willen gezogen wird. Gemeinhin erhält man dann die grössere Abart.

Nutzen: Wenn gleich der Stint zu den verachteten Fischen gerechnet wird, ist er doch von sehr grossem Nutzen für die niedere Volksklasse, welche genöthigt ist, sich auf kärglichere Kost zu beschränken. Er wird während der Laichzeit an gewissen Orten in solcher Menge gewonnen, dass er sehr wohlfeil ist und daher von armen Leuten leicht gekauft werden kann. Der Fisch hat einen faden und wenig behaglichen Geschmack. Nachdem man ihn vorher in der Sonne wohl getrocknet hat, ohne ihn auszunehmen, oder zu salzen, bewahrt man ihn entweder so auf, oder legt ihn auch in Tonnen, wo dann zwischen jede Schicht Asche gestreut wird. Frisch, oder trokken gekocht, wird er mit Essig und Senf gegessen. Hat er aber in Asche gelegen, so verspeist man ihn auf dieselbe Art, wie gedörrte und dann eingelaugte Fische. Er scheint indessen nur zur Speise für andere Fische geschaffen zu seyn. Zum Köder an der Angel ist er vielleicht der passendste.

Schnäpel (*Coregonus* Art.).

Die Schnäpel zeichnen sich aus durch *einen ungefleckten, gestreckteren und längern Körper, als den der Lachse; haben überdies nur 6—8 Strahlen in der Kiemenhaut, einen kleinen Mund mit keinen oder sehr feinen und dem blossen Auge oft unbemerkbaren Zähnen; grosse und wie Dachziegel über einander liegende Schuppen.* Sie halten sich, wie die Lachse, im Meere und süssen Wasser auf; leben von thierischer Nahrung. Ihre Laiche fällt in den Herbst. Ihr Fleisch ist weiss, fest und wohlschmeckend.

Der Schnäpel (*Coregonus oxyrhynchus* Linn.)

Artkennzeichen. Kopf zusammengedrückt, zugespitzt; Schnauze stumpf, verlängert und fleischig; untere Kinnlade kürzer. 15 Strahlen in der Afterflosse.

R. 15, Br. 17, B. 11, A. 15, Schw. 19.

Salmo oxyrhynchus Linn. Syst. Nat. I. p. 512. Retzii Fn. p. 348. Gmel. Syst. I. 3. p. 1383. — *Coregonus maxilla superiore longiore conica,* Artedi, Gen. p. 10. Syn. p. 21. — *Le Corégone oxyrhinque,* La Cépède, Hist. nat. des Poiss. T. V. p. 267. — *Le Houting,* Cuv. Règne an. II. p. 307. — *Der Schnäpel,* Bloch, I. p. 216. Tab. 25. — *Coregonus oxyrhynchus,* Nilss. Prodr. p. 14.

Namen: Schnäpel, Schnepel, Schnabel, Schnäbel, Schnabelfisch (*Schwed.* Sik).

Beschreibung: Körper dick, zusammengedrückt, gegen den Schwanz zugespitzt, mit grossen, fast ovalen Schuppen bedeckt. Rücken erhaben, mit einer etwas erhöhten Kante vom Kopfe bis nach der Rückenflosse; von dieser nach dem Schwanze breit und abgerundet. Bauch breit und platt. Kopf zugespitzt, fast keilförmig, an den Seiten zusammengedrückt und vor den Augen durchsichtig. Die Schnauze läuft über den Mund hinweg in eine stumpfe Spitze aus; der Mund ist klein im Verhältnisse zum Körper, und die obere Kinnlade ist länger als die untere. Sehr feine Zähne in der Oberkinnlade, auf der Zunge und im Schlunde. Die Nasenlöcher, welche den Augen näher als der Schnauzenspitze liegen, haben zwei Oeffnungen, von denen die vordere klein und fast rund, die hintere grösser und länglich ist. Oberhalb jedes Nasenlochs steht eine Vertiefung mit einem äusserst feinen Loche. Augen an den Seiten des Kopfs; Pupille rund mit einer etwas vorspringenden Spitze nach vorn. Seitenlinie, gerade, liegt dem Rücken näher. Zwei Rückenflossen, deren vordere, welche sich mitten über dem Anfange der Bauchflossen endigt und der Quere nach schief abgeschnitten ist, 15 Strahlen hat, deren fünfter der längste ist; der erste, kaum bemerkbar, erhebt sich wenig aus der Rückenhaut, und ist, wie die 4 folgenden, ungetheilt. Die zweite Rückenflosse ist ein flossenähnlicher, schief abgerundeter Hautlappen, ohne Strahlen. Brustflossen, jede mit 17 ästigen Strahlen, von denen der dritte der längste ist. Bauchflossen, jede mit 11 Strahlen, die sämmtlich verzweigt sind, und deren zweiter der längste ist. Zwischen dem Körper und diesen Flossen sitzt zu beiden Seiten ein weisses zugespitztes und schuppiges Anhängsel (apophysis). Afterflosse hat 15 Strahlen, deren 4 erste ungetheilt sind; der erste von ihnen ist sehr kurz, der vierte und fünfte sind die längsten. Die stark eingeschnittene Schwanzflosse hat 19 Strahlenbüschel, wenn man die Rechnung mit dem längsten anfängt und beschliesst.

Farbe: Rücken grünlich blau; Seiten silberweiss. Während der Laichzeit haben die Männchen 5 erhabene, milchweisse Knotenreihen aussen an jeder Seite, 2 über der obern und 3 unter der untern Seite der Seitenlinie, welche gerade Linien bilden. Die Seitenlinie hat auch eine ähnliche, wenn gleich minder deutliche und oft unbemerkbare Knötchenreihe. Die Knötchen stehen auf dem Rücken der Schuppen in der Form erhabener Linien. Der Bauch ist glänzend, silberweiss. Erste Rückenflosse grau mit schwarzen Flecken. Fettflosse graublau. Brustflossen weissgrau, mit feinen schwarzen Puncten. Bauchflossen grünlich blau, mit hellgrauen Strahlen. Afterflosse von derselben Farbe. Schwanzflosse blaugrau. Iris silberweiss.

Aufenthaltsort und Lebensweise: In Scandinavien hält sich der Schnäpel sowohl in der Nord- und Ostsee auf, als auch in grösseren Binnenseen innerhalb des Landes, welche Gemeinschaft mit dem Meere haben. Vermuthlich geht er ziemlich hoch nach Norden hinauf. Prof. Zetterstedt sah ihn bei Jukkasjärvi, Hr. v. Wright bei Karesuando in Torneå-Lappmark. Seine Lebensweise ist von der des Lachses wenig verschieden; so wie dieser steigt er während der Laichzeit aus der Tiefe herauf und soll dabei auch eine gewisse Ordnung befolgen. In den hiesigen Scheeren kommt er aus der Tiefe, in welcher er den Winter zugebracht hat, zu derselben Zeit, zu welcher der Strömling laicht. Er folgt dann den Strömlingsschaaren und verzehrt ihren Rogen. Wenn die Zeit vorbei ist, geht er wieder in tieferes Wasser und erscheint nicht von neuem bis gegen den Herbst am Schlusse des Septembers. Der Schnäpel ist, ausgenommen unter der Laichzeit, ein so schlauer und vorsichtiger Fisch, dass seine Schlauheit zu einem sprichwörtlichen Ausdruck Anlass gegeben hat, indem man einen listigen Menschen (auf Schwedisch) *„en arg Sik"* (einen bösen Schnäpel) nennt. Er ist überdies scheu und so gierig, dass er nicht allein anderer Fische, sondern seinen eigenen Rogen verschlingt. Aus dem Wasser gezogen, stirbt er sehr bald.

Nahrung: Kleinere Fische, Wasser-Insecten, besonders Frühlingsfliegenlarven, Würmer und der Rogen anderer Fische.

Fortpflanzung: Am Schlusse des Octobers, oder in den ersten Tagen des Novembers steigt der Schnäpel aus der Tiefe, in welcher er den Sommer zugebracht hat, herauf und sucht dann seichteres Wasser, um zu laichen. Gemeiniglich wird die Laiche an Flussmündungen angestellt, wo der Strom sich ins Meer ergiesst, oder an solchen Strändern mit steinigem oder sandigem Boden, an welchen sich Stromgang findet. Das Weibchen reibt sich an den Steinen, und setzt den Rogen entweder an sie, oder an den Sand des Grundes ab. Nach 14 Tagen, insofern nicht ungünstige Witterung eintritt, welche die Laiche verlängert, geht er in die Tiefe zurück, in welcher er auch den Winter verlebt.

Fang: Während des Frühlings, wo der Schnäpel den Schaaren der Stinte und Strömlinge folgt, wird er mit dem Zugnetze oft in Menge gefangen. Im Herbst aber fängt man ihn mit kleinen Garnnetzen, welche an den Stellen ausgelegt werden, an welchen er gewöhnlich laicht.

Nutzen: Der Schnäpel hat ein weisses und sehr schmackhaftes Fleisch, welches, wenn auch nicht so werth geachtet, als das des Lachses, diesem doch wenig an Wohlgeschmack nachgiebt, insonderheit das Fleisch derjenigen Schnäpel, welche im Frühlinge gefangen werden, in welchem sie am fettesten sind. Hier isst man ihn entweder frisch, wie gewöhnlich, gekocht oder gesalzen, in welchem letztern Falle er ohne alle weitere Zubereitung genossen wird. In gewissen Gegenden soll er auch geräuchert werden, und dadurch einen noch feinern Geschmack bekommen. In den Lappmarken macht er einen grossen Theil der Nahrung der Lappen während eines langen Winters aus. Den Schaden, welchen er am Rogen anderer Fische und an ihrer Brut verursacht, ersetzt er, wenigstens zum Theile, durch die lekkeren Gerichte, welche aus ihm selbst bereitet werden. Sein ärgster Feind ist der Seehund, für welchen er ein Leckerbissen zu seyn scheint. Der Scheerenbewohner sieht oft seine Netze von Seehunden heimgesucht, und meint guten Kaufs davon gekommen zu seyn, wenn kein Netz zerrissen ist. Hat der Seehund einmal ein solches Netz angetroffen und dabei Gelegenheit gehabt, ein gutes Mahl zu halten, so sucht er oft dieselbe Stelle von neuem auf, und theilt, wenn das Netz nicht weggenommen wird, gewiss jede Nacht den Raub mit dem Fischer.

Der Löffelstint (*Coregonus Albula* Art.).

Artkennz. Körper schmal und zusammengedrückt. Mund zahnlos, untere Kinnlade die längere, spitzig. 16 Strahlen in der Afterflosse.

R. 14, Br. 16, B. 12, A. 16, Schw. 19.

Länge $6\frac{1}{2}$—7, Breite $1\frac{1}{4}$ Zoll.

Salmo Albula, Linn. Syst. nat. I. p. 512. Fn. suec. p. 125. Retz. Fn. p. 349. Gmel. Syst. I. 3. p. 379. — *Coregonus edentulus, maxilla inferiore longiore,* Art. Gen. p. 9. Spec. p. 40. Syn. p. 18. — *Le Corégonable,* La Cépède, Hist. nat. des Poiss. T. V. p. 261. — *Coregonus Albula,* Nilsson, Prodr. p. 17. — *Der Stägling,* Hartmann, Helvet. Ichthyol. p. 152.

Namen: Der kleine Stint, kurze Stint, Löffelstint (nach Nemnich) (*Schwed.* Sik-Löja, Små-Sik etc.).

Beschreibung: Körper langgestreckt, schmal, etwas zusammengedrückt. Rücken, welcher sich wenig erhebt, ist breit, hat vom Kopfe bis zu der ersten Rückenflosse einen ziemlich deutlichen Kiel und ist von der genannten Flosse bis zum Schwanze abgerundet. Bauch platt von den Brust- bis zu den Bauchflossen, von da bis zur Afterflosse abgerundet. Schuppen klein, dünn, oval und leicht abfallend. Kopf spitzig, zusammengedrückt, vor den Augen durchsichtig. Die Schnauze etwas spitzig, geht über den Mund hinaus, welcher etwas gross ist. Untere Kinnlade zugespitzt und weiter vorstehend, als die obere. Zähne fehlen in den Kinnladen und dem Gaumen; die Zunge aber hat einige äusserst feine Stacheln. Die Nasenlöcher, welche der Schnauzenspitze näher als dem Auge liegen, haben zwei Oeffnungen, eine vordere runde und eine hintere halbmondförmige. Augen an den Seiten des Kopfes, sind gross und haben eine beinahe runde Pupille. Seitenlinie gerade, liegt dem Rücken näher. Die erste Rückenflosse, welche dem Schwanze näher als dem Kopfe sitzt, hat 14 Strahlen; die 4 ersten ungetheilt, die übrigen an der Spitze getheilt. Der erste sehr kurz, der zweite kaum halb so lang, wie der dritte, welcher mehr als die Hälfte länger ist, als der vierte, fünfte und sechste, welcher der längste ist. Die zweite Rückenflosse ist eine Fettflosse ohne Strahlen. Brustflossen haben 16 Strahlen; der erste ungetheilt, die übrigen ästig, und der dritte der längste. Bauchflossen, unter der Mitte der Rückenflosse anfangend, haben 12 Strahlen; der erste und zweite ungetheilt, der dritte der längste. Diese Flossen haben an der äussern Seite neben der Wurzel kaum bemerkbare Anhängsel (apophyses). Afterflosse mit 16 Strahlen, von denen die 4 ersten ungetheilt, die übrigen an der Spitze getheilt sind. Die 2 ersten sind sehr klein und kurz, der dritte nicht voll so lang, als die Hälfte des vierten, der sechste der längste. Die stark eingeschnittene Schwanzflosse hat 19 deutliche Strahlenbüschel.

Farbe: Der ganze Fisch ist silberweiss mit bläulichem Rücken. Rücken- und Schwanzflossen graulich, mit dunklen Spitzen. Die übrigen Flossen weiss. Iris silberfarben.

Aufenthaltsort und Lebensweise: In Nord-Deutschland und der Schweiz findet sich dieser

Fisch, obgleich, wie es scheint, nicht so allgemein, als in Scandinavien, wo er fast in allen grösseren Seen vorkommt. In unseren Scheeren kann er nicht zu den gemeinsten gerechnet werden. Während des Frühlings erscheint selten ein einziger; im Sommer erhält man ihn dagegen öfter, doch nur in einzelnen Exemplaren. Erst während des Winters, im December und Januar, kommt er in Menge vor. Im Mälar wird er während der wärmsten Sommerszeit in der grössten Menge gefangen. Der Löffelstint gleicht dem Schnäpel sehr, sowohl im Ansehn, als in der Lebensweise. Das Eigene hat jedoch dieser Fisch, dass er sich den grössern Theil des Jahres hindurch an schönen und hellen Tagen in der Tiefe aufhält; er kommt aber aus derselben herauf in so dunklen und wolkentrüben Nächten, dass die Fischer genöthigt sind, Licht anzuwenden, wenn nach ihm in der Nacht gefischt werden soll.

Nahrung: Insecten und Würmer.

Fortpflanzung: Im December, oder um die Zeit, in welcher die Seen zufrieren, sucht dieser Fisch ein weniger tiefes Wasser auf, in welchem er die Laiche über Stein- oder Sandgrund anstellt. Die Laiche scheint lange zu dauern, denn man fängt hier Löffelstinte, die nicht völlig ausgelaicht haben, mit dem Eisnetz in der Mitte des Januars.

Fang: In den hiesigen Scheeren wird der Löffelstint nur mit dem Zugnetze gefangen, und wenn er, welches gleichwohl selten geschieht, bisweilen in Menge gewonnen wird, so ereignet sich dies immer sehr spät im Herbst, oder früh im Winter. In anderen Gegenden, in welchen dieser Fisch gemeiner ist, wird er vorzüglich in dunklen Nächten im Spätherbste mit dazu besonders eingerichteten Zugnetzen gefangen. Er soll ebenfalls mit dem kleinen Garnnetze gefangen werden, auch mittelst der Fischergerte.

Nutzen: An solchen Orten, an welchen der Löffelstint in grosser Menge gewonnen wird, salzt man ihn ein, auf welche Art zubereitet er einen bedeutenden Theil der Winternahrung unvermögenderer Leute ausmacht. Hier, wo man ihn nur in geringer Anzahl erhält, geniesst man ihn gewöhnlich gebraten, wo dann sein feines und fettes Fleisch ein wirklicher Leckerbissen wird.

Gattung Hering (*Clupea* Linn.).

Vermuthlich die grösste Gattung in Rücksicht der Anzahl der Individuen. Bei ihr ist der *Körper langgestreckt und ziemlich stark zusammengedrückt; der abgerundete Rücken hat nur eine Flosse, und der stark zusammengedrückte Bauch einen mehr oder minder bemerkbaren, sägezähnigen Kiel. Die Kiemenhaut hat 8 bis 12 Strahlen. Kiemenbogen an der innern Seite kammförmig gezähnt; Oberkinnlade hat breite, an den Seiten am Rande fein gezackte Maxillarknochen.* Der Hering hält sich im Meere an tieferen Stellen auf und geht in grossen Schaaren zu gewissen Jahreszeiten in seichteres Wasser, um in diesem seinen Rogen abzusetzen. Sein eigentlicher Aufenthaltsort kann deswegen von der Laichstelle nicht sehr entfernt seyn. Er geht fast an alle Küsten Scandinaviens, von Hammerfest in der Finnmark bis einige Meilen südlich von Torneå. An den am nächsten zusammenliegenden Küsten, welche der Hering besucht, gleichen die Arten sich einander am meisten und bilden allmählig, von der Finnmark an um ganz Scandinavien herum bis zur Gegend von Torneå, Uebergänge, welche die einander so äusserst unähnlichen Extreme der Unter-Arten von Clupea Harengus vereinigen, die unter den Namen *Hammerfest-Sill (Hering von H.)* und *Finn-* oder *Botten-Strömming* bekannt sind. Man kann sonach annehmen, dass jede Gegend, in welcher man Heringe fischt, von einem Stamm oder einer Familie besucht werde, und dass jede solche Familie an jeder Stelle eine andere sei. Diejenige Form des Herings, welche in der Ostsee vorkommt, ist nördlich von Blekinge unter dem Namen *Strömming* (Clupea Membras L.) bekannt und eigentlich der Gegenstand dieser Abhandlung. Der Hering, welcher sich in den nördlichen Meeren zwischen 50 — 71° N. Br. findet, lebt von thierischer Nahrung, stirbt schnell, nachdem er aufgefischt worden ist, und pflanzt sich stark fort. Er ist von vielen trefflichen Schriftstellern weitläuftig beschrieben worden; ich beschränke mich nur auf die Abarten, welche in den hiesigen Scheeren vorkommen, und diese sind die folgenden:

Der Strömling (*Clupea Harengus Membras* Linn.).

Artkennzeichen. Körper ohne Flecken, langgestreckt, zusammengedrückt, vorzüglich gegen den Bauch hin, welcher einen mehr oder minder bemerkbaren und sägezähnigen Kiel hat. Bauchflossen mitten unter der Rückenflosse; des Kopfes Länge $\frac{1}{4}$ der Körperlänge ausmachend. Die Afterflosse hat 17 Strahlen.

R. 19, Br. 18, B. 9, A. 17, Schw. 19.

Clupea maxilla inferiore longiore, maculis nigris carens, Artedi, Gen. p. 7. Sp. p. 31. Syn. p. 14. — *Clupea Harengus Membras,* Linn. Fn.

sv. p. 128. — Gissler, Kongl. Vet. Acad. Handl. 1748. S. 109. — Estenberg, De Piscatura in Oceano boreali Diss. 1750. — Enholm, Om östgötha Skärboers öfliga fiskesätt. Diss. 1753. — Lorich, Beskrifn. på Fiskslagen, S. 40. — Sv. Zoologie 1. No. 22. — Nilsson, Prodr. p. 24.

Bei einiger, obzwar unbedeutender Verschiedenheit in der Form kommen in den hiesigen Scheeren folgende Abänderungen vor:

1) Der *Laich-Strömling (Lek-Strömming)* *). Körper langgestreckt und stark zusammengedrückt.

---

*) Gissler nimmt 7 Artabänderungen an: Hering (Sill), Frühlings-Strömling (Vår-Strömming), Herbst-Strömling (Höst-Str.), mit dem Sköte †) gefangener Strömling (Sköt-Strömming), Scharfbauch (Hvassbuk) oder Messer-Strömling (Knif-Str.) und Rothbauch-Strömling (Rödmage-Str.). — Lorich hat nur 6: Stammsill, Bohusländska Sillen, Kulla Sill, Blekingska Sillen, Skarpsill und Strömming. — Hr. Prof. Nilsson hat in seinem Prodromus Ichthyologiae Scandinavicae die Abarten mit mehr Genauigkeit bestimmt. Er theilt den Hering in zwei Formen, Meer-Hering (Hafssill), welcher sich in der Nordsee, und Scheeren-Hering (Skärgårdssill), welcher sich in der Ostsee findet. Die erstgenannte Form hat folgende Kennzeichen: Kopf, Augen und Mundöffnung nicht gross. Augenumkreis (Orbita) $\frac{1}{20}$, $\frac{1}{22}$ der Körperlänge; der Abstand der Schnauzenspitze von den Brustflossen ist dem der Bauchflossen vom After oder vom Anfange der Afterflosse gleich. Zu dieser Form bringt der Verf. 6 bestimmte Abarten: Clupea oeresundica, Råbosill, Cl. chelderensis, Kulla-Sill, Cl. majalis, Gräs-Sill, Cl. bahusica, Aflings-Sill, Stor-Sill, Cl. hiemalis, Norrsk Vinter-Sill und schliesslich Cl. auctumnalis, Norrsk Höst-Sill. Bei der letztgenannten Form, oder dem Scheeren-Heringe, sind Kopf, Augen und Mundöffnung nicht gross; Augenumkreis $\frac{1}{16}$, $\frac{1}{17}$ der Körperlänge; Abstand der Schnauzenspitze von den Brustflossen viel grösser, als der Bauchflossen vom After, und gleich dem Abstande der Bauchflossen von der Mitte der Afterflosse. Zu dieser Form werden nur 2 Abarten ge-

†) Eine Art Netz, deren Beschreibung weiter unten vorkommen wird (Sköte spr. Schöte). Cr.

Rücken abgerundet, fast gerade, bei grösseren Individuen sich etwas erhebend. Bauch zu einem Kiele zusammengedrückt, welcher mehr oder minder sägezähnig ist von feinen, unter den Hautmuskeln liegenden Bögen, und spitzigen, nach dem Schwanze gerichteten Schuppen. Bei grösseren Individuen, besonders rogenträchtigen Weibchen, bemerkt man diesen Kiel wenig. Schuppen gross, dünn und leicht abfallend. Kopf sehr zusammengedrückt, besonders an der untern Seite; Stirne etwas platt. Schnauze spitzig durch die vorstehende Unterkinnlade; Mund gross; wenn er sich öffnet, springen die Knochen der Oberkinnlade (Ossa maxillaria) sehr weit vor. Die Unterkinnlade, welche von den an der vordern Kante fein sägezähnigen Knochen der Oberkinnlade bedeckt wird, springt weit über die Spitze der Oberkinnlade vor. Sehr feine Zähne in den Kinnladen, auf der Zunge, im Gaumen und Schlunde. Die Nasenlöcher, welche der Schnauze näher als den Augen liegen, haben jedes 2 Oeffnungen, deren vordere nur mit Mühe zu entdecken ist. Augen gross, liegen an den Seiten des Kopfs. Seitenlinie gerade, läuft parallel mit dem Rücken, und diesem viel näher als dem Bauche. Die Rückenflosse, welche eben so weit vor den Bauchflossen anfängt, als sie sich hinter denselben endigt, hat 19 Strahlen, von denen die 4 ersten ungetheilt,

---

bracht: Cl. cimbrica, Kivik-Sill, und Cl. Membras, Strömming. — Hr. Prof. Nilsson hat die Güte gehabt, mich in einem Briefe noch besonders zu benachrichtigen, dass die Charaktere für jede dieser Formen nach ausgewachsenen Exemplaren aufgestellt worden seien, und dass die Jungen der erstgenannten während ihres Zunehmens Charaktere der letztern zeigen, welche (den Ostseehering) er deshalb als in einem niedreren Entwickelungs-Stadium stehen geblieben betrachtet.

die übrigen an der Spitze verzweigt sind. Der erste sehr kurz, der zweite halb so lang als der dritte, welcher ungefähr $\frac{3}{4}$ so lang ist als der vierte; der fünfte und sechste die längsten. Die Brustflossen, welche weit nach unten sitzen, haben 18 Strahlen; von ihnen ist nur der erste einfach, die übrigen sind an der Spitze etwas ästig, der zweite und dritte die längsten. Bauchflossen, jede mit 9 Strahlen, von welchen der erste ungetheilt, der zweite und dritte die längsten, der letzte der kürzeste sind. Die Afterflosse hat nur 17 Strahlen, von denen die beiden ersten ungetheilt, die übrigen an der Spitze ästig sind, mit Ausnahme des letzten, welcher bis zur Wurzel getheilt ist. Der erste ist ungefähr halb so lang als der dritte, der vierte und fünfte sind die längsten. Bei einigen Individuen fängt die Afterflosse mit einem sehr kurzen Strahlenstachel an, in welchem Falle die Strahlen der Afterflosse 18 an der Zahl sind. Die stark gespaltene Schwanzflosse hat 19 längere Strahlenbüschel ausser den kleineren an den Seiten. — Die Farbe ist silberweiss; der Rücken blau. Alle Flossen sind weissgrau, ausgenommen die Schwanzflosse, welche sich ins Blaue zieht. Iris silberweiss, mit einem dunkeln, oft violetten Flecken über der Pupille. Die Kiemendeckel haben einen gewöhnlich ins Violette spielenden Flecken; bisweilen ist der ganze Kopf und dann und wann der ganze Körper violett. Die auf diese letzte Art gefärbten werden von den Scheerenbewohnern *Strömlings-Könige (Strömmings-Kungar)* genannt.

Länge ungefähr 9, Breite etwa 2 Zoll.

2) Der *Sköte-Strömling (Skötströmming)* unterscheidet sich von dem eben beschriebenen hauptsächlich durch die Grösse. Er ist nur un-

gefähr 6 Zoll lang, hat einen kleinern Kopf im Verhältnisse zum Körper, einen breitern und geradern Rücken. Die grösste Breite des Körpers fällt in die Mitte zwischen Kopf und Rückenflosse. Der Bauch ist mehr zusammengedrückt und hat stets einen scharfen, gezähnten Kiel. Er hält sich in den Stromgängen und den grösseren Buchten, geht nicht gegen das Land hinauf und hat seine Laichzeit im Herbste.

3) Der *Zugnetz - Strömling (Not - Strömming)* ist etwas kleiner und viel magerer als der Sköte-Strömling, sucht das Land, wenn die Laichzeit des Frühlings-Strömlings eintritt, mischt sich in dessen Laiche und ist vermuthlich jüngeres Individuum derselben Art.

4) *Eis-* oder *Messer-Strömling (Is-* oder *Knif-Strömming).* Von allen der kleinste, etwa 4 Zoll lang; findet sich in Menge an Vorgebirgen und Klippen, sobald die See offen geworden ist, lässt sich aber dann nicht weiter sehn. Er ist sehr zusammengedrückt, mit sehr dünnem und scharfem Bauche. Daher der Name: Knif-Strömming. Die Scheerenbewohner verwechseln ihn oft mit dem wirklichen Hvassbuk (der Sprotte, Clupea Sprattus L.). Vermuthlich ist er nichts anderes, als junge Brut des Sköte-Strömlings.

Die Scheerenbewohner behaupten, dass sich *noch* eine Abart des Strömlings in den hiesigen Scheeren finde; sie werde sehr selten gefangen, nur ein oder das andere Mal in jedem Jahrzehend, gleiche dem gemeinen Frühlings-Strömlinge, sei aber so ungewöhnlich gross, dass ein Individuum 2 Pfund und darüber wiege. Ich habe zwar dergleichen nicht gesehen, aber die Sache ist mir von älteren, glaubwürdigen Fischern berichtet worden*). Diese Abart bekommt man nur, wie schon erwähnt worden ist, selten und zufälligerweise mit dem Zugnetz in tieferem Wasser bei irgend einem Inselchen in den grösseren Buchten. Sie kommt in Haufen an, so dass immer mehre auf einmal gefangen werden. Von diesen jetzt angeführten Varietäten sind meiner Meinung nach der *Laichströmling* und der *Sköte-Strömling* entschiedene, constante Varietäten, nicht allein wegen der Verschiedenheit, welche sich hinsichtlich der Körpergestalt zwischen ihnen zu erkennen giebt, sondern besonders deswegen, weil sie ihre eigene Laichzeit in ganz entgegengesetzten Jahreszeiten haben.

Aufenthaltsort und Lebensweise: Der Strömling findet sich in Scandinavien nur in der Ostsee und zwar am zahlreichsten um den 60° N.Br. Die Ursache der vielen Abarten, welche man von diesem Fische findet, dürfte in der Verschiedenheit der Localitäten zu suchen seyn, in welchen er sich aufhält, dem stärkern oder schwächern Salzgehalte des Wassers, der grössern oder geringern Tiefe u. dgl. m. Den mündlichen Berichten mehrer Reisenden zufolge soll, nach der Wirkung auf die Haut oder dem Geschmacke zu urtheilen, das Seewasser ganz nördlich an den Küsten der Finnmark salziger seyn. In der Ostsee nimmt das Wasser von den Eingängen an bedeutend an Salzgehalt ab, je weiter es nach Norden geht, so dass das Wasser in der Gegend von Torneå kaum mehr dem Seewasser gleicht. In

---

*) Nach einer Angabe des Hrn. Prof. A. Retzius soll dieser grosse Strömling in den meisten Jahren, obgleich in sehr geringer Anzahl, bei einer Insel im Bråvik, unfern von dem Marmorwerke, gefangen und dort für einen grossen Leckerbissen gehalten werden.

demselben Verhältnisse verändern sich auch seine Erzeugnisse, sowohl aus dem Thier- als dem Pflanzenreiche, in Zahl, Grösse und Gedeihen. So reich die Nordsee an Gattungen und Arten von Seethieren ist, sind in dem nördlichsten Theile des bothnischen Meerbusens beinahe nur noch Süsswasserarten zu finden, und die Seethiere, welche daselbst noch ausdauern können, sind so verändert, dass man sie kaum wieder erkennen kann, wenn man sie mit ihren kraftvollen und grossen Anverwandten im Eismeere vergleicht. Wer kennt nicht den Unterschied zwischen dem gemeinen *Tange* (Fucus vesiculosus L.) aus der Nordsee und dem aus dem bothnischen Meerbusen, welcher Unterschied so gross ist, dass der kleine bothnische Tang von Mehren für eine eigene Art gehalten wird. Syngnathus Acus und S. Ophidion, welche in der Nordsee fingersdick und ellenlang werden, sind in diesen Scheeren nie dicker, als ein gewöhnlicher Gänsekiel und nur von 6 Zoll Länge; eben so verhält es sich mit dem grössern Theile der übrigen Seefische. Hieraus dürfte sich erklären lassen, warum der Hering bei Hammerfest und der Strömling an der schonischen Küste am grössten sind. Je weiter hinauf im bothnischen Meerbusen der Strömling gefangen wird, desto kleiner findet man ihn, und er wird gar nicht mehr angetroffen, wenn man sich Torneå bis auf 6—7 Meilen genähert hat. In Uebereinstimmung mit mehren Vogel- und Fischarten stellt der Strömling jährliche Wanderungen an, um solche Stellen aufzusuchen, welche für das Absetzen der Eier oder des Rogens, wie für das Gedeihen und die Entwicklung der Brust passlich sind. Diese Wanderungen gehen jedoch nicht besonders weit. Ich möchte glauben, dass jeder Haufen eine Stelle in der See vor dem Laichorte bewohne; dass diese Stelle gewählt werden müsse, wo die See am tiefsten ist, und dass die Entfernung sonach verschieden ausfalle, je nachdem die Tiefe der Laichstelle näher, oder von derselben entfernter ist. Wenn nun der Strömling mehrentheils den Strand oder den Grund aufsucht, welcher am nächsten liegt, so müssen nothwendig die muthmasslichen Wanderungen in unseren Scheeren von Osten nach Westen gehen, wenig oder gar nicht von Norden nach Süden, oder von Süden nach Norden. — Nach mehre Jahre hindurch angestellten Beobachtungen und aus dem Verhalten in den hiesigen Scheeren einen Schluss zu ziehen, gehn die Wanderungen der Strömlinge auf folgende Weise vor sich. Sobald die See im Frühjahr offen geworden und frei vom Eise ist, steigt der Strömling aus der Tiefe herauf, in welcher er den Winter zugebracht hat. Er erhebt sich dann bis so nahe an die Wasserfläche, dass ein Sturm oder starker Wind ihn vorwärts treibt. Wenn er so nahe an den Strand getrieben worden ist, dass er sich ihm nicht weiter nähern will, setzt er sich auf die Art fest, dass der ganze Haufen sich, wie in *einem* Tempo, mit dem Kopfe gegen den Wind dreht. So steht er beinahe unbeweglich, bis der Wind sich etwa von dem Strande, nach welchem er blies, wieder abgewendet hat. In solchem Falle kehrt er sich von neuem gegen den Wind und das Land, steigt aber dann auch näher an dasselbe heran, um passende Aufenthaltsstellen zu suchen. Hat ihn nun der Wind an eine ihm unbekannte Küste getrieben, so streicht er längs derselben hin, bis er solche Stellen findet, welche er für die Laiche und den Sommeraufenthalt anpassend findet. Um diese herum verweilt er nachher auf die Weise, dass er, je nachdem der Wind bläst, bald näher an das Land, bald weiter von demselben ab schwimmt, denn, wenn er sich von einer Stelle nach einer andern hin bewegt, geht er jederzeit gegen den Wind, nie mit demselben oder dem Strome, ausgenommen zur Frühlingszeit, wenn er sich treiben lässt. Dieses Wandern, welches von der Richtung der Winde oder der Ströme zu der Zeit abhängt, in welcher der Fisch aus der Tiefe steigt, macht, dass die Fischerei an verschiedenen Küsten ungleich ergiebig ist. Wird er mehre Jahre hinter einander durch denselben Wind an dieselbe Küste getrieben, so ist es natürlich, dass er sich jährlich vermindere und endlich selten werde, indem es nicht zu vermuthen steht, dass er gegen Herbst zurückgehe und seine Winterstation auf der Stelle nehme, von welcher ab er mehre Jahre nach einander getrieben worden ist. So ist das Verhalten wenigstens in den hiesigen Scheeren beständig gewesen und ist es noch. Hier hat eine im Verlaufe vieler Jahre gesammelte Erfahrung die Fischer gelehrt, dass sie, wenn die See mit S.W. Sturm aufbricht, welcher dann gewöhnlich lange dauert und nach den Scheeren gerichtet ist, in dem Jahre einen guten und reichen Strömlingsfang zu erwarten haben; wenn er aber aus N.O. bläst, findet allezeit das entgegengesetzte Verhalten statt. Diese eben erwähnten Wanderungen gehen gleichwohl nicht weit; sie beschränken sich auf einige Meilen. Der Scheerenbewohner kennt so ziemlich die Küste, wenigstens bis auf einige Meilen weit von der Scheerengruppe, welche er bewohnt, und weiss folglich, gegen welche Vorgebirge oder in welche Baien der Strömling von diesem oder jenem Winde getrieben wird. So sagen z. B. die Bewohner der hiesigen Scheeren: Steht *dieser* Wind lange, so bekommt man Strömlinge in den ostgothischen Scheeren; mit *jenem* geht der Strömling nach den Stockholmer Scheeren u. s. w. Die Stellen, welche der Strömling vorzugsweise wählt, sind die in den grösseren Buchten befindlichen Untiefen, welche einen ebenen Boden haben, oder auch solche Ständer, welchen eine etwas bedeutende Tiefe gegenüber liegt, welche aber keinen jähabschüssigen, sondern einen von dem Abschusse an, mit welchem die Tiefe beginnt, einigermassen ebenen Boden nach dem Strande zu haben. Solche Stellen finden sich gewöhnlich bei Vorgebirgen. Noch lieber wählt er sie, wenn bei ihnen auch Stromgang statt findet. Der Grund an der Laichstelle muss sandig oder steinig und, mindestens hier und da, mit Gras bewachsen sein. Um die Mitte des Sommers, in der Mitte oder am Schlusse des Junius, ist die Laichzeit schon beendigt, und der Strömling begiebt sich in tieferes Wasser. Gegen Herbst, im August, kommt er wieder herauf; er sucht aber dann niemals die Stellen, auf welchen er das Frühjahr zugebracht oder gelaicht hat, sondern begiebt sich dann in viel tieferes Wasser. Im December oder auch früher begiebt sich der grössere Theil nach seiner Winterstation, welche er an irgend einer tiefern Stelle des Meeres wählt. Dass diese Stellen aber nicht in jedem Jahre dieselben sind, ergiebt sich daraus, dass, wenn der Strömling im Winter mit dem Eisnetze gefangen, er immer bald auf einer, bald auf einer andern Stelle stehend angetroffen wird; indessen hält er sich ziemlichermassen an eine und dieselbe Gegend. Die Scheerenbewohner haben hier gewisse sogenannte Strömlings-Fangorte (*Strömmings-Varp*), d. h. gewisse Gegenden im Meere, in welchen der Strömling mit dem Eisnetze gefangen wird; aber nur die Gegend, nicht die Stelle, kennen sie. Obgleich der Strömling, wie es scheint, bestimmte Stellen hat, an denen er sich zu gewissen Jahreszeiten in Menge sammelt, so können doch Umstände Veranlassung zur Vertauschung dieser Stellen gegen andere geben. Es ist oben erwähnt worden, dass ein Sturm den Strömling, wenn er im Frühjahre an die Meeresfläche gegangen ist, an eine ganz andere Küste treiben kann, als die ist, welche seiner Winterstation zunächst liegt, und nach welcher er, wenn ihm nichts in die Quere käme, seinen Weg einzuschlagen gesonnen war. Diese Versammlungsorte können auch wegen vorgefallener localer Veränderungen des Meeresgrundes unbesucht bleiben. Ein lange nach derselben Richtung blasender Sturm, eine Veränderung des Stromzuges und andere nicht so gewöhnliche Ereignisse können eine Veränderung des Meeresbodens an der Versammlungsstelle herbeiführen, wovon die Folge ist, dass sie von dem Strömlinge aufgegeben wird. Von Natur sehr furchtsam und vor Geräusch leicht erschreckend giebt er auch bald eine Stelle auf, bei welcher nicht alle mögliche Stille herrscht. Ein deutlicher Beweis der Furchtsamkeit des Strömlings ergiebt sich in den hiesigen Scheeren, wo die Scheerenbewohner die für das Ausstellen ihrer Netze bestimmten Stellen im Fahrwasser haben. Da geschieht es allemal, dass, wenn der Scheerenbewohner an den Tagen, an denen das Dampffahrzeug über diese Stellen geht, welches hier gewöhnlich um 4 — 5 Uhr des Nachmittags geschieht, seine *Sköten* aussetzt, er am andern Morgen wenige Strömlinge, auch wohl oft keinen einzigen bekommt. Setzt er sie aber auf derselben Stelle an andren Tagen, an welchen kein Dampffahrzeug dort vorbeipassirt, aus, so fällt der Fang einigermassen, wenn gleich in diesem Fahrwasser, immer viel weniger, reichlich aus, als es vordem dort geschehen ist und an den Stellen, an denen eine beständige Stille herrscht, noch geschieht. Noch ein Beispiel möge die Furchtsamkeit des Strömlings beweisen. Vordem bediente man sich bei der Strömlingsfischerei in den hiesigen Scheeren stets der Sköten; durch das Aussetzen derselben, mit welchem man am Abend anfing und bis in die Nacht fortfuhr, ferner durch das Heraufziehen, welches dagegen des Morgens früh angefangen und bis zum Vormittage fortgesetzt ward, wurde der Strömling den grössern Theil der Nacht und des Morgens hindurch vom Laichen abgehalten, welche Zeit doch bei fast allen Fischarten diejenige ist, zu welcher das Laichen am stärksten vor sich geht. Die Folge hiervon war, dass der Strömling seine alten Laichstellen aufgab und sich andere in solchen Gegenden wählte, in denen keine Sköten benutzt werden konnten. Der Scheerenbewohner fand sich desshalb gezwungen, sich grössere, sehr tiefe Zugnetze anzuschaffen, um dem in der Tiefe laichenden Strömlinge beizukommen. Nachdem diese Fischerei mit den genannten tiefen Netzen mehre Jahre lang fortgesetzt worden ist, hat sich der Strömling wieder seichteres Wasser aufgesucht und beginnt auf's neue, sich mittelst der seit mehren Jahren bei Seite gelegten Sköten fangen zu lassen. Dies scheint zu beweisen, dass der Strömling mit Geräusch verschont seyn will, wenigstens während der stärksten Laichzeit, wenn er die Laichstelle nicht verlassen soll. Anders verhält es sich mit den sogenannten *Strömmingsvarpen* (solchen Stellen des Strandes, *nach welchen* der Strömling sich während der Streichzeit begiebt). Diese verändern sich nicht, wenn auch auf ihnen viel, und zu was für einer Zeit es seyn mag, gefischt wird. Hiervon muss der Grund darin gesucht werden, dass solche Stellen von dem Fische zu keinem stehenden Aufenthaltsorte gewählt worden sind, sondern dass er über sie nur wegstreicht, um zu der Laichstelle zu gelangen oder sich von dieser zu entfernen. Endlich hat der Strömling auch die Eigenschaft, sehr bald, nachdem er aufgefischt worden ist, zu sterben. Die Nachrichten, welche wir hierüber haben, sind jedoch übertrieben. Man glaubt gewöhnlich, er sterbe in demselben Augenblicke, in welchem er über die Wasserfläche heraus kommt. Ich habe selbst in dieser Hinsicht sehr viele Versuche angestellt und gefunden, dass es dabei auf den Wärmegrad der Luft ankommt. Im Frühjahre, am Schlusse des Aprils, wenn die Luft noch kühl und oft kalt ist, lebt der Strömling 18 — 20 Minuten, nachdem er aus dem Wasser gekommen ist. Wird er spät am Abende oder in der Nacht gefangen, so dauert es eine volle halbe Stunde, ehe er stirbt. Hierbei ist indessen erforderlich, dass er mit Behutsamkeit aufgenommen und keiner äussern Gewalt blossgestellt werde. Weiter gegen Sommer, z. B. in der Mitte des Maies, lebt er nie über 8 — 10 Minuten und gegen die Mitte des Sommers, wenn die Luft recht warm ist, häl er sich selten über 4 Minuten am Leben. Hierbe muss jedoch bemerkt werden, dass die Individue mit denen ich die obigen Versuche gemacht hab in keinen Netzen festgesessen hatten, sonde mittelst eines Gefässes ohne alle Beschädig g aus dem Wasser genommen und auf das L d oder in das Boot gelegt worden waren. Hat der Strömling im Zugnetze festgesessen, so stirbt er fast in demselben Augenblicke, in welchem er aufgenommen wird, und diejenigen, welche mit Sköten gefangen werden, sind schon todt, bevor man sie aufnimmt.

Nahrung: Die Scheerenbewohner glaubten vormals, das Heringsgeschlecht lebte von Luft und Wasser; der eine oder andere Strömlingsfischer glaubt dies auch noch. Neuere Beobachtungen aber haben gelehrt, dass seine Nahrung aus kleinen Thieren besteht. Bei dem grössern Strömlinge, welcher hier gefischt wird, findet man im Magen kleinere Fische, Seewürmer, Mollusken und Krebsthiere. Im Magen eines grössern Strömlings, welcher geöffnet worden war, fanden sich drei ziemlich grosse Individuen von Gobius minutus.

Fortpflanzung: Der Strömling stellt ordentlicherweisse zweimal im Jahre, einige Tage früher oder später, je nach Beschaffenheit der Jahreszeit, seine Laiche an. Die erste Laiche, welche von dem sogenannten Laichströmlinge angestellt wird, fällt hier in den Frühling, in die letzten Tage des Maies und wird etwas in den Junius hinein fortgesetzt, ist am stärksten im Anfange und hört allemal vor der Mitte des letztgenannten Monates auf. Die zweite Laiche, zu welcher sich der kleinere, sogenannte Herbstströmling versammelt, fällt in den August. Der Scheerenbewohner glaubt, dass gewisse Individuen des Strömings das ganze Jahr hindurch laichen, wenigstens i der Zeit, in welcher offenes Wasser ist*).

---

*) So verhält es sich auch mit dem Heringe, zufolge Nilsson's und Anderer. S. Nilsson, Prodrom. Ichth. Scand. p. 24.

Was ich hierüber aus eigner Erfahrung in Folge angestellter Beobachtungen habe ermitteln können, ist Folgendes gewesen: Gegen das Ende des Maies steigt der sogenannte Laichströmling; welcher aus grösseren Individuen besteht, nach seichterem Wasser herauf. Männchen und Weibchen kommen zusammen und mit ihnen eine fast eben so grosse, wenn nicht grössere Anzahl kleinerer Strömlinge, die denen, welche im Herbste gefangen werden, ganz gleich sind. Diese haben, obgleich sie an der Laiche Theil zu nehmen scheinen, weder weichen Rogen, noch Milch, und begleiten daher, wie es scheint, die Laichenden nur um der Gesellschaft willen. Bei diesen hat ein grosser Theil der Männchen eine sehr harte und mit einer bläulichen, zähen Haut überzogene Milch. Diese halte ich für unfruchtbar. Die Scheerenbewohner kennen sie unter dem besondern Namen: *Blaumilcher Blåmjölkar).* Der Rogen, welcher feinkörnig und hell von Farbe ist, wird an Steine, Grundsand oder Gras abgesetzt, an welchen sich der Fisch während des Laichens reibt. Seine Entwickelung geht im Anfange sehr schnell von Statten. Einige Tage, nachdem der Rogen abgesetzt worden ist, erscheint er klar und aufgeschwollen. Bald zeigen sich in den klaren Körnern zwei feine, schwarze Puncte, welche sich in ganz kurzer Zeit zu den Augen ausbilden. Ungefähr 14 Tage nach dem Absetzen des Rogens erscheint der Embryo so ausgebildet, dass seine Gestalt deutlich hervortritt, obgleich er noch gallertartig ist. Nach einem Monate, von der Zeit an gerechnet, in welcher der Rogen abgesetzt worden ist, ist der Fisch einen vollen Zoll lang und völlig ausgebildet. Nach Verlauf dieser Zeit verlässt die

Brut die Laichstelle und dringt in die seichtesten Buchten hinein, in denen sie bis zu den letzten Tagen des Augusts oder den ersten des Septembers bleibt; alsdann aber strömt sie gleichsam mit einem Male durch die Meerengen ins Meer hinaus. Der grössere Theil der Strömlingsbrut, welcher den Sommer in den seichtesten und vor übermässigen Stürmen sicheren Buchten zubringt, ist im Herbste ungefähr 4 Zoll lang. Die Scheerenbewohner halten diese für die Brut des Jahrs, welches aber nach der Analogie mit der Entwickelung anderer Fische nicht glaublich ist. Vielleicht ist diese Brut von dem Rogen, welcher im Jahre vorher abgesetzt worden ist. Ohnedas findet sich unter der grössern Brut ungefähr $\frac{1}{3}$, welches kleiner ist, von etwa 2 Zoll Länge oder etwas darüber, und vermuthlich ist dies die Brut des Jahres. Den kleinen Strömling, welcher in seichteren Buchten während des Winters, im Januar und Februar, gewonnen wird und auch wenig über 4 Zoll hält, sehen die Scheerenbewohner für die Brut von *dem* Rogen an, welcher im Herbste von dem sogenannten Herbstströmling abgesetzt worden ist. Dies ist jedoch offenbar falsch, da die Brut sich nicht während der 3 oder höchstens 4 Monate, welche die kälteste Jahreszeit ausmachen, so schnell zu entwickeln vermag. Dagegen ist es wahrscheinlich, dass diese Brut vom Herbste des früher vergangenen Jahrs und sonach ein Jahr alt sei. Um Johannis ist die Laichzeit des Laichströmlings vorbei; dann zieht er sich allgemein nach der Tiefe, und es lässt sich darauf vor der Mitte des Augusts kein Strömling blicken. Der, welcher dann ankommt, ist nicht der Laichströmling, welcher gegen das Ende des Junius abzog, sondern der sogenannte Herbstströmling.

Dieser ist viel kleiner, als derjenige, welcher im Frühjahre laicht. Die Laiche, welche am Ende des Augusts anfängt und bis einige Tage in den September hinein dauert, wird in dieser Jahreszeit immer in tieferem Wasser, gewöhnlich in Stromgängen, angestellt und dauert nicht so lange, als die Frühlingslaiche, auch sind die laichenden Fische bei weitem so zahlreich nicht. Bemerkenswerth ist es, dass man, besonders in dieser Zeit, eben so grosse Strömlinge antrifft, unter welchen einige weichen, andere harten Rogen haben. Die letzten heissen *Mürbrogner (Mörrommar)* und sind, wie die obengenannten *Blaumilcher*, unfruchtbar. Hiervon schreibt sich die schon erwähnte, bei den Scheerenbewohnern herrschende Meinung her, dass der Strömling das ganze Jahr hindurch laiche.

Fang: Der Strömling wird in den hiesigen Scheeren eigentlich zweimal im Jahre gefangen: im Frühjahr und im Herbste. Da diese Jahreszeiten verschiedene Fangweisen erheischen in Rücksicht auf die verschiedenen Aufenthalsstellen des Fisches, so glaube ich, sie einzeln beschreiben zu müssen. Die Frühlingsfischerei beginnt, sobald die See offen ist. Dann wird der sogenannte *Eis-Strömling (Is-Str.)*, eine kleinere Art, vermuthlich die Brut des *Laichströmlings*, welcher das Jahr vorher gelaicht hat, gefischt; er ist aber mit einigen grösseren Individuen vermischt, welche dem sogenannten *Herbstströmling* an Grösse wenig nachstehn. Diese werden entweder mit dem *Zugnetze* *), mit *Sköten* oder

*) Das Zugnetz, welches mit Erdwinden gezogen wird, ist ungefähr 60 Faden lang, 27 Faden an jedem Flügel und am Sacke 3 Faden. Die Tiefe am Sacke hält 320 Maschen, die so gross sind, dass ihrer 17 eine Elle ausmachen. Am

mit *Setznetzen* gefangen. Des Zugnetzes bedient man sich an der Laichstelle, wenn das Wasser an derselben mässig tief und der Boden eben ist, im entgegengesetzten Falle benutzt man den *Sköte**). Vier solche werden hintereinander ausgelegt, und zusammen *eine Warpe (en Varpa)* genannt. Die Warpe wird an dem Seile (dem Skötestrange) befestigt, welches durch angebundene grosse Holzstücke, die den Namen *Sköte-Klötze (Sköt-klabbar)* führen, schwimmend erhalten wird. Das Seil oder der Skötestrang hat am einen Ende einen Anker, welcher die Sköten auf der Stelle festhält und sie am Wegtreiben hindert. Das Ziehen des Zugnetzes geschieht den ganzen Tag und einen grossen Theil der Nacht hindurch, so lange man sehen kann, das Netz zu handtieren. Während der dunkelsten Nachtzeit wird am Strande ein grosses Feuer angezündet, um welches die Fischer sich lagern und so den anbrechenden Morgen erwarten. Wenn der Strömling stark nach einer Stelle hin steigt, so versammeln sich dort alle Netzinhaber der Gegend. Sie legen ihre Netze aus, welche so dicht, eins vor dem andern, zu liegen kommen, dass zwischen zwei Netzen oft kein grösserer Zwischenraum, als von 15—20 Faden ist. Wenn dann 6—8

Ende der Flügel ist es flacher, nur von 240 Maschen Tiefe. Die Seile, mittelst deren das Netz gezogen wird, sind gewöhnlich von dünnen, getheerten Reifen, jedes von 160 Faden.

*) Der Sköte ist ein Garnnetz von 10—12 Faden lang, 160 Maschen tief; jede Masche so gross, dass ihrer 32 eine Elle ausmachen, welchem zufolge der Sköte 4 Ellen tief wird. Der untere Ortstrick ist mit runden, glatten Steinen zu Senkgewichten versehn, und an den obern werden Sköteklötze, in grösseren oder geringeren Entfernungen einer vom andern, gebunden, je nachdem man den Sköte mehr oder weniger tief in's Wasser stellen will.

Netzinhaber zusammen sind, hat gewöhnlich der letzte in der Ordnung sein Zugnetz auszulegen, wenn der erste mit Herausziehen des seinigen beschäftigt ist. Auf diese Weise wird das Ziehen fortgesetzt, so lange der Strömling steigt. Gewöhnlich bekommt man, besonders zuerst im Frühjahre, unter den grösseren, auch eine grosse Menge sehr kleiner Strömlinge, welche an gewissen Orten eingesalzen und *Anschoven* genannt werden. Hier, wo sich die Fischer nicht darauf verstehn, den erwähnten kleinen Strömling auf diese Weise zu benutzen, halten die Meisten es für unzweckmässig, einen Fisch einzufangen, welcher unbrauchbar ist. Sie lassen deshalb das Netz in der See eine Weile stillstehn, nachdem ein Theil desselben auf's Land gezogen worden ist, in der Absicht, den kleinen Strömling herausströmen zu lassen, welches auch allemal geschieht, indem ein so kleiner Fisch leicht durch die groben Maschen des Zugnetzes durchschlüpfen kann. Da, wo sich Laichstellen befinden, welche theils zu tief sind, theils einen zu unebenen Boden haben, oder in solchen Untiefen nach aussen in den Buchten befindlich sind, welche unter der Wasserfläche liegen und folglich keinen Strand haben, auf welchen das Zugnetz hinaufgezogen werden könnte, muss man Sköten in Anwendung bringen. Diese werden um 6 Uhr des Abends ausgesetzt und des Morgens früh um 4 — 5 Uhr aufgenommen. Ist die Untiefe, in welcher die Sköten ausgesetzt werden, weit von dem Wohnorte des Fischers entfernt, so bindet er seinen Kahn (*Eka*) *) an

*) Eka ist (nach Möller's schwed. deutschem Wörterbuche, Leipz. 1808.) eigentlich ein anfangs bloss aus einem Eichenstamme ausgehöhlter Nachen oder Kahn, der unten breit und ohne Kiel, auch nicht an beiden Enden spitz, sondern gleichfalls breit ist. Cr.

das eine Ende der Sköten (den Skötestrang), oder er wirft auch Anker aus und bringt die Nacht auf der See zu. Diejenigen, welche ihre Fischerei in einem seichtern Wasser treiben, und denen es an Mitteln fehlt, sich die ziemlich theuren Sköten zu verschaffen, gebrauchen *Setznetze* (*Sätt-Notar*) *). Dieser bedient man sich ebenfalls während der Frühlingszeit, aber sie können nur in seichterem Wasser näher am Lande ausgestellt werden und werden nie während der Nacht bewacht. Es ist eigentlich eine Art des Fischens für Aermere. Die *Herbstfischerei* wird nur mit Sköten an Stellen betrieben, an denen das Wasser tief ist. Diese Stellen finden sich gewöhnlich an Scheeren und Vorgebirgen, oder in Stromgängen. Die Sköten werden dort auf ähnliche Weise ausgestellt, wie es schon bei der Frühlingsfischerei erwähnt worden ist. Der Strömling, welcher während dieser Jahreszeit gewonnen wird, ist kleiner, als der Laichströmling im Frühjahre, und viel fetter. — Die *Winterfischerei* wird in den hiesigen Scheeren so wenig ausgeübt, als sie wenig lohnend ist, so dass sie kaum erwähnt zu werden verdient. Den Strömling, welcher hier während des Winters gefangen wird, bekommt man immer mit dem Eisnetze, welches in Ansehung der Gestalt und der Aufstellung sich in keiner Weise von dem beschriebenen Strömlingszugnetz unterscheidet. Bloss, um Strömlinge zu erhalten, wird das Zugnetz hier nie gezogen.

*) Das Setznetz hat eben so grosse Maschen und dieselbe Tiefe, wie der Sköte, ist aber um 30 Faden und darüber länger. Diese Netze gleichen völlig gewöhnlichen Garnnetzen und haben am obern Ortstricke kleine Flossen von Keferrinde statt der Klötze. Sie werden mehrentheils einzeln gesetzt, und selten werden deren mehre in einer Strecke an einander befestigt.

Doch bekommt man sie zufällig, wenn anderen Fischen nachgetrachtet wird, und dann immer in Menge. Die Scheerenbewohner haben, wie schon erwähnt worden ist, gewisse Gegenden (Varp), in welchen immer Strömlinge gefangen werden; aber der Strömling muss in der Gegend aufgesucht werden und findet sich nie, oder doch höchst selten, auf derselben Stelle bleibend. Der Winterströmling ist eine kleinere und magrere Sorte desjenigen, welcher im Herbste mit Sköten gefangen wird.

Der *Nutzen* des Strömlings ist eben so gross, als allgemein bekannt. In den hiesigen Scheeren macht er vielleicht die einzige Zuspeise des Scheerenbewohners zu seinem spärlichen Brote aus. Er wird entweder frisch, oder gesalzen verzehrt; selten räuchert man ihn zum sogenannten *Bücklinge.* Wenn dies mitunter geschieht, so wird die Räucherung in der sogenannten *Räucherbude (Badstuga)* betrieben, in welcher gewöhnlich Korn gedörrt wird. Sie wird nicht, wie man gemeinhin glaubt, durch Wachholderzweige verrichtet, sondern es werden zu ihr Späne von Eichenholz, am liebsten von solchem, welches alt und morsch ist, angewandt. Das Räuchern lässt sich freilich mit Wachholderreisern bewerkstelligen, und vermuthlich ist aller Bückling, welcher im Handel vorkommt, auf diese Weise geräuchert; aber der so geräucherte kann an Güte nie mit dem durch Eichenholzspäne geräucherten verglichen werden. Ausser dem Scheerenbewohner ist der Seehund der ärgste Feind des Strömlings in den hiesigen Scheeren, wenn man den Schnäpel und andere Fische ausnimmt, die dem laichenden Strömlinge folgen und seinen Rogen verzehren. Vermuthlich macht der Strömling des

Seehunds gewöhnlichste und meiste Nahrung aus. Insonderheit während des Herbstes sieht sich der Scheerenbewohner nicht selten genöthigt, die Aussetzstellen seiner Netze zu früh aufzugeben, wenn die Seehunde sich an diesen Stellen sammeln. Der Seehund zerreisst dann nicht selten die Netze und beisst den Strömling ab, welcher sich im Sköte festgesetzt hatte. Die so verstümmelten Strömlinge werden *Skäl-Bitar* (*Seehundsbissen*) genannt und sind fast die einzigen Strömlinge, welche der dürftige Scheerenbewohner verzehrt, während sie noch frisch sind. Unter den mannichfaltigen Bereitungsweisen, die man für den Strömling anwendet, ist eine hier unter dem gemeinen Manne gebräuchlich, welche ich, in der Vermuthung, dass sie minder bekannt sei, anführen will. Man legt nämlich mässig gesalzenen Strömling eine Nacht durch in Wasser, und, wenn er angeschwollen und die meiste Salzigkeit ausgezogen ist, wird er ohne weitere Zubereitung mit Essig verzehrt. Will man ihn in Milch einweichen und zu ihm eine Sauce von Oel, Essig und Pfeffer bereiten, so wird er auch von Leuten, die einen feinern Geschmack haben, genossen werden können.

Gattung Dorsch (*Gadus* Linn.)

Diese zahlreiche Gattung gehört eigentlich dem Norden an und zeichnet sich aus durch einen *langgestreckten, dicken und bei den meisten Arten wenig zusammengedrückten, mit kleinen, dünnen und nicht besonders harten Schuppen bedeckten Körper, einen mittelmässig grossen, keil- oder kegelförmigen, stachellosen Kopf. Die*

Kinnladen sind mit kleinen, oder mittelmässig grossen, einwärts gebogenen, runden und scharfen Zähnen besetzt. Das Pflugscharbein hat 2, einen Winkel bildende Zahnreihen. Die Flossen sind ungleich an Zahl. Rückenflossen gemeiniglich 2—3. Bauchflossen schmal und sehr spitzig. Afterflossen auch bisweilen 2. Alle Flossen weich und von der Haut des Körpers überzogen, 7 Strahlen in der Kiemenhaut. Aus den vielen Abtheilungen, in welche diese Gattung, nach der Zahl der Rückenflossen und Bartfäden, getheilt worden ist, finden sich in den hiesigen Scheeren nur wenige Arten von *Kabeljauen* (Morrhuae) und *Lengen* (Molvae). — Die Dorsche halten sich allgemein im Meere und in sehr tiefem Wasser auf. Ihre Laiche geschieht während des Winters, gewöhnlich im Januare, wo sie sich in seichteres Wasser, um den Rogen abzusetzen, begeben. Aus dem Verhalten in den hiesigen Scheeren zu schliessen, bleiben die jüngeren Fische in dem seichtern Wasser zurück, bis sie eine gewisse Grösse erreicht haben. Die Dorsche leben von thierischer Nahrung, kleineren Fischen, Crustaceen und Würmern. Ihr Fleisch ist im allgemeinen gut und von einigen Arten sehr wohlschmeckend.

Kabeljaue (*Morrhuae*).

Rückenflossen 3. Afterflossen 2. Untere Kinnlade hat an der Spitze einen Bartfaden. Obere Kinnlade steht viel vor der untern vor. Schwanz fast gerade abgeschnitten. Die Bauchflossen laufen in fadenähnliche Spitzen aus. Körper gefleckt.

Der Dorsch (*Gadus Callarias* Linn.)

Artkennz. Körper gestreckt, dick, doch etwas zusammengedrückt. Nacken gewölbt mit einer Furche in der Mitte. Oberkiefer sehr vorstehend. Seitenlinie weiss, erhebt sich bogenförmig über den Brustflossen. Körper fleckig Schwanzflosse abgestutzt.
Erste R. 15, Zweite 17, Dritte 17; Br. 16 B. 6. Erste A. 17, Zweite 17, Schw. 19.
Länge des zu beschreibenden Exemplares $8\frac{1}{2}$. Breite $1\frac{7}{8}$ Zoll.

Gadus Callarias Linn. Syst. Nat. I. p. 346. Fn. Suec. p. 111. Retz. Fn. Sv. p. 318. — *Gadus dorso tripterygio, ore cirrato, colore vario, maxilla superiore longiore, cauda aequali.* Art. Gen. p. 20. Spec. p. 63. Syn. p. 35. — Linné, Skånska Resa, p. 220. Öländska Resa, p. 87. — *Der Dorsch*, Bloch, II. p. 194. T. 63. — *Le Gade Callarias*, La Cépède, T. II. p. 409. — Faber, Isl. Ichthyol. p. 109. — Ström Söndmör, I. p. 316. N. 1, 2. — Lehm. p. 317. — Pontoppid. Norg. Nat. Hist. T. II, p. 251. — Cuv. Règne anim. II. p. 332. — Nilsson, Prodr. p. 40.

Namen: Dorsch, *plattdeutsch* Dösch (*Schwed.* Små Torsk.)

Beschreibung: Körper länglich, bauchig und etwas zusammengedrückt. Der mit 3 Flossen besetzte Rücken erhebt sich vom Kopf an etwas, ist darauf fast gerade und der ganzen Länge nach abgerundet. Bauch platt abgerundet. Schuppen klein, fast rund, oder oval. Der Kopf, dessen Hintertheil hoch ist, hat eine ziemlich tiefe Furche in der Mitte und ist übrigens beinahe rund und an den Seiten wenig zusammengedrückt. Die Schnauze springt über die Kinnladen etwas vor, welche, geschlossen, dem Kopfe von den Augen an, ein keilförmig niedergedrücktes Ansehen geben. Mund mittelmässig gross, wenig aufwärts gerichtet, hat mehre Reihen fast gleich grosser Zähne im Oberkiefer, im Unterkiefer dagegen nur eine Reihe, deren Zähne auch gleich gross sind, ausser zwei etwas grösseren. Vorn im Gaumen sitzt ein winkelförmiger Knochen mit runden, rückwärts gebogenen Zähnen; im Schlunde zwei runde, eben so gezähnte Knochen oben, und zwei längliche unten. Lippen dick. Von den Kinnladen ist die obere die längere; die untere hat einen zugespitzten Bartfaden an der Spitze. Nasenlöcher mit zwei Oeffnungen, liegen schräg, den Augen näher, als der Schnauze. Augen, an den Seiten des Kopfs, ziemlich gross. Seitenlinie erhebt sich bogenförmig über der Brustflosse bis zur Mitte der ersten Afterflosse und geht von da gerade bis zum Schwanze. Rückenflossen drei. Die *erste*, welche an der Spitze schief abgerundet ist, fängt etwas hinter der Ansatzstelle der Brustflossen an und endigt sich über dem After; hat 15 Strahlen, die 3 ersten ungetheilt, die übrigen an der Spitze zweitheilig, der vierte und fünfte die längsten. Die *zweite*, schief abgeschnitten und wenig abgerundet, fängt über dem After an und endigt sich über dem Ende der ersten Afterflosse, hat 17 Strahlen in der Flossenhaut und 3 freie am Ende derselben. Der erste und zweite ungetheilt, die übrigen an der Spitze zweitheilig: der erste halb so lang, als der zweite, der dritte, vierte und fünfte die längsten. Die *dritte*, ebenfalls schief abgeschnitten und etwas gerundet, fängt mitten über dem Zwischenraume zwischen der ersten und zweiten Afterflosse an und endigt sich vor dem Ende der letztern; hat

15 Strahlen in und 2 ausser der Flossenhaut. Von ihnen sind die 3 ersten ungetheilt, die übrigen, mit Ausnahme der 2 letzten, welche ungetheilt sind, an der äussersten Spitze zweitheilig. Der erste halb so lang, als der zweite, der vierte und fünfte die längsten. Brustflossen 16 strahlig; von den Strahlen sind die beiden ersten und der letzte ungetheilt, die übrigen an der Spitze zweiästig, und der mittelste der längste. Bauchflossen, jede mit 6 Strahlen, von denen der erste und zweite ungetheilt, die übrigen an der Spitze zweitheilig, der zweite der längste sind. Die erste Afterflosse hat 17 Strahlen, 15 in der Flossenhaut und 2 freie. Von ihnen sind die 3 ersten und die 2 letzten ungetheilt, die übrigen an der Spitze zweiästig. Der erste ungefähr halb so lang, als der zweite, der dritte der längste. Die zweite Afterflosse ist länger, aber eben so gebildet, auch mit eben so vielen Strahlen. Schwanzflosse abgestutzt, klein, hat 19 längere Strahlen.

Farbe: Kopf oben bräunlich, ohne Flecken; Seiten mehr oder minder braunfleckig. Rücken braun, mit dunkleren, ungleichförmigen Querflekken, welche vorzüglich deutlich an den Seiten herab sind, die unter der Seitenlinie Silberfarbe haben. Bauch und Kopf unten silberweiss, mit sehr feinen, grauen Puncten. Rücken- und Afterflossen grünlich braun; die erstgenannten fleckig. Bauchflossen graubraun, an der Wurzel rothflekkig. Brustflossen grau grünlich. Schwanzflosse röthlich grau. Iris silberweiss, in Messinggelb spielend. Aeltere Individuen, von denen das grösste, welches ich erhalten habe, 17½ Zoll lang und 3½ Zoll breit war, haben deutlichere braune Flekken, welche an den Seiten gross und in der Mitte hell marmorirt sind. Bauch und Kopf unten weiss, mit äusserst feinen grauen Flecken. Iris silberweiss mit Kupferglanze, welcher bisweilen so zunimmt, dass die Iris kupferfarben erscheint.

Aufenthaltsort und Lebensweise: In der Nord- und Ostsee kommt der Dorsch allgemein genug vor, von Island an bis an die scandinavischen Küsten, ziemlich weit in den bothnischen Meerbusen hinein. In allen diesen Gegenden gehört er zu den gemeinen Seefischen. Er hält sich gewöhnlich in der Tiefe auf, und nur einige wenige Individuen nähern sich zufällig den Strändern. Der Dorsch ist ein träger und, wie es scheint, dummer und sehr gefrässiger Fisch. Ohne das zu seyn, was man zähes Lebens nennt, stirbt er doch nicht, wie Einige zu glauben scheinen, in demselben Zeitpuncte, in welchem er aufgefischt wird. Er soll sich stark vermehren; dass er aber nicht schnell wächst, geht daraus hervor, dass die Dorsche, welche hier im Februar mit dem Eisnetze gefangen werden, die Flossen mitgerechnet, nur 4 Zoll lang sind und dann, der Laichzeit des Fisches zufolge, etwa ein Jahr alt seyn müssen. Im Dunkeln verbreitet er einen phosphorischen Schein, besonders von der Mundöffnung und dem Kopf aus.

Nahrung: Kleinere Fische, Wasser-Insecten und Würmer.

Fortpflanzung: Am Schlusse des Januars, oder am Anfange des Februars soll der Dorsch, nach den Berichten der Fischer, auf Untiefen in den grösseren Buchten laichen. Zu dieser Zeit habe ich nie einen Dorsch an den Strändern der innern Scheerengruppe fangen sehn. Wie die Laiche vor sich geht, und wie der Rogen, wenn er abgesetzt wird, aussieht, weiss ich nur aus

Nachrichten, welche möglicher Weise unrichtig seyn können, weshalb ich sie unberührt lasse.

Fang: Das ganze Jahr durch, ausser während des Winters, wird dieser Fisch in der äussern Scheerengruppe mit dazu eingerichteten Netzen gefangen, in der innern aber, wo man sich dergleichen nicht bedient, fängt man nur einzelne Individuen, entweder mit dem Zugnetze, oder kleinen Garnnetzen, welche für Kühlinge, Schnäpel, Flundern u. m. ausgesetzt werden. Die gemeinste Fang-Art ist das sogenannte *Dorschen (Torskning)*; es fängt am Schlusse des Maies an und wird den ganzen Sommer durch bis zur Mitte des Augusts fortgesetzt, wo dann die Strömlingsfischerei für den Herbst beginnt und die Zeit des Scheerenbewohners in Anspruch nimmt. Jene Fischerei geschieht mit einer Art von Fischergerte, an welcher Stückchen vom Strömlinge als Köder benutzt werden. Der Fischer begiebt sich allein, oder höchstens mit noch Einem in demselben Boote und allemal bei stiller Luft zur Stelle. Auf dieser, welche gewöhnlich aussen an der Bucht gesucht wird, wo das Wasser mindestens 20 Faden tief ist, senkt er seine *Dorsch-Leine (Torsk-Lina)* und untersucht die Tiefe. Wenn die Tiefe ausgefunden ist, lässt er den Angelhaken bis ungefähr eine halbe Elle vom Grunde entfernt nieder und fängt an zu angeln; da aber das Boot nicht vor Anker gelegt werden kann, weil es oft aus der Stelle gebracht werden muss, um die Stelle, auf welcher der Fisch steht, zu treffen, so sitzt der Fischer an seinen Rudern und bedient sich, während er mit der rechten Hand die Schnur hält, der linken, um, mit Hülfe der Ruder, das Boot so zu regieren, dass diess an einer und derselben Stelle liegen bleibe.

Nutzen: Der Nutzen, welchen die Scheerenbewohner aus diesem Fische ziehn, ist bedeutend. Sie wenden ihn, nachdem er in kleinen Gefässen eingesalzen worden ist, als Handelswaare an. Das Einzige, welches sie vom Fische geniessen, sind der Kopf und die Leber, welche einen thranigen, herben und widerlichen Geschmack, selbst für den wenig ekeln Scheerenbewohner, hat. Der Fisch wird frisch genossen und giebt ein ganz gutes Gericht ab. Eingesalzen ist er freilich minder schmackhaft; er ist aber demungeachtet zu den besseren sogenannten *Salzwaaren (Salt-Varor)* zu rechnen.

Lenge *(Molvae)*.

Der Rücken hat 2 gleichgebaute Flossen; Afterflosse ist nur *eine*. *Ein* Bartfaden. Körper gestreckt, fast rund, schleimig. Nase niedergedrückt. Schwanzflosse abgerundet.

Die Quappe (*Gadus Lota* Linn.)

Artkennzeichen. Kinnladen gleich lang; die untere mit einem Bartfaden. Rücken platt, mit 2 gleich hohen Flossen. Bauch gross; Körper fleckig (marmorirt).

Erste R. 13, Zweite 73; Br. 21, B. 7, A. 71. Schw. 36.

Gadus Lota Linn. Fn. sv. p. 113. Syst. Nat. I. p. 440. Gmel. Syst. I. 3. p. 1172. — *Gadus dorso dipterygio, ore cirrato, maxillis aequalibus.* Art. Gen. p. 22. Spec. p. 107. *(Silurus cirro unico in mento)* Syn. 38. — *Le Gade Lote*, *La Cépède*. Hist. nat. d. P. III. 2. p. 453. — *Die Quappe,* Bloch II. p. 246. T. 70. —

Hartmann, Helvet. Ichth. p. 50. — Cuvier, Règne an. II. p. 334. — Nilsson, Prodr. p. 47.

Namen: Quappe, Aalquappe, Aalraupe etc. (*Schwed.* Lake, Kött-Lake.)

Beschreibung: Körper, bedeckt mit kleinen ovalen, weissen, kaum bemerkbaren Schuppen, ist vom Kopfe bis zum After beinahe walzenförmig, von da bis zur Schwanzflosse stark zusammengedrückt; Bauch gross und sehr oft hangend. Rücken vom Kopfe bis zur ersten Rückenflosse platt. Kopf niedergedrückt, schmäler, als der Körper. Mundöffnung gross; Kinnladen gleich lang. Die untere hat weit nach vorn an der Spitze einen Bartfaden. Nasenlöcher liegen fast mitten zwischen den Augen und der Schnauze und haben das Ansehen zweier getrennten, feinen und runden Oeffnungen, von denen die, welche der Schnauze am nächsten liegt, einen länglichen, blattförmigen Deckel hat, welcher, zurückgebogen, mit der Spitze über die Oeffnung hinüberreicht, die dem Auge am nächsten liegt. Augen fast rund, an den Seiten des Kopfs. In beiden Kinnladen, auf einem halbmondförmigen Knochen im Vordertheile des Gaumens und im Schlunde befinden sich einwärtsgebogene, feine, bewegliche Zähne, wie die einer Feile, von welchen die an der Oberseite des Schlundes sitzenden die grössten sind. Seitenlinie gerade und breit. Rücken hat 2 Flossen; die vordere, kleinere, hat nur 13 Strahlen; der erste und letzte die kleinsten, die mittelsten die längsten. Die hintere, sehr lang und wenig hoch, fängt mitten über dem After an und endigt sich nahe an der Schwanzspitze, hat 73 Strahlen, deren erste die kleinsten sind. Brustflossen schief abgerundet, haben, jede, 21 Strahlen, von denen die 2 ersten und die letzten ungetheilt, die übrigen fast von der Basis an ästig sind. Bauchflossen klein, haben nur, jede, 7 Strahlen, von denen die 2 ersten und der letzte ebenfalls ungetheilt sind; der zweite in der Reihe ist sehr lang und hat an der Spitze ein Anhängsel (Apophysis), wie einen Cirrus; der erste ist eben so gebildet, aber kürzer. Afterflosse, lang und nicht sonderlich hoch, hat 71 Strahlen, deren erster und letzter die kleinsten sind. Schwanzflosse fast rund oder oval, mit ungefähr 36 Strahlen, welche richtig zu zählen sehr schwer, wenn nicht unmöglich ist. Alle Flossen sind dick und scheinen mit der Haut des Körpers überzogen zu seyn.

Die *Farbe* ist über den ganzen Körper gelbgrau, mit schwarzgrauen Flecken marmorirt und mit einem zähen Schleim überzogen. Die Farbe des Rückens spielt in Braun und ist dunkler, als die der Seiten. Bauch schmutzig weiss. Rükkenflossen von der Farbe des Rückens, fleckig. Brustflossen, an der innern Seite bläulich, an der äussern schmutzig weiss, mit schwarzgrauen Flekken. Bauchflossen weisslich, mit feinen schwarzgrauen Puncten. Afterflosse weissgrau mit dunkler Kante und schwarzen Flecken. Schwanzflosse graulich, fleckig, mit dunkler, fast schwarzer Kante. Iris messinggelb, mit dunklen Flecken.

Aufenthaltsort und Lebensweise: Die Quappe ist der einzige Fisch von der Dorschgattung, welcher sich im süssen Wasser findet. Ausser in Scandinavien, wo sie, mit Ausnahme einiger wenigen Stellen, mehr oder minder zahlreich in den meisten Seen, Strömen und Scheeren der Ostsee angetroffen wird, soll sie sich auch beinahe in allen Ländern von Europa, im nördlichen Asien und in Indien finden. Sie hält sich gern in klarem Wasser und mehrentheils über steinigem

Grunde auf. In grösseren Binnenseen mit süssem Wasser wird sie unläugbar am grössten. In dem Silja-See in Dalekarlien sollen sich, Linné zufolge, die grössten finden. In den hiesigen Scheeren finden sich freilich wenige, welche über 5 Pfund wiegen. In einem kleinern See in Südermannland habe ich selbst an der Angel eine Quappe von 11 Pfund gefangen. Grösser habe ich sie nirgends gesehn. Den grössten Theil des Jahrs durch hält sie sich in der Tiefe auf, am liebsten an Vorgebirgen mit tiefem Wasser, in welchem sich sogenannte Hohlsteine (Hålstenar) finden. Obgleich ihre Bewegungen im Wasser, welche denen des Aals gleichen, lebhaft sind und keine Trägheit verrathen, so ist die Quappe doch ein eben so fauler, als raubgieriger Fisch. Zwischen versunkenen Baumstämmen und Steinen steht sie im Hinterhalte auf ihren Raub lauernd. Höchst selten steigt sie im Wasser auf und nimmt nicht gern eine Lockspeise, wenn diese nicht auf, oder nahe an den Grund gebracht wird. Die Fischer machen im Allgemeinen einen Unterschied zwischen Stein- und Thon-Quappen. Von den ersteren ist die beschriebene; die letzteren sind heller und haben ein minder frisches Ansehn. Diese Verschiedenheit in der Farbe rührt, wie sich auch aus dem Namen zu erkennen giebt, von der Beschaffenheit der Stelle her, auf welcher sich der Fisch aufhält, und muss, meiner Meinung nach, der Beschaffenheit des Wassers, in welchem er lebt, zugeschrieben werden. Die Quappe ist, was man zäh von Leben nennt; sie wird aber gewöhnlich gleich, so wie man sie gefangen hat, getödtet, entweder auf die Weise, dass der Hals zerbrochen wird, oder, am gewöhnlichsten, dass die Kiemen vom Kopfe getrennt werden. Diese sonderbare Operation wird selten unterlassen, weil fast alle Fischer glauben, die Quappe fresse ihre Leber auf, sobald sie sich gefangen sehe.

Nahrung: Diese besteht aus Wasser-Insecten, Würmern und kleineren Fischen, auch solchen, welche schon von Fäulniss gelitten haben. Die Quappe soll kleinere Fische dadurch anlokken, dass sie fortwährend den Bartfaden und die Bauchflossen bewegt, von denen der erstere, wie die Anhängsel (Apophyses) der anderen, viel Aehnlichkeit mit Würmern haben.

Fortpflanzung: Die Laichzeit der Quappe fällt gemeiniglich in den Januar. Sie sucht dann irgend eine Untiefe mit Thongrund, dergleichen daher den Namen *Quappen-Bänke (Lak-Åsar)* haben. Hier setzt sie ihren feinen Rogen an den Thonboden ab. Die Laiche dauert lange, einen ganzen Monat und darüber.

Fang: Die Art und Weise, die Quappe zu fangen, ist mannichfaltig. Gewöhnlich fängt man sie zur Frühlingszeit, sobald die Seegewässer offen sind, mit der Grundschnur, wo alsdann oft Angelhaken von Holz, am liebsten vom Wachholder (Juniperus communis L.) dazu gebraucht werden. Zum Köder bedient man sich des Stintes (Osmerus Eperlanus), welcher in jener Zeit am leichtesten zu erhalten ist. Bisweilen bekommt man sie mit dem Zugnetze und oft an der schlafenden Angel, wenn der Köderfisch gestorben und darauf bis auf den Grund hinabgesenkt worden ist. Nur im Winter, während die Laiche dauert, wird die Quappe in Menge gefangen. Gewöhnliche und Flügel-Reusen werden dann an der Laichstelle ausgestellt. Sie kann auch mit der sogenannten *Quappen-Scheibe (Lak-Skifva)*, einer mit mehren Haken versehenen zinnernen

Scheibe, geangelt werden; die Quappe bleibt an den Haken hangen, indem sie sich an der blanken Scheibe reiben will. Da aber diese Fischfangsart mit Vortheil nur des Nachts auf dem Eise und in strenger Jahrszeit, bei welcher oft widrige Witterung eintritt, angestellt werden kann, so wird sie jetzt selten ausgeübt.

Nutzen: Die Quappe wird wegen ihres weissen, wohlschmeckenden und heilsamen Fleisches geschätzt. Meistens isst man sie frisch. Die Zubereitung trägt indessen sehr viel zu dem feinen Geschmacke bei, welchen man diesem Fische zuschreibt. Gekocht, wie gewöhnlich, nur in gesalzenem Wasser, ist er immer eine magere und wenig schmackhafte Speise. Selten wird er zur Winterspeise gedörrt, oder gesalzen, da er doch auf die Weise eben so, wie der Leng (Gadus Molva L.), anzuwenden seyn möchte. Die Leber ist unläugbar das Beste am ganzen Fische. Sie hat immer, auch ohne künstlichere Zubereitung, einen angenehmen Geschmack. Vormals wurde sie eingesalzen, wodurch sie an Geschmack den Austern sehr ähnlich werden soll. Aus dem Rogen wird noch in gewissen Orten Caviar bereitet. Der gemeine Mann braucht die frisch abgezogene Haut zum Bekleben gesprungener Gläser; sie wird, nachdem sie getrocknet worden ist, stark an dem Glase befestigt, hält die Stücke zusammen und macht das Gefäss wasserdicht. Das zu schmalen Streifen geschnittene und stark getrocknete Fleisch soll in gewissen Orten statt der Lichte gebraucht werden. Der Magen mit seinen wurmförmigen Anhängseln wird vom gemeinen Volke *Quappen-Klaue (Lak-Klo)* genannt. Er wird getrocknet, zu Pulver gestossen und gegen kalte Fieber eingenommen. Aus der Leter bereitet der gemeine Mann ein Oel auf die Weise, dass er die Leber an einem Faden im Sonnenschein aufhängt, wonach dann das Oel von selbst in ein untergesetztes Gefäss ausläuft. Dies Oel wird als ein Universalmittel gegen alle Augenkrankheiten angewandt.

Gattung Schleimfisch (*Zoarcaeus* Cuv.).

Diese Gattung, von welcher es in Schweden nur *eine* Art giebt, welche Linné zur Gattung *Blennius* brachte, unterscheidet sich durch *einen gestreckten, fast dem des Aales ähnlichen und schleimigen Körper, welcher mit kleinen, beinahe unbemerkbaren Schuppen bedeckt ist, eine stumpfe Schnauze, aufgeschwollene Wangen, und eine stark abgedachte Stirne, röhrenartige Nasenlöcher, dicke Lippen, die mit einem Eindrucke gegen den Schwanz zu versehene, lange Rückenflosse und 3 weiche Strahlen in den Bauchflossen.* Diese Gattung hält sich nur im Meere, über steinigem und grasigem Boden, auf; lebt vom Rogen anderer Fische, von Crustaceen und Mollusken. Das Fleisch ist wohlschmeckend, wird aber selten gegessen.

Die Aalmutter (*Zoarcaeus viviparus* Cuv.).

Artkennz. Gelb mit schwarzen Flecken. Körper lang, rund, vom After bis zum Schwanze zusammengedrückt und zugespitzt. Oberkiefer vorstehend, Nasenlöcher röhrenförmig.
R. 87, Br. 20, B. 2, A. 70.
Länge des zu beschreibenden Exemplars $9\frac{1}{2}$ Zoll, *Breite* $1\frac{1}{4}$ Zoll.

Blennius viviparus Linn. Syst. Nat. I. p. 443. Fn. Sv. p. 113. Gmel. Syst. I. 3. p. 1182. — *Blennius capite dorsoque fusco-flavescente, lituris nigris, pinna ani flava.* Art. Syn. p. 45. — Kon. Vetensk. Acad. Handl. 1748. p. 37. Tab. 2. — *Die Aalmutter,* Bloch III. 2. p. 262. Tab. 72. — *La Blennie ovovivipare,* La Cép. Hist. nat. d. P. II. p. 496. — *Zoarcaeus viviparus,* Cuv. Règne an. II. p. 240. — Nilss., Prodr. p. 105.

Namen: Aalmutter. (*Schwed.* Stenlake, Tånglake, Åhlkusa).

Beschreibung: Körper, überzogen mit Schleim und besetzt mit dünnen, runden Schuppen, welche beim lebenden Fische wie runde, eingedrückte Grübchen aussehen, ist walzenförmig, gestreckt und vom After bis zum Schwanze zusammengedrückt, nimmt auch in demselben Masse, als die Zusammendrückung gegen den Schwanz zunimmt, an Höhe ab, so dass der letztere sehr dünn und zugleich schmal ist. Kopf klein, etwas zusammengedrückt, mit aufgeschwollenen Wangen; Nacken platt; Stirne von den Augen bis zur Schnauze ziemlich abhangend (declivis) mit einem erhabenen Kamme, welcher durch eine starke Zusammendrückung unter den Augen entsteht. Unten ist der Kopf platt. Mund ziemlich gross; Lippen aus einer runden Wulst bestehend. Von den Kinnladen, deren obere vorsteht, haben: die *untere* an der Spitze 2 Reihen und an den Seiten nur eine Reihe dünner, gerade aufgerichteter und wenig spitziger, fast konischer Zähne; die *obere* nur eine Reihe ebenfalls dünner, etwas längerer, spitzigerer und einwärts gebogener Zähne. Zunge und Gaumen glatt; die erstere dick und weiss. Der Schlund hat an der obern Seite 4 dicht zusammensitzende Knochen, von denen die 2 vorderen eine, und die 2 hinteren 3 Reihen von Zähnen haben, welche eben so gebildet sind, wie die in den Kinnladen, ausgenommen, dass sie schärfer und stark einwärts gekrümmt sind. An der untern Seite sitzen, parallel mit den Kiemen, 2 Knochen, deren jeder 2 Zahnreihen hat. Augen länglich, mittelmässig gross, nicht weit von einander getrennt, von der Körperhaut bedeckt. Nasenlöcher klein, röhrenförmig, liegen der Oberlippe etwas näher, als den Augen. An der untern Seite jedes Auges stehen 8 feine Löcher bogenförmig, in gleichen Entfernungen von einander, und vom obern Winkel der Kiemenöffnung gegen den Nacken zu 4 ähnliche in gerader Linie. Die Oberkinnlade hat auch 4 solche an jeder Seite. Der obere Kiemendeckel ist aufgeschwollen, wodurch der Kopf eine rundliche Form erhält. Seitenlinie, gerade, kaum sichtbar, läuft in gleicher Entfernung vom Rücken und Bauche. Afteröffnung gross. Die Rückenflosse fängt mitten über der Wurzel der Brustflossen an, hat ungefähr 87 weiche, ungetheilte Strahlen, von denen die 2 ersten und letzten die kürzesten, die übrigen fast gleich lang sind. Die Flosse erstreckt sich bis nahe zum Schwanze, wo sie mittelst einer erhöhten Kante mit der Schwanzflosse zusammentritt. Brustflossen, breit und an der Spitze abgerundet, haben, jede, 20 ästige Strahlen, deren mittelste die längsten sind. Die Bauchflossen haben, jede, 2 ungetheilte Strahlen. Die Afterflosse fängt dicht am After an und ist mit der Schwanzflosse vereinigt; beide zusammen haben 70 Strahlen. Alle Flossen sind dick und mit der Körperhaut überzogen, weshalb die Flossenstrahlen mit Bestimmtheit schwer zu zählen sind.

Farbe: Dunkelgelb mit schwarzen Flecken, deren 12 — 15 grössere auf dem Rücken an der Basis der Rückenflosse sich etwas an diese hinauf erstrecken. Körperseiten messinggelb, mit Schwarzbraun marmorirt. Rückenflosse von der Farbe des Rückens; so auch die Brustflossen. After- und Schwanzflosse rothgelb. Bauch weissgrau. Iris messinggelb. Pupille blau.

Aufenthaltsort und Lebensweise: Die Aalmutter findet sich allenthalben in der Nord- und Ostsee. Sie hält sich an steilen Strändern mit steinigem Grunde auf, geht nie oder wenigstens höchst selten im Wasser in die Höhe, sondern hält sich beständig am Boden zwischen Steinen. Die Grösse dieses Fisches ist hier selten bedeutend; die grössten Exemplare sind ungefähr 12 Zoll lang. Seine Bewegungen im Wasser sind schlängelnd und lebhaft. Am gewöhnlichsten werden hier Weibchen gefangen; die Männchen sind sehr selten und immer nicht so gross, mit schmutzigeren Farben und undeutlicherer Zeichnung. Die Weibchen haben stets mehr oder minder grosse Junge im Eierstocke mit Rogen für eine neue Brut zusammen. Dieser Fisch vermehrt sich stark. Man hat bei einem einzigen Weibchen 300 Junge gefunden. Ich habe jedoch nie viel über die Hälfte dieser Anzahl gesehn; die Individuen aber, bei denen ich sie gesehen habe, haben alle nicht zu den grössten gehört. Die Knochen des Fisches, welche von Farbe grün sind, verbreiten im Dunkeln einen phosphorischen Schein. Merkwürdig ist es, dass dieser Fisch gemeiniglich an den Tagen gefangen wird, an welchen Nordwind und unfreundliches Wetter herrschen, bei welcher Witterung selten irgend eine andere Fischerei glückt. Die Scheerenbewohner hassen desswegen die Aalmutter und glauben, sie verjage andere Fische, oder diese gedeihen wenigstens nicht in ihrer Nähe. Und da sie sie selten oder nie zur Speise benutzen, so lassen sie ihren Unmuth gegen sie dadurch aus, dass sie sie in die See werfen, mit welcher Rache sie zufrieden seyn kann.

Nahrung: Kleinere Fische, Würmer und besonders Muscheln. Im Magen der vielen von mir geöffneten habe ich immer zermalmte Schalen von *Mytilus edulis* L. gefunden.

Fortpflanzung: Man hat durch anatomische Untersuchungen der Geschlechtstheile des Fisches gefunden, dass zwischen den beiden Geschlechtern eine ordentliche Paarung Statt findet. Die Zeit dieser Paarung ist jedoch noch nicht bestimmt ermittelt; man glaubt, dass sie zu jeder beliebigen Jahrszeit geschehe. Von Gissler ist zwar der Januarmonat als die rechte Laichzeit angegeben worden; aber fast zu allen Zeiten trifft man trächtige Weibchen, und im December kommen oft solche vor, welche vollausgebildete Junge im Leibe tragen, die aus dem After kriechen, so bald der Bauch des Weibchens gedrückt wird.

Fang: Für die Aalmutter wird vermuthlich nirgends eine besondere Fangart angestellt. Man erhält sie oft mit dem Zugnetze und auch mit der Fischergerte. Im kleinen Garnnetze setzt sie sich selten oder nie fest, wovon ihr schleimiger und schlüpfriger Körper die Ursache ist.

Nutzen könnte man freilich aus diesem Fische wohl ziehen, denn er hat ein grätenfreies, festes Fleisch, von mehr behaglichem, als unbehaglichem Geschmacke. Der Scheerenbewohner, welcher im allgemeinen eben kein Kostverächter ist, geniesst doch diesen Fisch, vermuthlich aus

Abscheu vor der grünen Farbe der Knochen, höchst selten. Er scheint vorzüglich zur Nahrung der gefrässigen Seevögel von der Gattung der Sägetaucher (Mergus L.) geschaffen zu seyn. Die Tauchergans (Mergus Merganser L.), welche gewöhnlich sehr zeitig in den Scheeren ankommt, ehe noch im allgemeinen die Fische heraufzusteigen angefangen haben, ernährt sich fast nur von *diesem* Fische. Ich habe oft in jener Jahreszeit Tauchergänse geschossen, welche 7—8 Zoll lange Aalmütter im Kropfe gehabt haben.

Gattung Scholle (*Pleuronectes* Art.).

Sie ist von den übrigen Fischgattungen leicht zu unterscheiden. *Beide Augen sitzen an derjenigen Seite des Kopfes, welche sich beim Schwimmen des Fisches nach oben zu kehrt. Dieselbe Seite des dünnen, sehr zusammengedrückten Körpers ist erhaben und gefärbt, während die untere dagegen beinahe flach und meistens farbenlos ist. Der After sitzt dem Kopfe nahe. Bauchflossen klein; Rücken- und Afterflosse dagegen sehr lang. Zähne in den Kinnladen und im Schlunde.* Die Schollen leben nur im Meere*). Sie halten sich in nicht sehr tiefem Wasser auf, am liebsten da, wo der Boden steinig oder sandig ist. Sie erheben sich wenig vom Grunde, vermuthlich weil ihnen die Schwimmblase fehlt. Sie leben meistens von Crustaceen und Muscheln; einige Arten, sagt man, essen auch Vegetabilien. Sie variiren sehr. Einige Arten haben die Augen bald auf der rechten, bald auf der linken Seite. Bei anderen ist auch die so-

*) Diese Angabe leidet einige Beschränkung. S. die Vorrede.

genannte *blinde Seite* erhaben und gefärbt; sie bekommen dann den Namen Doppelschollen (*Dubbel-Flundror*). Die Gattung ist weitläuftig und zerfällt in verschiedene Unterabtheilungen. Die Eintheilung geschieht gewöhnlich nach der Form und Stellung der Zähne. Höchst wenige Arten kommen in den hiesigen Scheeren vor, und die, welche vorkommen, gehören zur ersten und dritten Familie.

1. Eigentliche Schollen (*Platessae* Cuv.).

Beide Kinnladen haben eine einfache Reihe stumpfer oder gerade-abgeschnittener Zähne. Augen mehrentheils auf der rechten Seite. Körper rhomboidisch. Rückenflosse fängt über dem Auge an.

Der Flunder (*Pleuronectes Flesus* L.).

Artkennz. Körper oval, rauh von zackigen Knötchen, besonders auf der Seitenlinie und den Wurzeln der Rücken- und Afterflosse. Seitenlinie fast gerade. Schwanzflosse abgestutzt. R. 57, Br. 11, B. 6, A. 38, Schw. 17.

Länge des zur Beschreibung vorliegenden Exemplars 7½, *Breite* 4 Zoll.

Pleuronectes Flesus Linn. Syst. Nat. I. p. 457. Fn. Sv. p. 116. Gmel. Syst. I. 3. p. 1229. Retz. Fn. p. 331. — *Pleuronectes oculis a dextris, linea laterali aspera, spinulis supine ad radices pinnarum; dentibus obtusis.* Artedi, Gen. p. 17. Syn. p. 31. Spec. p. 59. — *Der Flunder,* Bloch, II. p. 52. Tab. 44. — *Le Pleuronecte Flez,* La Cépède l. c. IV. p. 633. — Sv. Zool. II. N. 46. — *Die stachelichte Scholle,* Faber, Fische Isl. p. 144. — Nilsson, Prodr. p. 55.

Namen: Flunder etc. (*Schwed.* Sand-Flundra, Strömmings-Flundra, Skädda, Skrubba.)

Beschreibung: Körper oval, stärker zusammengedrückt an der Wurzel der Rücken- und Afterflosse, so dass ein Eindruck an der Basis der genannten Flossen erscheint. Seitenlinie fast gerade, über dem Bauche ein wenig aufwärts steigend, ist gleicherweise eingedrückt an der untern Seite. Kopf zugespitzt, mittelmässig gross; Mund klein; von den Kinnladen ragt die untere kaum vor der obern vor; beide haben eine Reihe dicht stehender, stumpfer Zähne. Augen hervorstehend, dicht beisammen sitzend; von ihnen bis zur Seitenlinie steht eine fast gerade, erhabene Reihe von Knötchen; das untere Auge steht etwas mehr nach vorn, als das obere; beide liegen oft auf der linken Seite. Kopf und Körper sind an beiden Seiten mit zackigen Knötchen besetzt, besonders auf der Seitenlinie; ein zackiges Knötchen auf der Wurzel jedes Strahles der After- und Rückenflosse; ferner ist der Bauch überall bestreut mit ähnlichen, kleineren Zacken-Knötchen; die letzteren fehlen indessen auf der Unterseite. Uebrigens ist der Körper eben und mit kleinen, dünnen Schuppen bedeckt. Brustflossen, 11-strahlig, fangen über den Bauchflossen an, deren jede 6 Strahlen hat. Die Rückenflosse fängt über dem Auge an, hat 57—58 Strahlen und endigt sich über dem Ende der Afterflosse, welche 38 Strahlen hat. Die etwas lange, abgestutzte Schwanzflosse hat 17 — 18 Strahlen. Die Rücken- und Afterflosse haben ganze, die übrigen Flossen getheilte Strahlen.

Farbe: Variirt sehr. Aeltere Individuen sind braun, mit Grau marmorirt, haben grössere, dünn gestreute, pomeranzengelbe Flecken auf der obern

Seite und den Flossen. Unterseite weiss, oft braunfleckig und mitunter ganz und gar braun. Die braune Farbe erstreckt sich immer vom Schwanze aus mehr oder minder nach dem Kopfe hin. Iris braungelb mit einem feinen messinggelben Ringe um die dunkle Pupille. Jüngere Individuen sind hellbraun oder vielmehr rostfarben, mit unbedeutender graubrauner Marmorirung und undeutlichen, pomeranzengelben Flecken auf dem Körper selbst, welche jedoch nicht so gross sind, als andere auf den Flossen. An diesen ist die Unterseite fast immer weiss, selten fleckig, und wenn dies bisweilen der Fall ist, so liegen die Flecken immer nach dem Schwanze zu. Die Flossen sind an den Kanten heller, ausgenommen die Schwanzflosse, welche eine dunkle Spitze hat.

Aufenthaltsort und Lebensweise: Der gemeine Flunder, (hier genannt *Strömmingsflundra*) kommt sowohl in der Nord-, als der Ostsee vor. Hier ist er die gemeinste der beiden Schollenarten, welche sich in den hiesigen Scheeren finden. Er hält sich vorzugsweise über sandigem Boden auf, wo der Zugang zu Gras und Mollusken ihm nicht abgeschnitten ist. Das ganze Jahr durch lebt er in nicht recht tiefem Wasser, ausser während des Winters, in welchem er wenigstens hier nie an den Strändern oder seichten Stellen angetroffen wird. Eine bedeutende Grösse erreicht er hier nicht. Seine grösste Länge ist von 8 — 9 Zoll. Obgleich es scheinen könnte, dass sein Körperbau ihm nicht erlaubte, sich vom Boden zu entfernen, geht er doch an schönen Sommertagen im Wasser in die Höhe, wenn er sich auch nicht völlig bis zur Oberfläche erhebt. Seine Bewegungen im Wasser sind sehr lebhaft, und er lebt lange, nachdem er aufgefischt worden ist. Diese Art soll auch in süssem Wasser leben und folglich in Teiche versetzt werden können. Ich habe indessen keine Gelegenheit gehabt, deshalb Versuche anzustellen.

Nahrung: In den vielen von mir geöffneten Flundern habe ich nur zermalmte Schalen von verschiedenen Muscheln, besonders aus den Gattungen Mytilus und Tellina gefunden.

Fortpflanzung: Im Maimonate setzt diese Schollenart ihren weissgelben Rogen an grasigen Sandgrund ab. Sie sucht zu diesem Zwecke, in der genannten Jahrszeit, ein weniger tiefes Wasser mit langsam-abschüssigen Strändern.

Fang: In den hiesigen Scheeren fängt man den Flunder in nur zu diesem Zweck eingerichteten Garnnetzen. Mit dem Zugnetze erhält man ihn auch oft unter anderen Fischen, doch nur im Sommer.

Nutzen: Von den Fischen der hiesigen Scheeren, welche man zur Speise gebraucht, ist dieser einer der schmackhaftesten, besonders, wenn er etwas gegen die Mitte des Sommers gefangen wird. Der Flunder ist in *der* Jahrszeit gewöhnlich sehr fett und leckerhaft, woher die sprichwörtliche Redensart entstanden ist: *När skogen är grön, är flundran skön* (d. i. wenn der Wald grün ist, ist der Flunder schön). Viel hängt dabei jedoch von der Zubereitung ab. Da, wo man Flundern in Menge fängt, werden sie gewöhnlich gesalzen oder gedörrt. In den hiesigen Scheeren werden die sogenannten *ungdårade Flundror* auf folgende Art bereitet: Nachdem die Flundern ausgenommen worden sind, werden sie mässig gesalzen und, nachdem sie einen Tag über im Salze gelegen haben, um zu trocknen, aufgehängt. Dann werden sie zum künftigen Gebrauche aufbewahrt und, wenn sie gegessen werden sollen, über Strohfeuer im Ofen gebraten. So zugerichtet sind sie vortrefflich, insofern man sie nicht zu alt werden lassen oder zu schlecht aufbewahrt hat, dass sie ranzig geworden sind.

2. Butten (*Rhombi* Cuv.).

Spitzige und den Weberkardenstacheln ähnliche Zähne in beiden Kinnladen und im Gaumen. Die Rückenflosse fängt vor dem vordern Rande des obern Auges an. Die Augen liegen meistentheils auf der linken Seite.

Der Steinbutt (*Pleuronectes maximus* L.).

Artkennzeichen. Rautenförmig; besonders auf der obern Seite besetzt mit Knötchen, welche an der Spitze scharf, gegen die Basis breiter sind. R. 69, Br. 12, B. 6, A. 49, Schw. 17.

Länge des zur Beschreibung vorliegenden 9, *Breite* 6½ Zoll.

Pleuronectes maximus Linn. Syst. Nat. I. p. 459. Fn. Sv. p. 116. Retzii Fn. Sv. p. 333. Gmel. Syst. I. 3, p. 1236. — *Pleuronectes oculis a sinistra, corpore aspero.* Art. Gen. p. 18. Syn. p. 32. — Vetensk. Acad. Handl. 1806. p. 208. — *Der Steinbutt*, Bloch, II. p. 70. Tab. 49. — Linné, Göthländska Resa, p. 186. — Risso, Ichthyologie de Nice, p. 514. — Nilss. Prodr. p. 58.

Namen: Der Steinbutt, die Steinbutte etc. (*Schwed.* Stenflundra, Piggvar, Piggvarf.)

Beschreibung: Körper breit-oval oder fast kreisrund innerhalb der Flossen, mit diesen zusammen aber rautenförmig. Kopf, wie gewöhnlich, niedergedrückt, hat eine erhabene Kante, welche über dem untern Auge anfängt, darauf zwischen den Augen fortläuft und über des untern Kiemendeckels oberem Rande sich etwas ausbreitet. Mund gross, sehr aufwärts gerichtet. Kinnladen bei geschlossenem Munde gleich lang; bei offenem erscheint die untere länger. Zähne in mehren unregelmässigen Reihen in den Kinnladen, Kardenstacheln ähnlich, einwärts gerichtet und scharf. Der Schlund hat auch feine Zähne, sitzend in 4 Knochen, 2 länglichen, an der obern Seite getrennten, und 2 keilförmig an der untern Seite verwachsenen. Gaumen und Zunge glatt. Kiemenhaut 6-strahlig. Augen mittelmässig, länglich, liegen ziemlich von einander entfernt an der linken Seite, fast unter einander; das untere scheint jedoch etwas, obgleich höchst unbedeutend, vor dem obern zu stehn. Pupille oval, mit einem runden Einschnitt in den obern Rand. Der ganze Körper ist mit zackigen Knötchen besetzt, welche am Kopfe dichter stehn und feiner sind. Die Knötchen auf der Unterseite sind eben so beschaffen, stehen aber nicht so dicht. An den Seiten um die Seitenlinie, welche sich über der Brustflosse bogenförmig erhebt und von da an gerade ist, finden sich keine Knötchen. Die Haut zwischen den Knötchen ist warzig und schleimig; Schuppen habe ich nicht entdecken können. Die Rückenflosse fängt mitten zwischen dem obern Auge und der Schnauze, oder dem Auge etwas näher an und endigt sich nahe vor der Schwanzflosse. Sie hat 69 Strahlen, alle an der äussersten Spitze zweitheilig; der erste und letzte sind die kleinsten und *sehr* klein. Die Brustflossen haben, jede, 12 Strahlen; die 2 ersten ungetheilt, die übrigen an der Spitze ästig bis auf den letzten, welcher wieder ungetheilt ist. Der erste Strahl ist halb so lang, wie der andere, welcher etwas kürzer ist, als der dritte und vierte; dieser letztere der längste. Die Bauchflossen, welche vom untern Rande des Unterkiefers bis zum After laufen, haben, jede, 6 ungetheilte Strahlen, deren fünfter der längste ist. Die Afterflosse läuft vom After bis beinahe zum Schwanze und hat 49 Strahlen. Alle Strahlen, an der obern Seite flach, mit einer Furche in der Mitte, an der untern Seite gerundet. Die ersten 6—8 scheinen ungetheilt, die übrigen sind zweitheilig. Rücken-, Bauch- und Afterflossen sind mit der Körperhaut überzogen, und der Bau der Strahlen ist schwer zu entdecken. Schwanzflosse, fast abgestutzt, mit abgerundeten Rändern, hat 17 deutliche Strahlen.

Farbe: Oben gelblich grau, mit schwarzgrauen Flecken marmorirt. Die die Augen überziehende Haut hat feine, graubraune Flecken. Iris messinggelb. Unterseite weiss, mit unregelmässigen, grösseren, graubraunen Flecken. Die Flossen haben dieselbe Farbe, wie die Seiten, ausser dass sie kleinere, fast schwarze Flecken am Rande haben. Jüngere Individuen sind oben röthlich grau, mit feinen, dichtstehenden, dunkelgraubraunen Flecken. Unterseite weiss, ohne Flecken.

Aufenthaltsort u. Lebensweise: Diese Schollenart kommt nicht allein in der Nord- und Ostsee, sondern auch im Mittelmeere vor. Die grössten von ihnen, welche sich an den Küsten unserer Halbinsel finden, werden wohl im Öresunde angetroffen, wo sie auch am häufigsten sind. Gegen Norden werden sie seltner, wenigstens in der Ostsee. Innerhalb der hiesigen Scheeren kommt diese Art weniger allgemein vor. Sie wird hier ziemlich gross und bisweilen 6—7 Pfd.

schwer. In tiefem Wasser, dessen Grund steinig ist, trifft man diesen Fisch in allen Jahrszeiten an, ausgenommen im Winter, in welchem er sich vermuthlich nach noch tieferen Stellen des Meeres zieht.

Nahrung: Wie bei der vorigen Art.

Fortpflanzung: Die unbedeutende Anzahl der Individuen dieser Art, welche sich hier findet, hat mich verhindert, ihre Laichzeit auszumitteln. Vermuthlich fällt sie in den Frühling oder den Anfang des Sommers, welches ich daraus schliesse, dass man die meisten zu der Zeit bekommt, und dass die Weibchen, welche dann gefangen werden, flüssigen Rogen haben. Die Laiche soll in ziemlich tiefem Wasser, dessen Grund steinig ist, vor sich gehen.

Fang: Hier wird diese Scholle mit dem kleinen Garnnetze und bisweilen auch mit dem Zugnetze gefangen.

Nutzen: Da die Individuen dieser Art, welche hier gefangen werden, an Zahl geringe sind, verzehrt man sie gemeinhin frisch, als Lekkerbissen, und sie gehören auch zu den wohlschmeckendsten Fischen der hiesigen Scheeren.

Anmerkung: Ausser diesen beiden eben beschriebenen Schollen-Arten kommt in diesen Scheeren, obgleich selten, noch eine vor, welche, wie es scheint, eine Abart vom *Pl. maximus* ist. Bei ihr sind beide Seiten fast gleich zackig, die blinde Seite ist immer grösstentheils gefärbt und der Körper, wenn man den halben Kopf und einen kleinen Theil des Schwanzes abrechnet, vollkommen cirkelrund. Vielleicht ist es eine eigene Art, welches ich in der Folge hoffentlich zu untersuchen Gelegenheit haben werde.

Gattung Grundel (*Gobius* Linn.).

Von dieser Gattung gehören der vaterländischen Fauna nur wenige Arten an, welche daran leicht kenntlich sind, dass: *die Bauchflossen an der Basis so vereinigt sind, dass sie ein trichterförmiges Ansehen bekommen. Der Körper ist fast drehrund, wenig zusammengedrückt, der Kopf etwas niedergedrückt mit stark aufgeschwollenen Wangen und hervorstehenden, dicht neben einander sitzenden Augen. Zwei Rückenflossen. Die Kiemenöffnung ist klein, und die Kiemenhaut hat 5 Strahlen.* Alle Arten dieser Gattung halten sich im Meere auf, sind klein und leben am liebsten an klippigen Strändern. Man hat beobachten wollen, dass die Männchen dieser Gattung eine Art von Nest bauen, in welchen sie die Weibchen erwarten, die in dasselbe ihren Rogen legen, welcher vom Männchen befruchtet werde, das später ihn auch warte und selbst die Jungen beschütze. Sicher ist, dass ihre Laichzeit in den Frühling fällt. Das Fleisch wird nicht gegessen, und dieser Fisch scheint nur zur Nahrung für grössere Fische und einige Seevögel-Arten erschaffen zu seyn.

Der Meergrundel (*Gobius niger* L.).

Artkennz. Schwärzlich oder schwarzgrau mit graugelben Flecken. Hintere Rückenflosse mit 14 Strahlen. Alle Flossenstrahlen nicht über die Flossenhaut hinausgehend. Bauchflossen reichen nicht bis zum After. Strahlen der Afterflosse 13.

R. 5 + 14, Br. 15, B. 10, A. 13, Schw. 16.
Länge 2½ Zoll, mit der Schwanzflosse 3⅛ Zoll.

Gobius niger Linn. Syst. Nat. I. p. 449. Gmel. Syst. I. 3. p. 1196. — Retz. Fn. 326. — *Gobius ex nigricante varius, pinna dorsi secunda ossiculorum* 14. Art. Gen. p. 28. Syn. p. 46. — *Die Meergrundel,* Bloch, II. p. 8. T. 38. Fig. 2—4. — *Le Gobie Boulerot*, La Cépède, Hist. nat. d. P. T. II, p. 552. — *G. Boulerot,* Risso l. c. p. 158. — Cuvier l. c. II. p. 243. — Nilsson, Prodr. p. 93.

Namen: Meergrundel, Meergob, schwarzer Gob etc. (*Schwed.* Smörbult.)

Beschreibung: Körper keilförmig und wenig zusammengedrückt. Rücken hat 2 Flossen, ist breit und abgerundet, und hat eine Vertiefung, welche zwischen den Augen anfängt und sich bis zum Anfange der ersten Rückenflosse erstreckt. Bauch fast platt. Schuppen strahlig, fast rund, scharf und nicht leicht abfallend. Kopf ziemlich gross, oben abgerundet, unten platt. Mund etwas aufwärts auslaufend, gross. Lippen dick, am Rande von einem runden Wulste umgeben. Kinnladen gleich lang; Zähne in beiden. Diese Zähne sind ungleich lang, rund, nadelförmig und etwas einwärts gebogen. Im Schlunde sitzen 3 gezahnte Knochen, 2 an der obern und einer an der untern Seite, von denen der letztere, wenn der Rachen geschlossen wird, zwischen die beiden oberen tritt. Gaumen und Zunge ohne Zähne; die letztere ist dick. Nasenlöcher den Augen näher, als der Schnauze, scheinen, jedes, nur eine runde Oeffnung zu haben. Augen gross, hervorstehend, liegen dicht neben einander, haben ihren Platz auf der Stirne und sind mit der Körperhaut bedeckt. Seitenlinie, gerade, liegt mitten zwischen Rücken und Bauch. Erste Rückenflosse, bogenförmig, fängt über dem Ende der Ansatzstelle der

Brustflossen an und endigt sich mitten über dem After; sie hat 5 Strahlen, deren zweiter und dritter die längsten und gleich lang sind. Der letzte ist der kürzeste; alle sind ungetheilt. Zweite Rückenflosse, abgestutzt, fängt über dem After an und endigt sich vor dem Ende der Afterflosse, hat 14 fast gleich lange Strahlen, welche gegen die Spitze zweitheilig und am äussersten Ende verwachsen sind. Der erste ungetheilt, der letzte bis zur Basis zweitheilig. Brustflossen, spitzig, haben 15 Strahlen, deren Spitzen bis gegen den After hin reichen; von ihnen sind die mittelsten die längsten, und alle sind an der Spitze ästig. Bauchflossen, welche ihre Ansatzstelle unter dem Anfange der Brustflossen haben, und deren Spitzen ebenfalls bis beinahe zum After reichen, haben 10 Strahlen, alle sehr ästig, fast von der Basis auf, und die mittelsten die längsten. Afterflosse fängt am Anus an und endigt sich vor dem Ende der hintern Rückenflosse, ist gerade und hat 13 Strahlen, von denen die 2 ersten ungetheilt, die übrigen in der Mitte getheilt, an der Wurzel und an der Spitze verwachsen sind, der letzte aber bis zur Basis getheilt ist. Schwanzflosse, an der Spitze abgerundet, hat 16 schwer zu zählende Strahlenbüschel. Zwischen After und Afterflosse steht ein weissgelber, weicher Stachel.

Farbe: Schwarzgrau mit graugelben Puncten und Flecken. Kiemendeckel mit Messingglanz. Bauch weiss mit Silberglanz. Rücken-, After- und Schwanzflossen gelbgrau, mit braunen Querstrichen in Puncten, und die Strahlen mit Messingglanz. Brustflossen gelbgrau, mit äusserst feinen, dunklen Puncten. Bauchflossen weissgelb. Iris messinggelb; Pupille blau. (Wenn der Fisch nur eine kurze Weile aus dem Wasser gewesen ist, verändert sich seine Farbe und wird röthlich.)

Aufenthaltsort u. Lebensweise: In der Nord- und Ostsee, wo der Grund steinig, und das Wasser nicht allzu seicht ist, wird dieser Fisch auf gewissen Stellen sehr zahlreich angetroffen. In der Ostsee geht er gewiss bedeutend höher, als bis nach Südermannland, welches ich daraus schliesse, weil er in diesen Scheeren sehr gemein ist. Den grössten Theil des Jahrs durch hält er sich in der Tiefe auf, und wenn er, wie einige Schriftsteller zu glauben scheinen, sich in den thonigen Meergrund vergräbt und dort den Winter zubringt, muss er doch nicht tief liegen, da er mit dem Zugnetze, welches im Winter gezogen wird, eben so oft und eben so zahlreich gefangen wird, als im Sommer. Da es unmöglich bleibt, die in dieser Beziehung Statt findende Gewohnheit des in Rede stehenden Fisches wegen der Tiefe, in welcher er sich während der kälteren Jahrszeit aufhält, auszuforschen, so kann ich bloss vermuthen, dass er sich nur in der Tiefe, nicht im Thone verberge. Er ist übrigens ein Fresser, welches man aus seinen Zähnen und seinem beständig angespannten Bauche sehen kann. Will man einen Winterschlaf für ihn annehmen, so kann derselbe wenigstens nicht tief seyn, denn die Individuen, welche während des Winters und gegen den Frühling gefangen werden, sind eben so fett und wohlgenährt, wie die, welche man im Sommer fängt. Im Anfange des Maies steigt er aus der Tiefe und wird dann am häufigsten an steinigen Strändern angetroffen. In dieser Jahrszeit erhält man ihn oft mit dem Landnetze, welches in der kälteren Jahreszeit höchst selten geschieht. In seinen Bewegungen im Wasser ist er nicht sehr lebhaft und scheint wenig furchtsam, im Gegentheile gleichgültig bei Allem, was sich ereignet, zu seyn.

Nahrung: Besteht vorzüglich aus Würmern und Crustaceen. Ich habe auch den Rogen anderer Fische in seinem Magen gefunden.

Fortpflanzung: Im Mai, wie schon erwähnt ist, steigt der Meergrundel gegen die Strände an, wie es scheint, um zu laichen. Zwischen Steine am Strande legt er seinen im Verhältnisse zum Fische grobkörnigen Rogen im Schatten von Tangen (Fuci) und anderen Seegewächsen. Auf diese Art, glaube ich, verhält es sich mit der Laiche dieses Fisches. Möglich ist es indessen, dass der abgesetzte Rogen von anderen Fischen ist, und jener nur den Strand aufsucht, um den Rogen zu verzehren. Dass er sich aber zu der genannten Zeit auch selbst in der Laiche befindet, geht aus seinem alsdann flüssigen Rogen hervor. Dass er sich ein eigenes Nest baue, um in dasselbe seinen Rogen zu legen, ist mir noch nicht geglückt, zu entdecken, wesshalb mir erlaubt seyn möge, bis auf weiter an der Sache zu zweifeln, ohne jedoch die Möglichkeit derselben bestreiten zu wollen.

Fang: Mit dem Zugnetze, welches um anderer Fische willen gezogen wird, fängt man auch diesen nicht selten das ganze Jahr hindurch, sowohl im Sommer, als auch im Winter.

Nutzen: Das Fleisch ist nicht unangenehm von Geschmack. Der Franzose, wenigstens in gewissen Gegenden, hält es für einen Leckerbissen. Unsere Scheerenbewohner geben sich nicht die Mühe, einen Fisch zuzurichten, der den Magen nicht füllt. Seine eigentliche Bestimmung scheint auch die zu seyn, anderen Fischen und Wasservögeln zur Nahrung zu dienen.

Der Weissgrundel *) (*Gobius minutus* Pallas).

Artkennzeichen. Blassgelb oder gelbgrau mit rostrothen feinen Tüpfeln und 5 — 6 grösseren Flecken an der Seitenlinie, deren letzter, an der Basis der Schwanzflosse, der grösste ist. Untere Kinnlade vorspringend. 12 Strahlen in der Afterflosse.

R. 6 + 14, Br. 15, B. 8, A. 12, Schw. 14.

Länge gewöhnlich $2\frac{5}{16}$, *Breite* $\frac{5}{8}$ Zoll.

Gobius minutus Pallas, Spic. zool. VIII. p. 4. — Gmel. Syst. I. 3. p. 1199. — *Le Gobie menu*, La Cépède l. c. II. p. 571. — *Gob. menu*, Risso l. c. p. 159. — Cuvier l. c. II. p. 243. — Nilss. l. c. p. 94.

Beschreibung: Körper gestreckt, walzenförmig, vom After bis zum Schwanze wenig zusammengedrückt, durchscheinend und bedeckt mit scharfen, runden und sehr fest sitzenden Schuppen. Rücken, gerade, hat vom Kopfe bis zum Anfange der ersten Rückenflosse eine der Länge nach laufende Furche; Bauch ist etwas platt. Kopf mittelmässig, oben rundlich, unten platt, stumpf, ohne Schuppen. Kiemendeckel aufgetrieben, mit dicken, ganzrandigen Kanten. Augen gross, mit der Kör-

*) Ich nehme diesen Namen aus der deutschen Uebersetzung von Cuvier's Règne animal durch den Hrn. Hofr. Voigt (Bd. II, S. 329.) In der Uebersetzung der ersten Ausgabe des Cuvier'schen Werkes von Schinz wird der G. minutus die kleine Meergrundel genannt. In Nemnich's Polyglottenlexicon der Naturgeschichte findet sich für ihn kein anderer Name weiter, als der holländische: Meune. Cr.

perhaut bedeckt, wenig getrennt und hervorstehend. Nasenlöcher, dicht an den Augen, haben nur eine einfache, fast runde Oeffnung. Mund gross, untere Kinnlade etwas vorstehend. Lippen dick, am Rande mit einem runden Wulst umgeben. Beide Kinnladen haben eine Reihe von Zähnen, welche rund, nadelförmig und etwas einwärts gebogen sind. Im Schlunde sitzen 3 gezahnte Knochen, 2 an der obern und einer an der untern Seite, welcher, wenn der Rachen geschlossen wird, sich zwischen die beiden obern legt. Gaumen und Zunge glatt, die letztere stumpf und sehr dick. Der Rücken hat 2 Flossen; die vordere ist bogenförmig, mit 6 ungetheilten, weichen Strahlen, von denen einige mehr oder minder weit über die Flossenhaut hinaus laufen. Der dritte und vierte Strahl fast gleich lang und die längsten. Die zweite Rückenflosse, welche mitten über dem After anfängt, hat 14 Strahlen; der erste und letzte die kürzesten, die übrigen beinahe gleich lang. Brustflossen an der Spitze abgerundet, jede mit 15 ungetheilten Strahlen, deren mittelste die längsten sind. Bauchflossen, in Form einer Tüte oder eines Trichters verwachsen, haben 8 schwer zu zählende Strahlenbüschel. Von den 12 einfachen Strahlen der Afterflosse sind die 2 letzten an der Basis dicht zusammensitzend. Schwanzflosse, schwarz, abgerundet, hat 21 Strahlenbüschel.

Farbe: Rücken und Seiten weissgelb, fein marmorirt mit Rostroth. An der Seitenlinie stehen 5 — 6 grosse dunkelbraune Flecken, von denen der neben der Basis der Schwanzflosse der grösste ist. Bauch weiss mit schwachem Messingglanze. Brustflossen graugelb, mit dunklen Strahlen und ganz feinen, zerstreuten, rostrothen

Puncten. Bauchflosse rein weiss. Die übrigen weisslich mit dicht stehenden, feinen, rostrothen Puncten, welche Querlinien, besonders auf der Schwanzflosse, bilden *).

Aufenthaltsort und Lebensweise: Auch dieser Grundel kommt in den beiden Meeren, welche Scandinavien begränzen, vor. In der Ostsee findet er sich wenigstens etwas höher nach Norden, als sich unsere Scheerengruppe erstreckt, denn sonst könnte er hier nicht so zahlreich vorkommen, als dies wirklich der Fall ist. Es könnte wohl scheinen, als ob er nicht so gemein wäre, wie die grössere Art; aber er wird seltener gefangen, da er sehr klein ist und dem zufolge leicht aus dem Zugnetze wegschlüpfen kann. Ob er sich gleich, wie sein eben beschriebener Verwandter, in der Tiefe aufhält und nur einmal im Jahre sich in grösserer Menge an den Strändern sammelt, ist er doch in dieser Zeit eben so zahlreich, als der grössere. Er scheint von jenem in so fern rücksichtlich der Wahl des Aufenthaltsortes abzuweichen, als er vorzugsweise zu demselben einen etwas ebenern und grasigern Sandgrund aussucht. In seiner Lebensweise gleicht er übrigens nach den Beobachtungen, welche ich habe anstellen können, völlig den grösseren Arten derselben Gattung.

Nahrung: Kleinere Würmer und Insecten.

Fortpflanzung: Spät im Frühjahre, im Maimonate, erscheint dieser Fisch am häufigsten an den Strändern. Daraus schliesse ich, dass als-

*) Der ganze Fisch ist durchsichtig, und daher geschieht es, dass, wenn man ihn, noch lebend und in Wasser gesetzt, von oben ansieht, seine Eingeweide wie ein grosser, ovaler, schwarzer Flecken durchscheinen.

dann seine Laichzeit eintrete. Zu der Zeit habe ich auch Weibchen mit weicherem Rogen gefunden; wie aber der Rogen abgesetzt werde, und welchen Fortgang die Laiche weiter habe, ist mir noch unbekannt.

Fang: Nur zufälliger Weise, wenn das Zugnetz wegen anderer Fische gezogen wird, bekommt man auch diesen, gewöhnlich mit dem Grase, welches sich in das Netz setzt.

Nutzen: Von mehren Arten von Raubfischen wird er insgemein verschlungen. Der Strömling kostet ihn nicht selten. Zur Nahrung für Menschen wird er nie verwandt.

Gattung Sandaal (*Ammodytes* Linn.)

Körper gestreckt, schmal und fast nicht zusammengedrückt. Kopf schmäler, als Körper. Obere Kinnlade vorschiebbar, untere sehr vorstehend und zugespitzt. Schuppen sehr fein, leicht abfallend. 7 Strahlen in der Kiemenhaut. Schwanzflosse gespalten, von der langen Rükken- und Afterflosse getrennt. Der Sandaal hält sich im Meere an langsam-abschüssigen Rändern mit sandigem Boden auf. In den Sand gräbt er sich ein; er lebt von den Würmern, die er dort findet. Das Fleisch wird wenig geschätzt.

Der Tobiasfisch (*Ammodytes Tobianus* L.)

Artkennzeichen: Körper gestreckt, drehrund, wenig zusammengedrückt. Kopf schmäler, spitzig. Unterkinnlade hervorgezogen, scharfgespitzt. Strahlen der Afterflosse 29.

R. 55, Br. 12, A. 29, Schw. 15.

Länge des vorliegenden Exemplars 9¼, *Breite* ⅞ Zoll.

Ammodytes Tobianus Linn. Syst. Nat. I. p. 430. Fn. Sv. p. 109. Skånska Resan S. 141. Öländska och Göthl. Res. p. 87. Gmel. Syst. I. 3. p. 1144. — *Ammodytes*, Art. Gen. p. 16, Spec. p. 55, Syn. p. 29. — *Der Sandaal*, Bloch, III. p. 32. Tab. 75. — *L'Ammodyte Appât*, La Cép. l. c. II. p. 274. Pl. VIII. Fig. 1. — *Sölvfisk*, Pontopp. Norg. Nat. Hist. II. p. 283. — Sv. Zoologie II. N. 64. — Faber l. c. p. 63. — Nilsson l. c. p. 63.

Namen: Der Sandaal, der Tobiasfisch, die Schmelte etc. (*Schwed.* Sand-Ål, *in Schonen* Tobbis.)

Beschreibung: Körper lang, schmal, fast drehrund und wenig zusammengedrückt, bedeckt mit ganz feinen, leicht abfallenden Schuppen. Kopf schmäler, als der Körper, lang, stark zugespitzt und wenig zusammengedrückt. Mund gross. Obere Kinnlade kurz mit doppelter Lippe, untere stark zugespitzt und sehr vorstehend. Zähne nur 2 im vordern Theile des Gaumens; sie sind kurz, stark und einwärts gebogen. Die Nasenlöcher liegen in der Mitte zwischen Augen und Schnauze, haben 2 sehr feine und getrennte Oeffnungen, deren vordere halbmondförmig ist. Auf der Stirne stehn 7 deutliche und mehre nicht so deutliche, feine Grübchen, Nadelstichen gleichend. Augen an den Seiten des Kopfs, sind klein und rund. Seitenlinie gerade, liegt mitten zwischen Bauch und Rücken. Ausser ihr finden sich noch auf jeder Seite 2 mit der Seitenlinie parallel laufende, erhabene Linien, deren obere nach dem Rücken zu liegt, doppelt näher der Rückenflosse, als der Seitenlinie; die andere, am Bauche, fängt bei der

Ansatzstelle der Brustflossen an und läuft dann, parallel mit der Seitenlinie, bis zur Schwanzflosse. Ausserdem laufen noch 3 feine, eingedrückte Linien, die mittelste vom After bis etwas vor die Ansatzstelle der Brustflosse, von den übrigen 2 eine an jeder Seite der eben genannten; diese gehen von der Ansatzstelle der Brustflosse bis zu der der Schwanzflosse. After dem Schwanze näher, als dem Kopfe. Die Rückenflosse fängt ziemlich weit hinter dem Kopfe an und erstreckt sich bis beinahe zum Schwanze, ist niedrig und hat 55 ziemlich getrennte Strahlen, welche übrigens ungetheilt und fast gleich lang sind, mit Ausnahme der ersten und letzten, welche etwas kürzer sind. Brustflossen, jede mit 12 Strahlen, von welchen die 3 ersten ungetheilt, die übrigen an der Spitze 2ästig sind; der vierte und fünfte die längsten, die letzten sehr kurz. Afterflosse, lang, fängt am After an und endigt sich nahe dem Schwanze, hat 29 Strahlen, die denen der Rückenflosse gleichen. Schwanzflosse, stark ausgeschnitten, hat 15 lange Strahlen, ausser einigen kleineren an den Seiten. Die längsten sind ästig.

Farbe: Rücken und Obertheil des Kopfes grün. Seiten, unterhalb der Seitenlinie, silberfarben mit schwachröthlicher Schattirung. Bauch rein silberweiss. Schwanzflosse grünlich. Rücken-, Brust- und Afterflossen weissgrau und klar. Iris silberweiss, mit schwachem messinggelbem Anstriche. Zwischen Augen und Schnauze steht auf jeder Seite ein bläulich-dunkelgrüner Flecken.

Aufenthaltsort und Lebensweise: Der Tobiasfisch findet sich in der Nord- und Ostsee, in welcher letztern er jedoch nicht höher hinauf gehen dürfte, als ungefähr bis zum 59° N.Br. Aus dem Verhalten in diesen Scheeren zu schliessen, gehört er, auf die erwähnte Höhe gerechnet, zu den seltenen Fischen. Hier kommt er wenigstens höchst selten vor und nur am nördlichen Vorsprunge der Insel, wo das Wasser mässig tief, und der Seegrund sandig ist. Während einer Zeit von zwölf Jahren sind hier meines Wissens nur drei Individuen gefangen worden, wesshalb ich aus eigener Erfahrung wenig von seinen Gewohnheiten zu sagen weiss.

Nahrung: Besteht, wie es aus dem Baue des Unterkiefers zu erhellen scheint, aus solchen Würmern, welche der Fisch aus dem Sande aufgräbt.

Fortpflanzung: Die Laichzeit soll in den Mai fallen.

Fang: Hier fängt man ihn nur zufällig mit dem Zugnetze und, wie schon gesagt worden ist, höchst selten.

Nutzen: An den Orten, an welchen der Tobiasfisch in Menge vorkommt, z. B. in gewissen Gegenden Schonens, soll er von minder vermögenden Leuten gegessen werden.

Gattung Lamprete (*Petromyzon* Art.)

Diese zu den minder zahlreichen gehörende Gattung zeichnet sich aus durch: *einen dem des Aals ähnlichen Körper mit 7 Kiemenöffnungen an jeder Seite, welche jederseits in einer Reihe hinter den Augen liegen, und durch einen nur in einer runden Oeffnung bestehenden, unter der Schnauze liegenden Mund mit Zähnen oder ohne Zähne.* Einige Lampretenarten halten sich bloss im Meere, andere auch im süssen Wasser auf. Sie befestigen sich mit dem Munde an Steinen, oder ähnlichen harten Körpern, leben von Insecten und Würmern und sind zäh von Leben. Wenigstens die grösseren Arten werden allgemein zur Speise benutzt. Das Fleisch ähnelt im Geschmacke dem des Aales und soll gesunder seyn, als dieses.

Das Neunauge (*Petromyzon fluviatilis* L.)

Artkennzeichen: Grünlich blau mit Stahlglanz; unten silberweiss. Rückenflossen getrennt; die hintere spitzig, mit abgerundeter Spitze. Eine Reihe von Zähnen im Mundrande. *Länge* $6\frac{2}{8}$, *Breite* $\frac{3}{8}$ Zoll.

Petromyzon fluviatilis Linn. Syst. Nat. I. p. 394. Fn. Sv. p. 105. Retzii Fn. p. 303. Gmel. Syst. I. 3. p. 1514. — *Petromyzon unico ordine denticulorum minimorum in limbo oris praeter inferiores majores*, Art. Gen. p. 64, Sp. p. 99, Syn. p. 89. — *Das Neunauge*, Bloch, III. p. 53, Tab. 98, Fig. 1. — Sv. Zool. I. N. 33, Pl. 34. — *Le Petromyzon Pricka*, La Cép. T. I. p. 18. — *Der Pricken*, Hartmann, Helvet. Ichthyol. p. 32. — Cuv. l. c. II. p. 404. — Nilss. Prodr. p. 122.

Namen: Das und die Neunauge, die Pricke, Bricke. (*Schwed.* Nejonöga.)

Beschreibung: Körper dem des Aals ähnlich, lang und etwas zusammengedrückt, vorzüglich nach dem Schwanze zu; ohne Schuppen, aber überzogen mit einem leimartigen, zähen Schleime. Rücken der ganzen Länge nach abgerundet, am Anfange der zweiten Rückenflosse stärker zusammengedrückt. Kopf etwas schmäler, als der Körper. Mund unter der Schnauze, gross, rund, platt; ohne Kinnladen. Zähne in einer ordentlichen Reihe in der äussern Kante des Mundrandes, gleichend einer Franse; sie werden mit Mühe entdeckt, selbst mit bewaffnetem Auge, gar nicht mit blossem. Unterhalb dieser Reihe, auf der innern Seite der Lippe steht wieder eine ordentliche Reihe von runden, warzenähnlichen Zähnen. Noch weiter nach innen im vordern Theile des Mundes stehen zwei Reihen etwas grösserer Zähne so gestellt: .˙.˙.˙. Unterhalb dieser ein weissgelber Knochen mit 2 getrennten Knötchen, welche stumpfe Zähne zu seyn scheinen; mitten gegen diesen an der untern Seite findet sich ein bogenförmiger Knochen von ähnlicher Farbe, welcher 6 scharfe Zähne, wie Sägezähne, hat. An den Seiten dieser Knochen liegen 2 fast runde Zähne an jeder Seite, welche doppelte Spitzen haben. Augen klein, rund, an den Seiten des Kopfs und ziemlich weit hinten nach dem Nacken zu, bedeckt mit des Körpers Haut. Die Iris hat 3 dunkle, triangelförmige Figuren mit der Pupille zur Basis. Von ihnen ist die Spitze der untern nach unten gerichtet, die übrigen gehen an den Seiten aufwärts in gleichem Abstande von einander. Keine Nasenlöcher, dagegen ein röhrenförmiges Loch mitten auf dem Kopfe, über dem vordern Rande der Augen. 7 Kiemenöffnungen an jeder Seite, laufen in einer geraden Linie vom untern Rande des Auges am Körper hin. Der Abstand der Oeffnungen, einer von der andern, ist gleich und ungefähr um die Hälfte geringer, als der Abstand der ersten Kiemenöffnung vom Auge. After dem Schwanze ziemlich nahe. Seitenlinie fehlt ganz. Die erste Rückenflosse, welche in *einer* Höhe fortläuft, fängt mitten über der Mitte des Raumes zwischen der letzten Kiemenöffnung und dem After an. Die zweite Rückenflosse ist eckig, mit abgerundeter Spitze, fängt etwas vor dem After an und ist mit der Schwanzflosse vereinigt, welche auf dem Rücken mitten über ihrem Ende an der Unterseite anfängt. Sie ist an beiden Seiten in der Mitte hoch, am Anfange und gegen das Ende abnehmend. Die Flossen sind mit der Körperhaut überzogen und haben feine, knorpelartige Radien statt wirklicher Strahlen.

Farbe: Oben grünlich blau mit Stahlglanz, Seiten heller, unten silberweiss. Flossen fast wasserklar. Die untere Rückenflosse hat einen dunkeln Flecken. Iris rein silberweiss.

Da dieser Fisch höchst selten in den hiesigen Scheeren vorkommt, so habe ich keine Gelegenheit gehabt, Beobachtungen anzustellen, welche zur Kenntniss neuer, oder zur Aufklärung minder bekannter Umstände in seiner Geschichte führen könnten. Ich beschränke mich daher auf die obige Beschreibung und füge nur hinzu, dass man von den beiden Exemplaren, welche hier während einer Zeit von 12 Jahren gefunden worden sind, das eine mit dem Zugnetz im April und das andere im Mai auf die Art bekommen hat, dass die Fische mit einem an einen Strömlingsköte gebundenen Senksteine, an welchem sie sich festgesetzt hatten, herausgezogen worden sind.

Berichtigungen.

Seite 12 Zeile 23—24 lies: Le Cyprin Rougeâtre.

— 12 Anm. Z. 3 ist „wahrscheinlich" wegzustreichen.

— 13 Anm. Z. 2 muss bei „Benennungen" das Komma fort.

— 18 ist unter Z. 15 hinzuzufügen:

R. 11, Br. 15, B. 9, A. 12, Schw. 19.

Länge $5\frac{6}{8}$, *Breite* $1\frac{1}{2}$ Zoll.

— 22 Z. 11 st. Handb. Del. lies Handl. Del.

— 26 — 2 st. dass es irgend l. dass es für sich selbst irgend

— 27 — 5 muss zwischen „Orte" und „Pfrille" ein Komma stehen.

— 31 — 6 st. Bleiche l. Bleihe.

— 34 — 16 st. Oräders l. Oväders.

— 36 — 15 l. lebende Besitzer des Gnitzes, der Obr. etc.

— 42 — 3 l. die übrigen Flossen sind

— 47 Anm. Z. 4 l. als der Einzige, ausser Bloch, anzuführen war, welcher etc.

— 51 Z. 5 v. u. st. herumstreifender Fisch l. Streich-Fisch

— 56 — 9 v. u. l. *Löggrip*

— 63 Anm. Z. 5. v. u. l. Hic quoties piscibus

— 63 Anm. des Uebersetzers, Z. 5—6 l. „Recordor Batavi cujusdam", sagt der Verfasser, „quocum etc.

— 65 Anm. Z. 2 st. Teich-Karauschen l. Giebel

— 68 Z. 1 v. u. st. der letzten, die l. dem letzten, der

— 73 — 10 v. o. st. subtereli l. subtereti

— 74 — 5 v. u. st. von dem l. vor dem

— 75 — 11 v. o. st. gräulich l. graulich

— — — 23 st. herumziehender Fisch l. Zug-Fisch

— 78 — 2 v. u. l. F. Deutschl.

— 79 — 17 v. o. st. vor der l. vor den

— 82 — 28 st. Strahlen l. Flossenstrahlen

— 84 — 10—12 l. Wenn es an einen Hügel oder eine grasige Erhöhung gelangt ist, bleibt es stehen,

— 87 — 6 v. u. l. mit 11 Strahlen, deren erste beide zackig.

— 88 — 1 v. o. st. seu l. sex

— 89 — 9 und 10 st. die l. der

— 90 — 20 st. stimm er l. stimmer

— 94 — 23 st. diese Fischereien l. Fischereien mit diesen

— 96 — 9 muss hinter „feinen" ein Komma stehen.

— 100 — 1 v. u. st. sein Schwanz l. das des Schwanzes.

— 124 — 18—19 l. in welches das Männchen die Eier des Weibchens aufnimmt und wo es sie etc.

— 173 — 13 st. Am l. Auf dem

1.

2.

Cyprinus

Fig. 1. Männchen

Tab. I

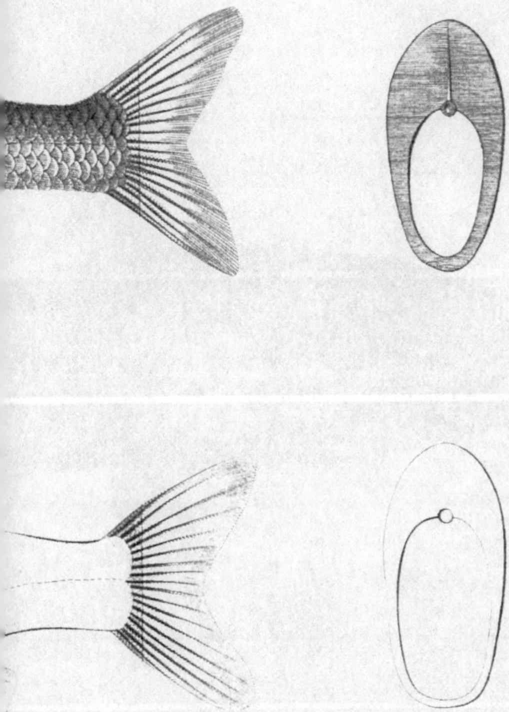

n.

n.

Jul. Gümpel fec.

Cyprinus mi

Tab. II

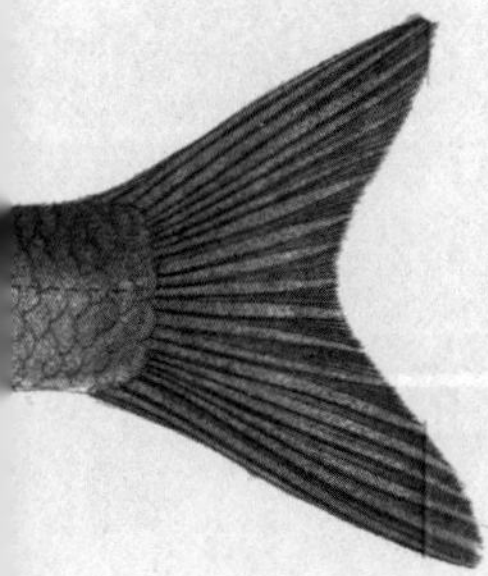

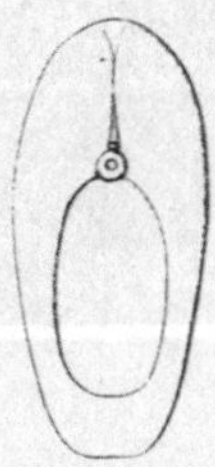

..s Ekstr:

J. Gümpel fec.

Cyprinus Farenus.

Tab. III

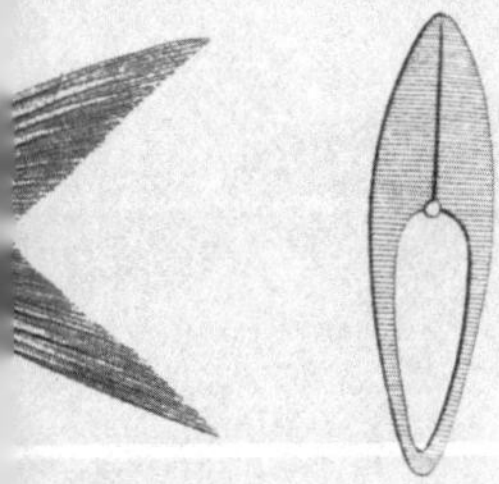

J. Grümpel fec.

Cyprinus Bl

Tab. IV.

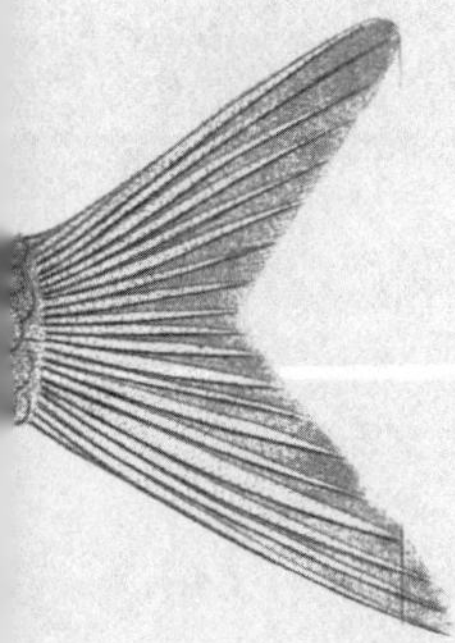

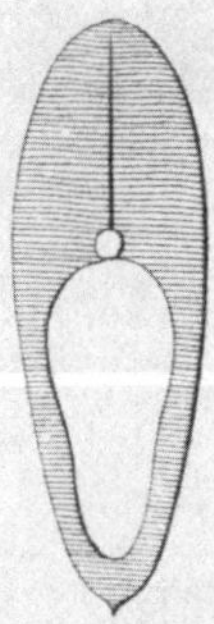

Liparis barba

Tab. V.

Fig. 1. Syngnathus Acu
Fig. 3. Syngnathus Ophidion

Tab. VI.

Syngnathus Acus ♂

Syngnathus Ophidion ♂.

FSC
www.fsc.org
MIX
Papier | Fördert
gute Waldnutzung
FSC® C083411

Zeitfracht Medien GmbH
Ferdinand-Jühlke-Straße 7
99095 Erfurt, Deutschland
produktsicherheit@kolibri360.de